普通高等学校"十四五"规划土建学科创新应用型系列教材

工程力学

主　编　钱　波

副主编　周志伟　王云珊　韩　德

华中科技大学出版社

中国·武汉

内 容 提 要

本书是根据教育部高等学校力学教学指导委员会力学基础课程教学指导分委员会制定的《理工科非力学专业力学基础课程教学基本要求》编写的,可作为给排水科学与工程、工程管理、建筑学、工程造价等专业的工程力学教材。

本书主要内容包括静力学基础、力系的等效与简化、静力学平衡问题、轴向拉压、扭转、梁弯曲时的内力和应力、梁的弯曲变形、复杂应力状态和强度理论、组合变形的强度计算及压杆稳定等。

图书在版编目(CIP)数据

工程力学/钱波主编.—武汉:华中科技大学出版社,2022.9
ISBN 978-7-5680-8762-9

Ⅰ.①工… Ⅱ.①钱… Ⅲ.①工程力学 Ⅳ.①TB12

中国版本图书馆 CIP 数据核字(2022)第 174433 号

工程力学
Gongcheng Lixue

钱 波 主编

策划编辑:胡天金
责任编辑:叶向荣
责任校对:张会军
封面设计:原色设计
责任监印:朱 玢
出版发行:华中科技大学出版社(中国·武汉)　　电话:(027)81321913
　　　　　武汉市东湖新技术开发区华工科技园　　邮编:430223
录　排:华中科技大学惠友文印中心
印　刷:武汉市籍缘印刷厂
开　本:787mm×1092mm　1/16
印　张:12.5
字　数:293 千字
版　次:2022 年 9 月第 1 版第 1 次印刷
定　价:42.00 元

前　言

　　工程力学是工科类高等院校给排水科学与工程、工程管理、建筑学、工程造价等专业中一门重要的专业基础课程，其内容涵盖了"理论力学"中的"静力学"和"材料力学"中的大部分内容。

　　为了做到在有限的学时内使学生掌握最基本的内容，本书尽量采用通俗易懂的语言、形象生动的实例来进行介绍，使学生具备初步的工程能力。

　　本书由西昌学院钱波教授担任主编，西昌学院周志伟、王云珊及韩德担任副主编。全书共计 10 章，第 1 章～第 3 章由周志伟编写，第 4 章～第 7 章由钱波编写，第 8 章、第 9 章及前言由王云珊编写，第 10 章及附录由韩德编写。

　　本书在编写的过程中得到了华中科技大学出版社的关心和支持，各兄弟院校的同行也提供了许多宝贵意见和建议，在此表示衷心感谢！

　　由于时间仓促，书中疏漏在所难免，恳请读者批评指正。

编　者

2022 年 6 月

目　　录

第1章 静力学基础

研究静力学,首先要掌握静力学的基本概念、基本公理以及约束和约束力,从而对构件进行受力分析。把构件假设为不发生形变的刚体,研究的是理想化的模型,实际并不存在。

1.1 静力学基本概念

1. 刚体的概念

刚体,最通俗的理解就是在外力作用下始终不发生形变,内部任意两点间距离不变的物体。在实际工程中,各个构件多多少少都会发生一些形变,但很多的变形是微小的,在研究其平衡或运动时,可以忽略变形这些次要因素,抓住受力的主要因素来进行研究,从而服务于我们的实际工程。在研究变形及其内力分布时才考虑变形的因素而不能把构件视为刚体,当然,这部分内容将在材料力学部分阐述。

2. 力

力的概念是人们在生活、生产中经过长期的观察实践,由感性到理性,逐渐形成的。力不能离开物体而独立存在,只要有力的存在,就必须有施力物体和受力物体。

力是物体间相互的机械作用。这种作用效应有两种:外效应和内效应。外效应使物体的运动状态发生变化,内效应使物体的尺寸、形状发生变化。力对刚体的作用为外效应,主要表现为三个方面:力的大小、方向和作用点,通常称为力的三要素。三者中任意一个改变,作用效应也就不同。

力在国际单位制中以"N"作为单位符号,简称为牛,当力较大时,有时也以"kN"为单位,简称千牛。力的方向指作用在受力物体上的力的指向。力的作用点指力作用在受力物体上的位置。力有大小也有方向,可用带箭头的有向线段表示,且按照一定的比例表示力的大小,是一个矢量,如图1-1所示。矢量的长度(AB)按一定比例尺表示力的大小,矢量的起始点(A 点)表示力的作用点,A 指向 B 这个方向是力的作用方向。一般采用黑斜体字母 F 表示矢量,一般的字母 F 表示大小。

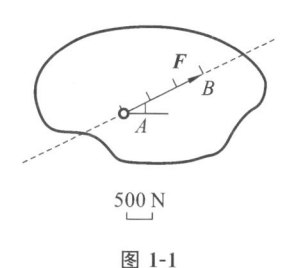

500 N

图 1-1

3. 力系

通常作用在同一物体上的力不止一个,我们把这些力称为力系。在实际工程中,作用在构件上的力有很多,力系按各力作用线所在的位置大致分为平面力系和空间力系两种。平面力系指所有作用于该构件的力作用线在同一个平面的力系。空间力系指作用于该构件的力的作用线不全在同一个平面。平面力系按照作用线的位置关系又分为平行力系、平面汇交力系、平面任意力系。本书主要研究的是平面力系。

把物体相对于地球静止或作匀速直线运动的状态,称为平衡。若物体在某个力系下保持平衡状态,则称该力系为平衡力系。若一个力系与另一个力系对物体的作用效应相同,则这两个力系称为等效力系。若一个力与某个力系等效,则称这个力为该力系的合力;力系中的其他各个力,则称为该合力的分力。

1.2   静力学基本公理

在人们长期的生产生活实践中,前人总结了一些符合客观规律的公理。这些公理是经过人们长期实践和验证的定理,无须再次推导,可以直接加以运用,是静力学的理论基础。

公理 1   力的平行四边形法则

作用在物体上同一点的两个力可以合成为一个合力,合力的大小和方向由此二力矢量所构成的平行四边形对角线来表示,合力的作用点仍在该点。如图 1-2(a)所示,F_R 为 F_1 和 F_2 的合力。采用矢量加法法则运算,合力矢 F_R 是 F_1 和 F_2 的几何或矢量和,即

$$F_1 + F_2 = F_R \tag{1-1}$$

如果只求两个共点力的方向和大小,可以采用力的三角形法则,如图 1-2(b)所示,合力为从其中一分力 F_1 的起点指向另一分力 F_2 终点的这段矢量。

力的平行四边形法则是整个牛顿经典力学领域内力的合成与分解的基础,更是复杂力系简化的基础。

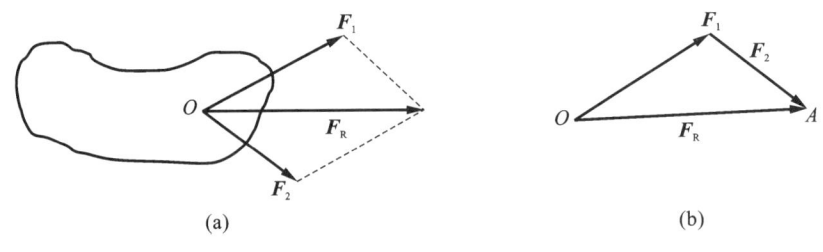

图 1-2

公理 2   二力平衡

作用在同一刚体上的两个力,使刚体保持平衡的充分必要条件是这两个力大小相等、方向相反,且作用在同一条直线上,如图 1-3 所示。用矢量式表示为:

$$\boldsymbol{F}_1 = -\boldsymbol{F}_2 \qquad\qquad (1\text{-}2)$$

二力平衡是作用于刚体上最简单的平衡力系,工程上只受到两个力作用而平衡的构件,称为二力构件或二力杆。若已知作用于构件上两个力的作用点,则力的作用线必定在这两个作用点的连线上,如图 1-4 所示。

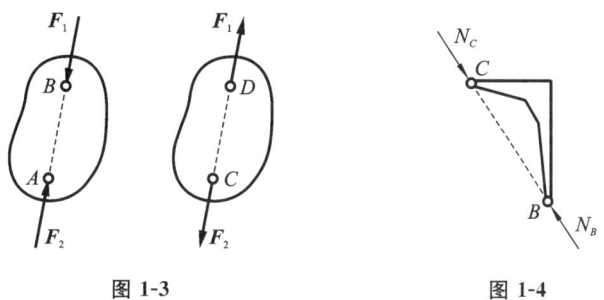

图 1-3　　　　　　　图 1-4

公理 3　加减平衡力系原理

在作用于刚体的任意力系上加上或减去任意的平衡力系,并不改变原来力系对刚体的作用效果。

此公理是静力学平衡中等效力系加减的重要依据,认为受力物体不产生变形,假设为刚体,据此公理可有以下推论。

推论 1　力的可传性原理

作用于刚体上某点的力,可沿其作用线移动至刚体上任意位置,而不改变它对刚体的作用效应。

如图 1-5 所示,设作用于 A 点的力为 $\boldsymbol{F}$,在其作用线上的 B 点加上一对平衡力系 $\boldsymbol{F}_1$、$\boldsymbol{F}_2$,并使 $\boldsymbol{F}_1 = -\boldsymbol{F}_2 = \boldsymbol{F}$,此时 $\boldsymbol{F}_2$ 和 $\boldsymbol{F}$ 是一对平衡力,根据加减平衡力系原理,可把这一对作用力撤去,因此,剩下的作用于 B 点的 $\boldsymbol{F}_1$ 与原来的力 $\boldsymbol{F}$ 等效,即力从 A 点移到了 B 点。

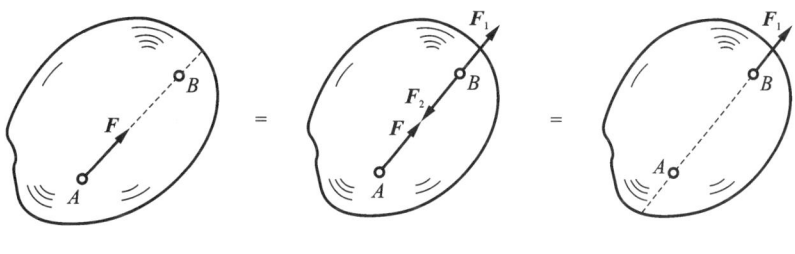

图 1-5

力的可传性原理适用于刚体,未考虑受力物体的变形,变形体将在材料力学部分介绍。

推论 2　三力平衡汇交定理

当刚体在三个力作用下处于平衡时,若其中两个力相交于一点,则第三个力必过这个交点,且此三力共面。

如图 1-6 所示,力 $\boldsymbol{F}_1$、$\boldsymbol{F}_2$ 可以根据力的平行四边形公理先合成为一个合力,若要使该刚体平衡,则第三个力与两个力的合力等大、反向。

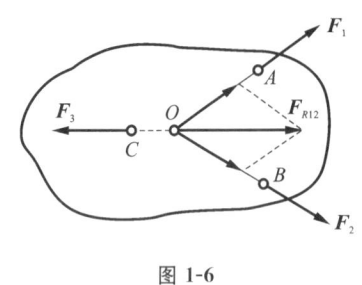

图 1-6

公理 4 作用与反作用定律

两个物体之间相互作用的力总是等大、反向、共线,并同时出现,同时消失,两个力分别作用在两个物体上,而不是一个物体上,否则,就成了一对平衡力。在高中学习阶段学习的滑板、滑块之间的摩擦力就是作用力与反作用力。

公理 5 刚化原理

变形体在某一力系下处于平衡,如果将此变形体化为刚体,其平衡状态保持不变。公理 5 对于像绳索这样受拉的变形体也可以化为刚体,平衡状态依然不变,但绳索不受压。故对于变形体来说,刚体的平衡条件是必要条件,而非充分条件。

1.3 约束和约束力

力学中有自由体与非自由体之分。自由体指的是不受周围其他物体限制,在空间内自由运动的物体,例如飞行中的飞机、炮弹等。非自由体则与自由体相反,在空间内不能自由运动且受到周围物体的限制,例如地下厂房的牛腿上岩锚吊车梁、在轨道上运行的有轨机车等。限制非自由体某种运动的物体称为约束,上述的牛腿是吊车梁的约束,轨道是有轨机车的约束。

约束作用于非自由体上的力称为约束力,其方向与约束所能阻止的运动趋势相反,作用点是约束和被约束物体的接触点。与约束力相对应,能主动引起物体运动或使物体有运动趋势的力,称为主动力,如重力、水压力、风压力等。工程中作用于工程结构物上的主动力通常称为荷载。

在静力学中,主动力往往是已知的,约束力是未知的。主动力不同,有不同的约束力,约束类型不同,约束力方式也不一样。工程中有很多构筑物,可以抽象简化出不同的约束模型,从而方便对约束力的求解。下面介绍工程中常见的几种约束。

1. 柔体约束

工程中常见的绳索、皮带、链条等构成的约束称为柔体约束。柔体只能受拉,不能受压,只能约束物体在其伸长方向上的运动。其约束力沿着柔体背离物体,作用点在接触点上。如图 1-7 所示的绳索和皮带,约束力的方向均指向柔体内侧。

2. 光滑接触面约束

当两个接触面忽略摩擦力时,把接触面看成是光滑的,这种约束不能限制物体沿接触点公切面的运动,只能限制沿接触点公法线指向约束体的运动,背离约束体方向的运动也不能限制,即光滑接触面约束。光滑接触面约束力作用在接触点处,方向为沿接触点的公法线指向被约束体。这类约束力又称为法向约束力,常用 F_N 表示,如图 1-8 所示。

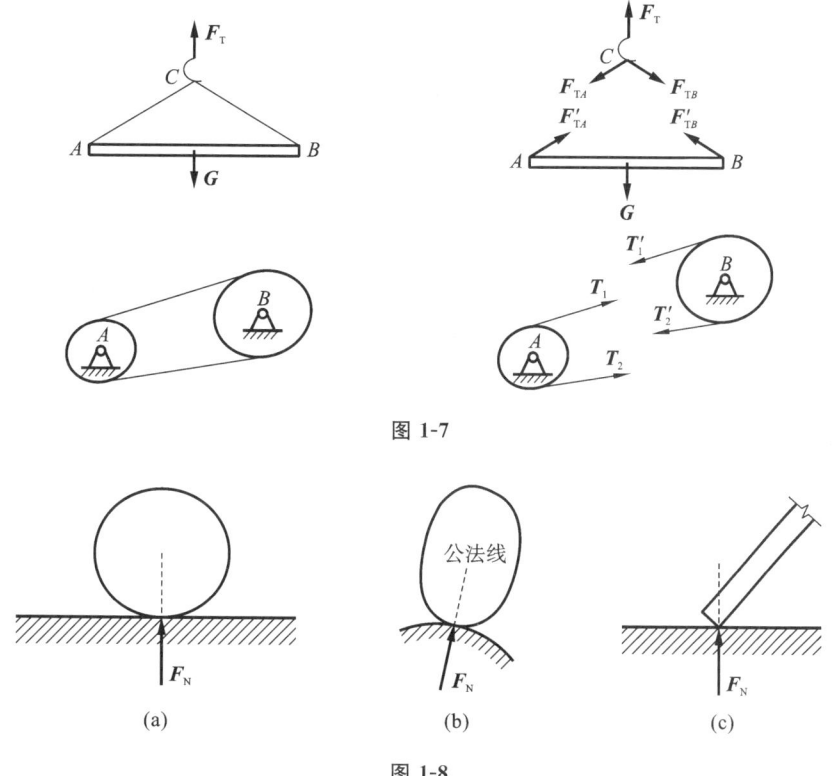

图 1-7

图 1-8

3. 光滑铰链约束

光滑铰链约束有圆柱形铰链约束、固定铰支座约束和可动铰支座约束三种。

（1）圆柱形铰链约束。

工程上用的圆柱形铰链非常多，两个物体分别被钻了两个孔径大小一样的圆孔，并用销钉穿入孔内连接起来，不计销钉与圆孔内壁的摩擦力，这类约束称为光滑圆柱形铰链约束，简称铰链约束。该类约束不能限制物体绕圆孔的转动，但能限制物体沿圆孔的径向运动。光滑圆柱形铰链所受的力为压力，作用于垂直于孔轴线的平面内，通过销钉中心，指向不定，通常以互相垂直的分量 F_{Ax} 和 F_{Ay} 表示，如图 1-9 所示。

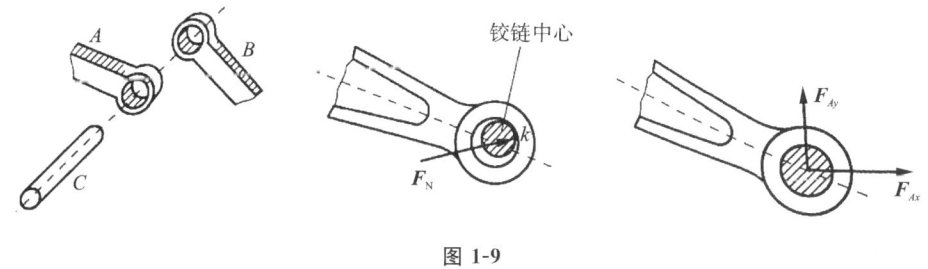

图 1-9

（2）固定铰支座约束。

如果铰链连接中其中一个物体固定在地面或其他构筑物上作为支座，则这种约束称为固定铰链支座约束,简称固定铰支座约束。如图 1-10(a)、(b)所示,其几种简图如图 1-10(c)、(d)、(e)所示。与光滑圆柱形铰链约束的区别就在于其中一个物体固定了,同样只能绕铰链轴线转动而不能移动,受力情况也和光滑圆柱形铰链类似,通常也表示成相互垂直的两个分力 F_{Ax} 和 F_{Ay},如图 1-10(f)所示。

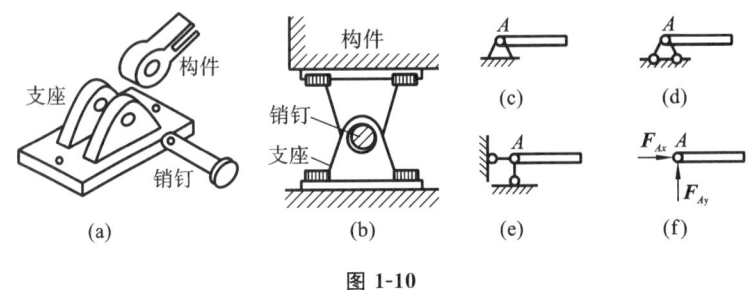

图 1-10

（3）可动铰支座约束。

在固定铰支座的基础上,在底座与支承面间加上几个可滚动的辊轴,使构件既能发生转动又能发生微小的变形,这样的装置称为可动铰支座或滚动铰支座。图 1-11(a)为其构造示意图,图 1-11(b)、(c)为其力学简图。可见该装置只能限制销钉连接处垂直于支承面的运动,而不能限制其绕铰链轴运动和沿支承面运动,所以可动铰支座的约束反力通过铰链中心并垂直于支承面,通常用 F_A 表示,如图 1-11(d)所示。

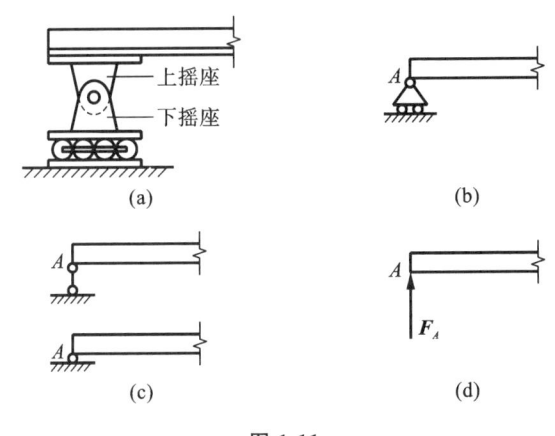

图 1-11

4. 链杆约束

两端用光滑铰链与其他物体连接,不计自重且中间不受力作用而处于平衡状态的杆件称为链杆约束。其作为二力杆,只受两个力作用而处于平衡状态,其反力方向为沿杆方向。

5. 轴承约束

轴承是工程中常用的支承形式,包括向心轴承、止推轴承两种形式。

（1）向心轴承。

向心轴承又称径向轴承,如图 1-12(a)所示,向心轴承对轴的约束特点与固定铰支座的约束特点相似。所以向心轴承对轴的约束反力与固定铰支座一样,通过轴心且与轴垂直的平面,方向待定,通常也是用互相垂直的两个分力 F_{Ax} 和 F_{Ay} 表示。力学简图及反力简图如图 1-12(b)、(c)所示。

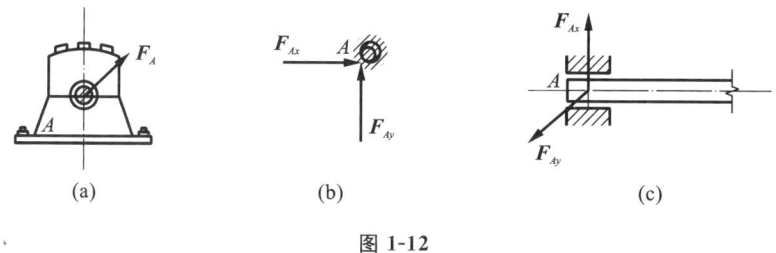

图 1-12

（2）止推轴承。

止推轴承可以看成是在向心轴承的基础上把圆孔的一端封闭而形成的,如图 1-13(a)所示。其力学简图如图 1-13(b)所示。止推轴承约束的特点是能同时限制轴的径向和轴向运动,所以止推轴承的约束反力常用垂直于轴向的 F_{Ax}、F_{Ay} 以及沿轴向的 F_{Az} 表示,如图 1-13(c)所示。

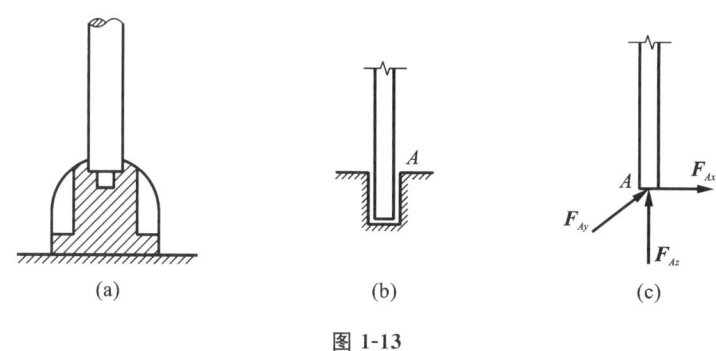

图 1-13

6. 球形铰链约束

将固结于物体一端的圆球嵌入另一个物体球壳内而构成的约束称为球形铰链约束,简称球铰,如图 1-14(a)所示。若忽略球体与球壳间的摩擦力,则该约束只限制圆球离开球心的任意方向的移动,允许其绕球心转动,如图 1-14(b)所示。约束力垂直球面,通过球心,指向待定。通常用通过球心的三个相互垂直的力 F_{Ax}、F_{Ay}、F_{Az} 表示,如图 1-14(c)所示。

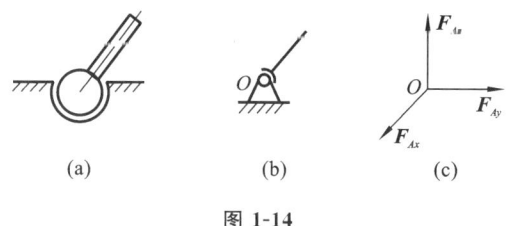

图 1-14

在工程中,除了以上几种约束,还有很多更为复杂的其他约束,应根据实际构造和受力特点,忽略次要因素,抽象简化成上述理想约束进行分析计算。

1.4 物体的受力分析

静力学主要是研究平衡状态下根据已知力求解构件所受的约束力,要明确物体受了几个已知力,每个力的作用点和方向,这种分析过程称为物体的受力分析。作用于物体上的力一般分为主动力和被动力两大类,主动力一般是已知的,需要根据主动力和平衡条件求被动力大小,也就是约束力的大小。在工程问题上,各个构件相互连接,所以一般都是非自由体,在研究受力情况时,确定研究对象,把该构件从周围物体中分离出来,单独画出它的受力简图。在受力简图上把所有的主动力和被动力都画出来,形象直观地把受力情况表示出来。

进行受力分析时,首先要取研究对象和画受力图,具体步骤如下。

(1) 确定研究对象,取分离体图。从周围物体中把研究对象分离出来,研究对象可以是一个,也可以是几个组成的系统,要把它们的约束全部解除。

(2) 画主动力。主动力一般为已知,必须全部画出,不能遗漏。

(3) 画约束力。从解除约束处画约束力,根据前面介绍的各种约束类型来画相应的约束力,力不能多画,也不能少画,每个力都能找到施力物体。

画受力图时需要注意:①研究对象的内力不需要画出,它不影响其运动效应,但外力必须不遗漏地画出;②要特别注意二力杆的判别,往往是求解的关键;③要准确分析作用力与反作用力;④有时需要根据三力汇交原理判断出某些约束力。

【例 1-1】 如图 1-15(a)所示简支梁 AB,跨中受一集中力 F 作用,A 端为固定铰支座约束,B 端为可动铰支座约束。试画出梁的受力图。

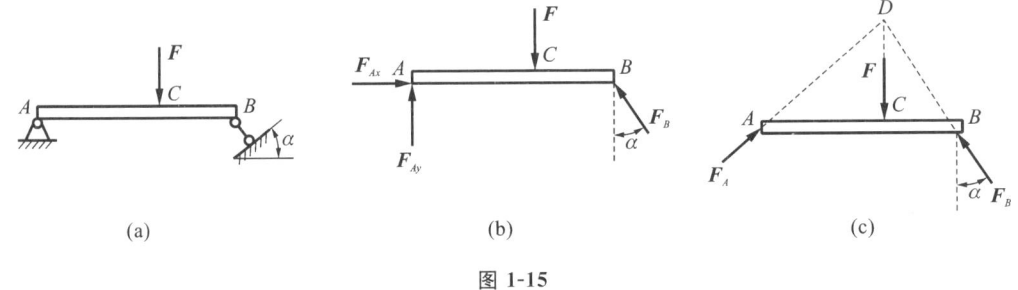

(a)　　　　　　　(b)　　　　　　　(c)

图 1-15

解:(1) 取梁 AB 为研究对象,解除 A、B 两处的约束,并画出其简图。

(2) 在梁的中点 C 画出主动力 F。

(3) 在受约束的 A、B 处,根据约束类型画出约束力。B 处为可动铰支座,其反力 F_B 过铰链中心并垂直于支承面,假定指向如图所示,A 处为固定铰支座,其反力可用过铰链中心 A 的相互垂直的分力 F_x、F_y 表示,受力图如图 1-15(b)所示。

此外,考虑到梁仅在 A、B、C 三点受到三个互不平行的力作用而平衡,根据三力汇交定理,已知 F 和 F_B 的作用线相交于 D 点,故 A 处反力 F_A 的作用线也应相交于 D 点,从而

确定 F_A 必过 A、D 两点连线，也可画出图 1-15(c)所示受力图。

【例 1-2】 多跨梁（连续梁）上 E 处作用一集中力 F，梁上作用有均布荷载 q，梁的支承简图如图 1-16(a)所示。如 AB、BC 梁的自重不计，试分别画出整体、AB、BC 梁受力图。

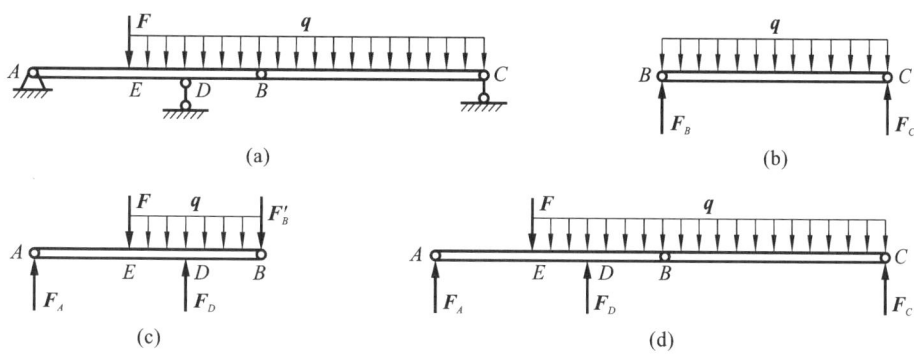

图 1-16

解：（1）以梁 BC 为研究对象，画出受力体图。先在 BC 上画出已知的均布荷载 q，C 处为滚动铰支座，画上约束力 F_C，且 F_C 与光滑水平面垂直，由 F_C 与 q 平行可知 AB 段对销钉 B 的约束力 F_B 一定也与光滑水平面垂直。其受力图如图 1-16(b)所示。

（2）以 AB 段为研究对象，画出分离体图。在 E 处画上主动力 F，以及已知的均布荷载 q，再画销钉作用在 B 处的约束力 F'_B，它与 F_B 互为作用力与反作用力，D 处为滚动铰支座，画上约束力 F_D。且 F_D 与光滑水平面垂直，由 F、q、F_D、F'_B 平行可知，固定铰支座 A 处的约束力 F_A 一定也与水平面垂直。其受力图如图 1-16(c)所示。

（3）以整体为研究对象，画出受力体图。系统上所受的外力有主动力 F，均布荷载 q，约束力 F_A、F_D 及 F_C。对整个系统而言，B 处受内力作用，在受力图上不必画出。其受力图如图 1-16(d)所示。

【例 1-3】 如图 1-17(a)所示三铰拱桥，由左右两拱桥连接而成，不计自重和摩擦，在拱 AC 上作用有荷载 F。画出拱 AC 和 BC 及整体的受力图。

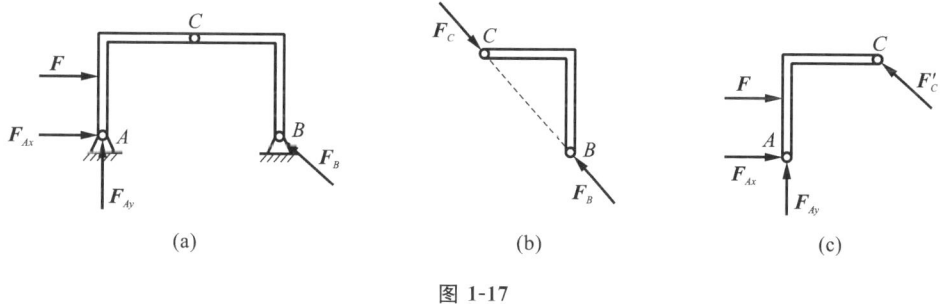

图 1-17

解：节点 C 上无主动力，不作为研究对象。因此该系统由拱 AC 和 BC 两构件组成，各处均为铰链连接，BC 为二力杆。

（1）由于 BC 杆为二力杆，所以其受力一定满足二力平衡公理，即沿 BC 的连线，存在大小相等、方向相反的两个力,如图 1-17(b)所示。

(2)因在拱 AC 上作用有荷载 F,所以此杆为二力杆。A 点为固定铰链约束,有两个约束反力。根据作用和反作用公理,在拱 AC 的 C 点受力一定与 BC 的 C 点受力大小相等、方向相反,如图 1-17(c)所示。

(3)以整体为研究对象,只画出系统外部的约束力,此时 C 点的铰链约束是系统内部的约束,其约束力不作出。A 点为固定铰支座,其约束力是两个相互垂直的约束力。B 点受力按 BC 杆受力方向画出,如图 1-17(a)所示。

【例 1-4】 转轴单臂吊车如图 1-18(a)所示,水平梁 AB 用杆 BC 吊住,A、B、C 三处均为光滑铰链连接。如只考虑起吊重为 P 的物体,不计结构自重,试分别画出杆 BC 和梁 AB 的受力图。

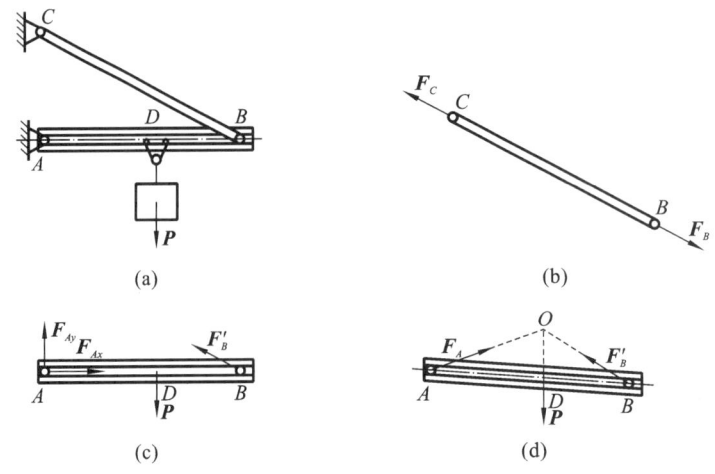

图 1-18

解:(1)先分析吊杆 BC 受力。由于杆 BC 的自重不计,根据光滑铰链的特性,B、C 处的约束力分别通过铰链的中心,方向暂不确定。考虑到杆 BC 只在 F_B 和 F_C 二力作用下平衡,根据二力平衡公理,这两个力必定沿同一直线,且等值、反向。由此可确定 F_B 和 F_C 的作用线应沿铰链中心 B 与 C 的连线,并且由经验判断出,此处杆 BC 承受拉力,其受力图如图 1-18(b)所示。一般情况下,F_B 和 F_C 的指向不能预先确定,可先任意假设杆受拉力或压力。若根据平衡方程求得的力为正值,说明原先假设力的指向是正确的,若为负值,则说明实际杆受力与原先假设指向是相反的。

(2)取梁 AB 为研究对象。梁在 D 处受有主动力 P,梁在铰链 B 处受有二力杆 BC 给它的约束力 F'_B,同时根据作用与反作用力定律知 $F'_B = -F_B$,梁在 A 处受固定铰链支座给它的约束力作用,由于方向未知,可用两个大小未知的正交力 F_{Ax} 和 F_{Ay} 表示。梁的受力图如图 1-18(c)所示。

(3)再进一步分析可知,由于梁 AB 在 P、F'_B 和 F_A 三个力作用下平衡,故可根据三力汇交平衡定理,确定铰链 A 处约束力 F_A 的方向。点 O 为力 P 和 F'_B 作用线的交点,当梁 AB 平衡时,约束力 F_A 的作用线必通过 O 点,至于 F_A 的指向,暂且假定如图,以后由平衡条件确定。因此,梁 AB 的受力图也可有另外一种画法,如图 1-18(d)所示。

【例 1-5】　构架如图 1-19(a)所示,画出杆 BC,杆 CDE,杆 BDO 连同滑轮与重物,以及销钉 B 的受力图。

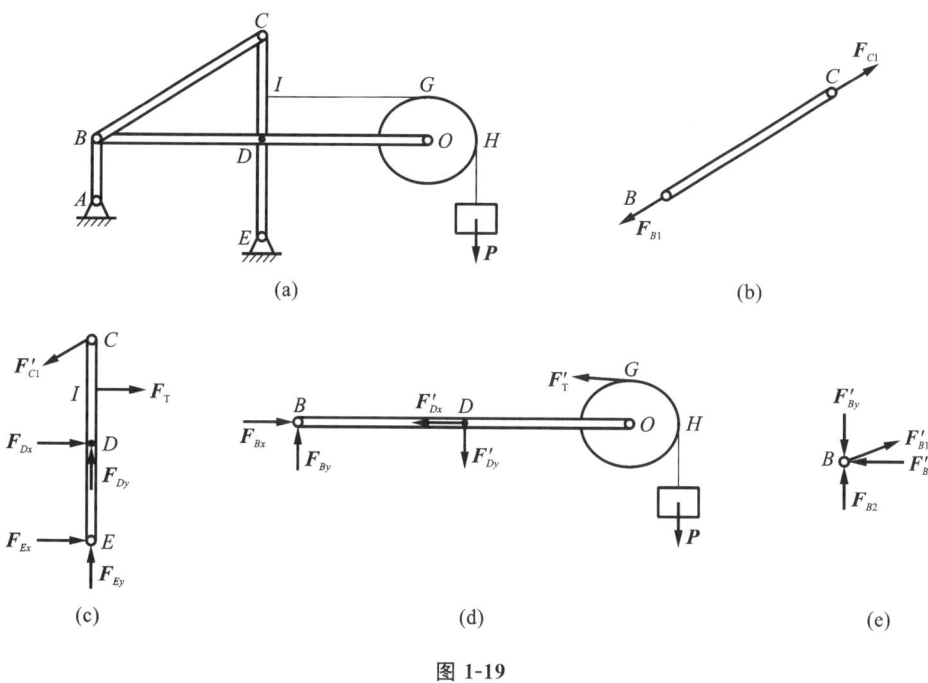

图 1-19

解：(1) 以 BC 杆(拔出销钉)为研究对象,画出分离体图。BC 杆为二力杆,B、C 处受力 F_{B1}、F_{C1} 一定过 B、C 连线。其受力图如图 1-19(b)所示。

(2) 以 CDE 杆为研究对象,画出分离体图。D 处为光滑铰链约束,画出约束力 F_{Dx}、F_{Dy}；E 处为固定铰支座,画出约束力 F_{Ex}、F_{Ey}；I 处为柔体约束,受拉力 F_T；C 处受力 F'_{C1},F'_{C1} 和 F_{C1} 互为作用力与反作用力。其受力图如图 1-19(c)所示。

(3) 以杆 BDO(拔出销钉 B)、滑轮、重物为研究对象,画出分离体图。画上主动力 P；B 处受销钉作用力 F_{Bx}、F_{By}；D 处约束力 F'_{Dx}、F'_{Dy},与 F_{Dx}、F_{Dy} 互为作用力与反作用力；F'_T 与 F_T 互为作用力与反作用力。其受力图如图 1-19(d)所示。

(4) 以销钉 B 为研究对象,画出分离体图。销钉 B 与 BC 杆间的约束力为 F'_{B1},与 F_{B1} 互为作用力与反作用力；销钉 B 受到 BDO 杆的约束力 F'_{Bx}、F'_{By},与 F_{Bx}、F_{By} 互为作用与反作用力；销钉 B 还受到 AB 杆的约束力 F_{B2},AB 杆为二力杆。其受力图如图 1-19(e)所示。

习　　题

【1-1】　什么是二力杆？二力杆受力与杆件的形状有无关系？

【1-2】　作用于刚体上的三个力汇交于一点,该物体是否一定平衡？

【1-3】　什么是刚体？力的三要素是什么？

【1-4】　什么是主动力？什么是被动力？请分别举例说明。

【1-5】 画出图 1-20 中指定物体的受力图,未标明重力的物体不计自重,所有接触面均光滑。

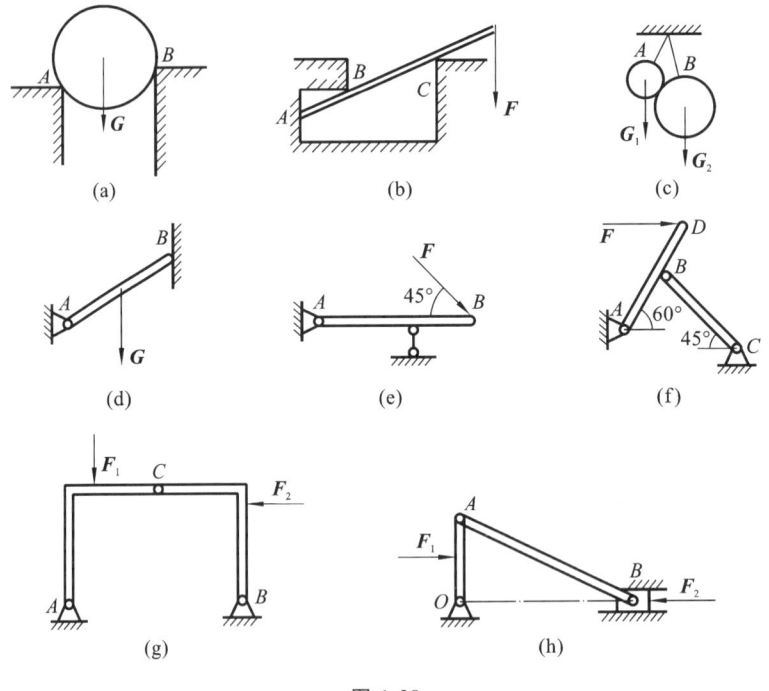

图 1-20

【1-6】 试画出图 1-21 各系统中每一构件及整体的受力图,物体自重除注明外,均略去不计,所有接触面均为光滑接触。

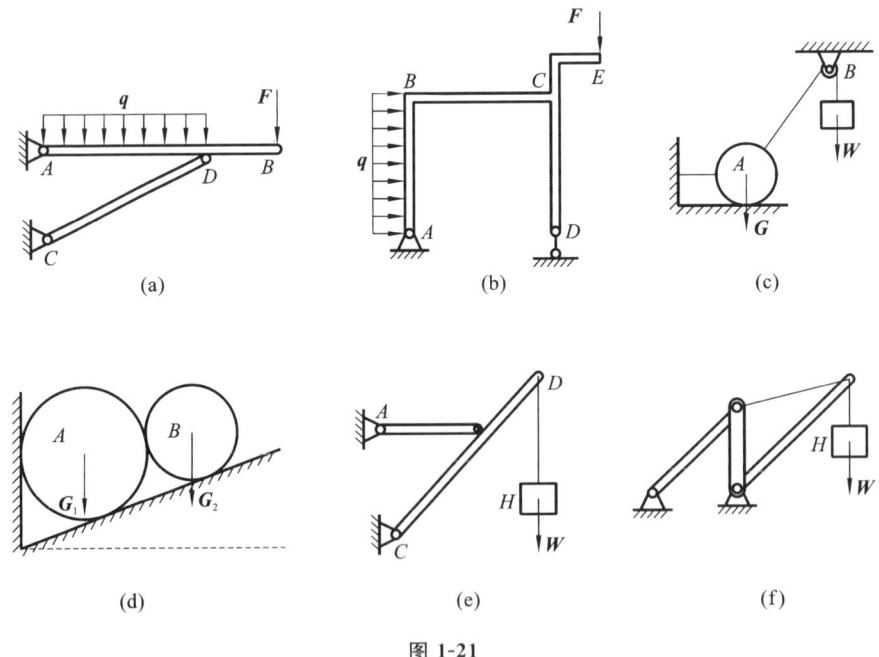

图 1-21

第 2 章　力系的等效与简化

在实际工程中,往往存在较复杂的力系,我们要通过简化的方法把复杂力系简化后进行计算。本章介绍了平面一般力系和空间一般力系的简化方法,简化后得到主矢和主矩。还介绍了力的投影、力偶、力偶矩和物体重心的确定方法等,它们在静力学中有着重要的意义,是研究一般力系的基础。

2.1　力系的分类

当物体上作用一系列力时,就构成了力系。如果力系中所有力的作用线不都在一个平面上,称为空间力系。如果力系中所有力的作用线处在同一平面上,则称为平面力系。

平面力系中,当力系中所有力都汇交于一点,则称该力系为平面汇交力系;当力系中所有力的作用线都相互平行时,则称该力系为平面平行力系;当刚体上有两个或两个以上的力偶作用时,则称该力系为平面力偶系;如果力系中所有力的作用线没有汇交于一点,也没有相互平行,也没有构成力偶,则称该力系为平面一般力系。

对平面力系进行简化研究,再进一步求解静力学平衡条件下的约束力。

2.2　平面力矩和力偶

2.2.1　力对点之矩与力对轴之矩

1. 力的投影

（1）力在平面坐标轴上的投影。

力 F 作用在物体的 A 点上,建立平面直角坐标系 Oxy,如图 2-1 所示。力 $F = \overrightarrow{AB}$,在平面内的起点是 A,终点是 B,为了确定该力的大小,分别从 A、B 两点作 x、y 轴的垂线,得到 ab 段表示力 F 在 x 轴上的投影,$a'b'$ 段则是力 F 在 y 轴上的投影。通常用 F_x 表示力 F 在 x 轴上的投影,用 F_y 表示力 F 在 y 轴上的投影,力的投影是代数量。设 α 和 β 表示力 F 与 x 轴和力 F 与 y 轴正向间的夹角,则由图 2-1 可知:

$$\begin{cases} F_x = F\cos\alpha \\ F_y = F\cos\beta \end{cases} \tag{2-1}$$

为了便于计算,通常采用力 $\boldsymbol{F}$ 与坐标轴夹角为锐角计算,并且由数学知识可知,当夹角为锐角时,投影值为正,当夹角为钝角时,投影值为负。当有一系列力作用在物体某点上,可建立直角坐标系,各力按投影原则,分别投影到 x、y 轴上,分别把 x、y 轴的分力求出,再用合成合力的大小进行力的分解和合成。也可将力 $\boldsymbol{F}$ 写成如下矢量形式:

$$\boldsymbol{F} = F_x\boldsymbol{i} + F_y\boldsymbol{j} \tag{2-2}$$

式中,$\boldsymbol{i}$ 和 $\boldsymbol{j}$ 是沿 x、y 轴坐标轴正向的单位矢量。

（2）力在空间坐标轴上的投影。

已知一个力 $\boldsymbol{F}$,建立空间直角坐标系 $Oxyz$,力 $\boldsymbol{F}$ 与 x、y、z 坐标轴的夹角分别为 α、β、γ,如图 2-2 所示。此力可用分解的方法直接投影到三个坐标轴上

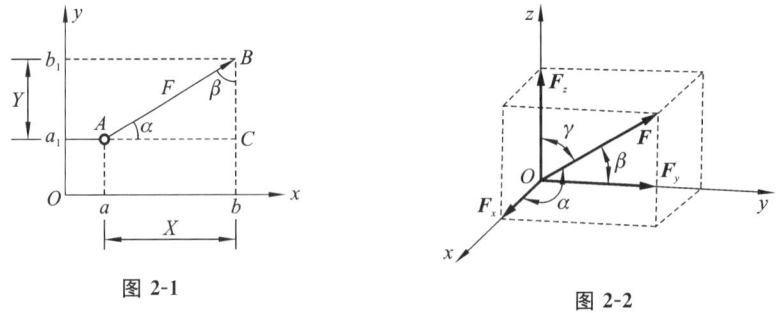

图 2-1　　　　　　　　　　　　图 2-2

$$\begin{cases} F_x = F\cos\alpha \\ F_y = F\cos\beta \\ F_z = F\cos\gamma \end{cases} \tag{2-3}$$

上式采用直接投影的方法非常直观形象,但力 $\boldsymbol{F}$ 与三个坐标轴的夹角往往难以获得,所以也可以采用先投影到一个平面上,再投影到坐标轴的二次投影法,同平面直角坐标系的投影一样,也可将力 $\boldsymbol{F}$ 写成如下矢量形式:

$$\boldsymbol{F} = F_x\boldsymbol{i} + F_y\boldsymbol{j} + F_z\boldsymbol{k} \tag{2-4}$$

式中,$\boldsymbol{i}$、$\boldsymbol{j}$、$\boldsymbol{k}$ 是沿 x、y、z 轴坐标轴正向的单位矢量。

2. 力对点之矩

力对刚体的作用效应除了移动效应,还有转动效应。移动效应用力的大小、方向、作用线表示,转动效应用力矩来度量。从实践中知道,用扳手拧螺母时,如图 2-3（a）所示,其转动效应不仅跟力的大小有关,还与转动中心 O 至力 $\boldsymbol{F}$ 的作用线的垂直距离有关。力对物体（扳手）转动的效应,用力对 O 点之矩表示,简称力矩,用符号 $\boldsymbol{M}_O(\boldsymbol{F})$ 表示为

$$\left| \boldsymbol{M}_O(\boldsymbol{F}) \right| = + F \cdot d \tag{2-5}$$

O 点称为矩心,O 点到力 $\boldsymbol{F}$ 作用线的垂直距离 d 称为力臂。式 2-5 中的正负号表示力矩的方向。通常规定:力使物体绕矩心逆时针转动时,力矩为正;力使物体绕矩心顺时针转动时,力矩为负。力 F 和 d 的乘积大小表示力矩的大小,所以平面力对点之矩是代数量。由数学知识可知,力矩大小还可以用以力为底边,矩心 O 为顶点所构成的三角形面积的两倍表示,如图 2-3（b）所示。

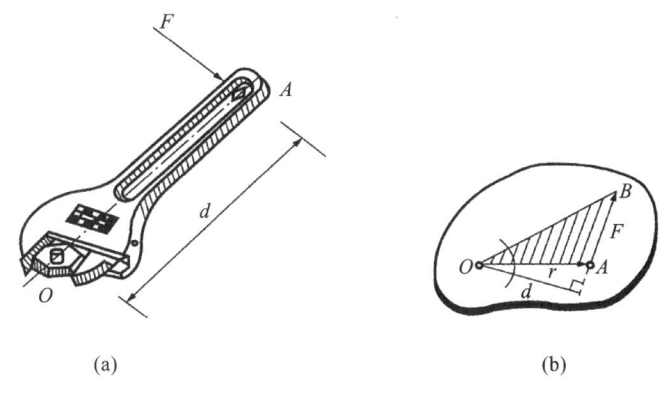

(a)　　　　　　　　　　　　　　(b)

图 2-3

$$\left|\boldsymbol{M}_O(\boldsymbol{F})\right| = \pm 2S_{\triangle OAB} \tag{2-6}$$

由图 2-3(b)可以看出,力对点之矩还可以用矢量积表示:

$$\boldsymbol{M}_O(\boldsymbol{F}) = \boldsymbol{r} \times \boldsymbol{F} \tag{2-7}$$

式中,$\boldsymbol{r}$ 为矩心 O 到力 $\boldsymbol{F}$ 作用点的矢径,$\boldsymbol{r} \times \boldsymbol{F}$ 的大小表示力矩的大小,使用右手螺旋法则,大拇指指向为该矢量积的方向,则弯曲的四指指向就是力矩的转向。

力矩使物体的转动效应可以选择任意一点为矩心,过矩心向力的作用线作垂线,求其垂线段长,也称为力臂。在国际单位制中,力矩的单位为牛·米(N·m)或千牛·米(kN·m)。

由力对点之矩可知:

(1) 力的大小为零或力的作用线通过矩心时,其力矩为零;

(2) 力沿其作用线移动时,不会改变力对矩心的力矩;

(3) 相互平衡的两个力对同一点的力矩代数和为零。

3. 力对轴之矩

在生产实践中,有些物体在力的作用下绕某轴运动,如图 2-4 所示。

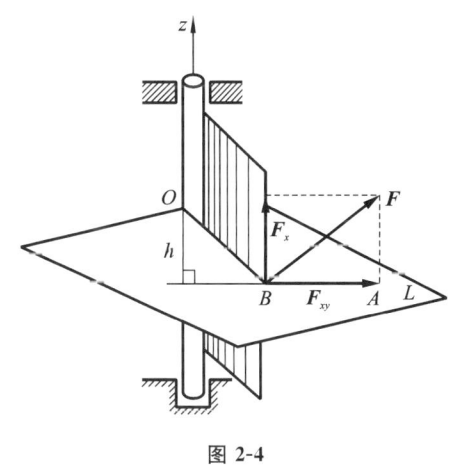

设刚性门上作用一个力 $\boldsymbol{F}$,力 $\boldsymbol{F}$ 与转动门轴斜交,即不垂直也不平行,研究力 $\boldsymbol{F}$ 使门绕门轴(Oz 轴)的转动效应。把力 $\boldsymbol{F}$ 分解成与 Oz 轴平行的一个分力和与 Oz 轴垂直的一个分力,显然,与 Oz 轴平行的一个分力对门绕 Oz 轴没有任何转动效应,与 Oz 轴垂直的一个分力 $\boldsymbol{F}_{xy}$ 可以使门绕 Oz 轴有转动效应。由此可以得到力对轴之矩的定义:力对轴之矩等于此力在垂直于该轴的平面上的投影对该轴与平面交点之矩。用式子表示为:

图 2-4

$$M_Z(\boldsymbol{F}) = M_O(\boldsymbol{F}_{xy}) = \pm F_{xy} \cdot h = \pm 2 \cdot S_{\triangle OAB} \tag{2-8}$$

从而把力对轴之矩转化成力对点之矩,其方向正负与力对点之矩相同,即力对轴之矩也是代数量。同理,当力沿作用线移动时,并不改变力对轴之矩。当力与轴相交或平行时,即力与轴共面时,力对轴之矩等于零。力对轴之矩单位与力对点之矩单位一样。

力对轴之矩也可以用解析式表达。如图 2-5 所示,建立直角坐标系 $Oxyz$,设力 F 的作用点 A 的坐标为 (x,y,z),力 F 在坐标轴上的投影为 F_x、F_y、F_z。可得力对坐标轴 Ox、Oy、Oz 之矩分别为:

$$\begin{cases} M_x(\boldsymbol{F}) = yF_z - zF_z \\ M_y(\boldsymbol{F}) = zF_x - xF_z \\ M_z(\boldsymbol{F}) = xF_y - yF_x \end{cases} \tag{2-9}$$

4. 合力矩定理

力对点之矩的大小等于力的大小与力臂的乘积,在实际问题中,力臂不易求出,因而力矩不便计算。将这个合力分解成各分力,各分力的总转动效应与合力的转动效应相同,所以可以用求分力的力矩来求合力的力矩。即平面汇交力系的合力对平面内任一点之矩等于该力系中的各分力对同一点之矩的代数和。用式子表示为:

$$\boldsymbol{M}_O(\boldsymbol{F}_R) = \boldsymbol{M}_O(\boldsymbol{F}_1) + \boldsymbol{M}_O(\boldsymbol{F}_2) + \cdots + \boldsymbol{M}_O(\boldsymbol{F}_n) = \sum \boldsymbol{M}_O(\boldsymbol{F}_i) \tag{2-10}$$

【例 2-1】 图 2-6 所示每 1 m 长挡土墙所受土压力的合力为 $\boldsymbol{R}$,其大小 $R=200$ kN,求土压力 $\boldsymbol{R}$ 使墙倾覆的力矩。

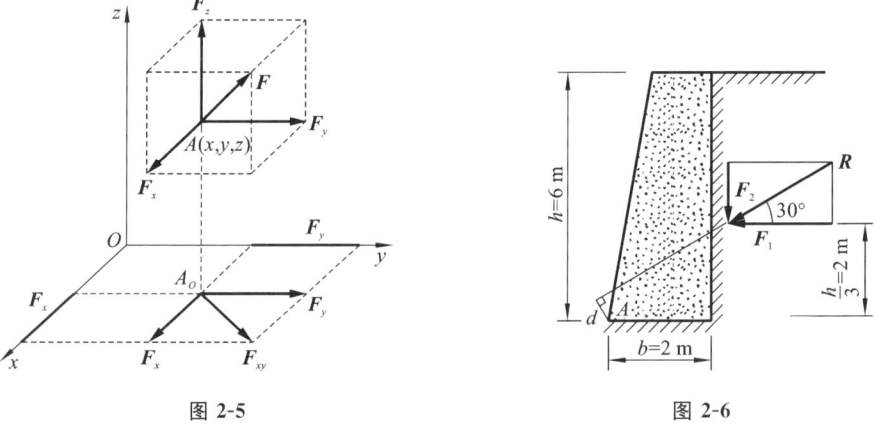

图 2-5   图 2-6

解:土压力 $\boldsymbol{R}$ 可使挡土墙绕 A 点倾覆,求 $\boldsymbol{R}$ 使墙倾覆的力矩,就是求它对 A 点的力矩。由于 $\boldsymbol{R}$ 的力臂求解较麻烦,但如果将 $\boldsymbol{R}$ 分解为两个分力 $\boldsymbol{F}_1$ 和 $\boldsymbol{F}_2$,而两个力的力臂是已知的。因此,根据合力矩定理,合力 $\boldsymbol{R}$ 对 A 点之矩等于 $\boldsymbol{F}_1$、$\boldsymbol{F}_2$ 对 A 点之矩的代数和。则

$$M_A(\boldsymbol{R}) = M_A(\boldsymbol{F}_1) + M_A(\boldsymbol{F}_2) = F_1 \cdot \frac{h}{3} - F_2 \cdot b$$

$$= 200\cos30° \times 2 \text{ kN} \cdot \text{m} - 200\sin30° \times 2 \text{ kN} \cdot \text{m}$$

$$= 146.4 \text{ kN} \cdot \text{m}$$

2.2.2　力偶

1. 力偶的概念

在生活实践中，常见到物体受一对大小相等、方向相反但作用线平行且不重合的作用力作用而使物体产生转动效应的情况，如用手拧水龙头开关、用双手转动方向盘、用丝锥攻螺纹，如图 2-7 所示。

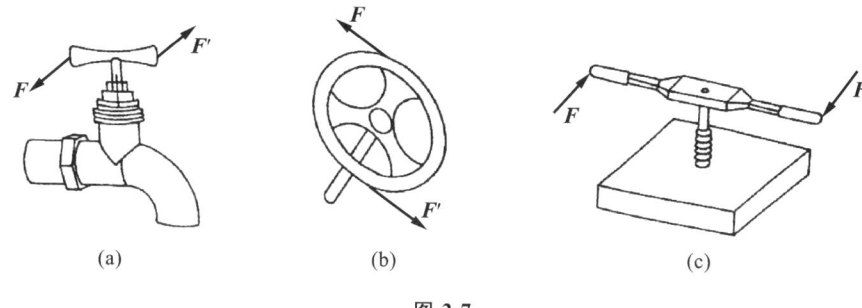

(a)　　　　　　　　　(b)　　　　　　　　　(c)

图 2-7

这种大小相等、方向相反、作用线不重合的两个平行力称为力偶，用符号 (F, F') 表示。力偶的两个力作用线间的垂直距离 d 称为力偶臂，力偶的两个力所构成的平面称为力偶作用面，力偶使物体转动的方向称为力偶的转向。实践表明，力偶只能对物体产生转动效应，不能使物体产生移动效应。力偶对物体的转动效应，可用力偶中的力与力偶臂的乘积加正负号来确定，称为力偶矩，记为 $M(F, F')$，或简写为 M，即

$$|M(F, F')| = M = \pm F \cdot d \tag{2-11}$$

式中的正负号表示力偶的转向，通常使物体逆时针转动取正号，使物体顺时针转动取负号。

在平面力系中，力偶矩是代数量，单位和力矩的相同，用牛·米（N·m）或千牛·米（kN·m）表示。力偶矩的大小、力偶的转向和力偶的作用面，称为力偶的三要素。凡三要素相同的力偶彼此等效。

2. 力偶的性质

(1) 力偶没有合力，不能用一个力来代替。由于力偶中两个力大小相等、方向相反、作用线平行，求其在任一轴上的投影，投影的代数和为零，如图 2-8 所示。

力偶对物体只能产生转动效应，而力在一般情况下对物体可以产生转动和移动效应。显然，力偶和力对物体的作用效应不同，说明力偶不能用一个力来代替，所以力偶不能简化为一个力，力偶也不能用一个力平衡，力偶只能与力偶平衡。

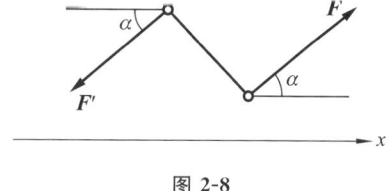

图 2-8

(2) 力偶对其作用面内任一点之矩都等于力偶矩，与矩心无关。力偶使物体产生转动效应。所以力偶对物体的转动效应可以用力偶的两个力分别对平面内任一点求力矩的代数和来度量。如图 2-7 所示力偶 (F, F')，力偶臂为 d，逆时针转向，其力偶矩为 $m = Fd$，

在该力偶作用面内任选一点 O 为矩心,设矩心与 F' 的垂直距离为 x ,力偶对 O 点的力矩为

$$|M(F,F')| = F(d+x) - F' \cdot x = Fd = m \qquad (2\text{-}12)$$

由上式可以看出,力偶对其作用面内任一点的力矩恒等于力偶矩,而与矩心的位置无关。

（3）保持力偶的转向和力偶矩的大小不变,力偶可以在其作用面移动和转动,而不改变力偶对物体的转动效应。力偶的这种性质说明,力偶对物体的作用与力偶在作用面内的位置无关,且只适用于刚体。

（4）只要保持力偶的转向和力偶矩的大小不变,可以同时改变力偶中力的大小和力偶臂的长短,而不会改变力偶对刚体的作用效应。

图 2-9 表示力偶矩为 m 的一个力偶,四种表示方法等效。

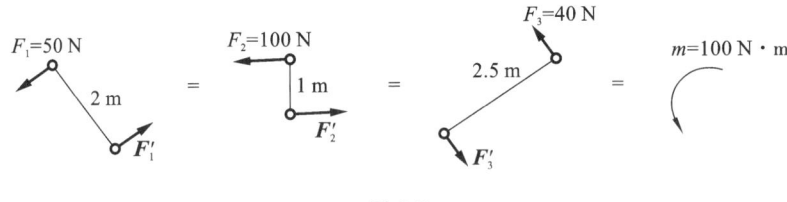

图 2-9

3. 平面力偶系的合成与平衡

（1）平面力偶系的合成。

作用在物体上同一平面的众多力偶组成平面力偶系。进行力偶系的合成,即求这些力偶系的合力偶矩。对于平面力偶系,设 $M_1, M_2, \cdots, M_n$ 为各分力偶矩,合成结果为该力偶系所在平面上的一个力偶,合力偶矩 M 等于各分力偶矩的代数和,即

$$M = M_1 + M_2 + \cdots + M_n = \sum M_i \qquad (2\text{-}13)$$

（2）平面力偶系的平衡条件。

由合成结果可知,平面力偶系平衡的充分必要条件为合力偶矩为零,即力偶系中各力偶矩的代数和等于零,即

$$\sum M = 0 \qquad (2\text{-}14)$$

【例 2-2】 如图 2-10(a)所示,杆 AB 作用力偶矩 $M_1 = 16$ kN·m,杆 AB 长为 1 m, CD 长为 0.8 m,试求作用在杆 CD 上的力偶 M_2 ,使机构保持平衡。

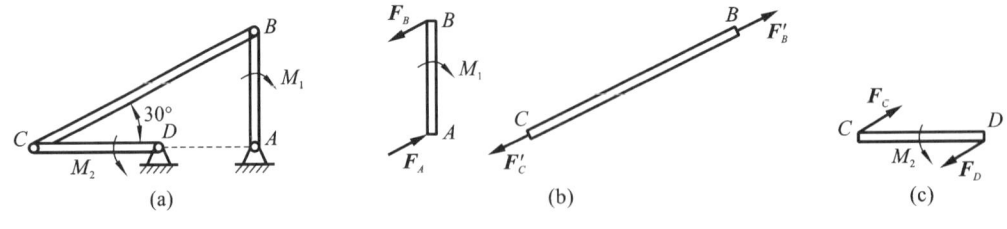

图 2-10

解：(1) 选杆 AB 为研究对象，由于 BC 是二力杆，因此杆 AB 的两端受有沿 BC 的约束力 F_A 和 F_B，构成力偶，如图 2-10(b)所示，由力偶的平衡方程

$$\sum M = 0, \quad F_A \cdot 1 \cdot \sin 60° - M_1 = 0$$

则

$$F_A = F_B = \frac{M_1}{1 \times \sin 60°} = \frac{16 \times 2}{\sqrt{3}} \text{ kN} = 18.48 \text{ kN}$$

(2) 选杆 CD 为研究对象，受力如图 2-10(c)所示，由力偶的平衡方程

$$\sum M = 0, \quad M_2 - F_C \cdot 0.8 \cdot \sin 30° = 0$$

由于 $F_A = F_B = F_B' = F_C' = F_C$，则得

$$M_2 = F_C \cdot 0.8 \cdot \sin 30° = 18.48 \times 0.8 \times \sin 30° \text{ kN} \cdot \text{m} = 7.4 \text{ kN} \cdot \text{m}$$

【例 2-3】　丁字横梁由固定铰 A 及链杆 CD 支持，如图 2-11(a)所示。在 AB 杆的 B 端有一个力偶作用，其力偶矩 $m = 100 \text{ N} \cdot \text{m}$，转向见图。若各杆自重不计，试求 A、D 处的约束反力。

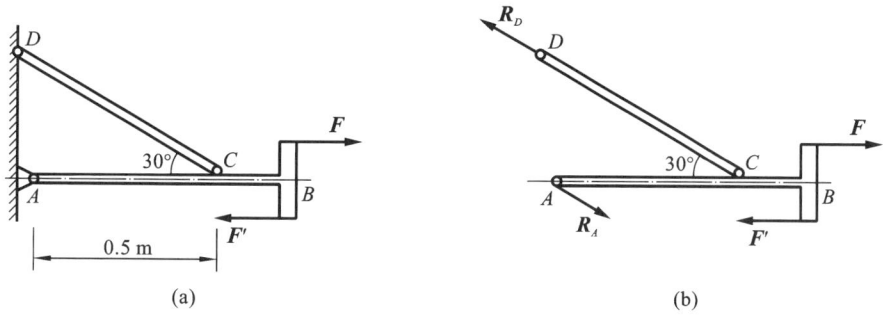

图 2-11

解：取整个构架为研究对象，链杆 CD 为二力杆，故支座 D 的约束反力 R_D 沿 CD 杆中心线。另外，根据力偶只能与力偶平衡的性质，支座 A 的约束反力 R_A 与 R_D 也必须组成一个力偶与已知力偶相平衡，故 R_A 与 R_D 等值且反向平行，如图 2-11(b)所示。由平面力偶系的平衡条件得

$$\sum M = 0, \quad R_A \cdot AC \sin 30° - m = 0$$

$$R_A = \frac{m}{AC \sin 30°} = \frac{100}{0.5 \times 0.5} \text{ N} = 400 \text{ N}$$

$$R_D = 400 \text{ N}$$

2.3　力系的简化

在实际工程中，物体的受力情况比较复杂，往往需要对受力情况进行简化分析，对力系进行等效简化，从而更好地对受力构件进行分析。

2.3.1　平面一般力系的简化

1. 力的平移定理

在前面章节学过,力沿作用线平移,不会改变它对刚体的作用效果。如果将力平行于作用线移动到另一个位置,则会改变对刚体的作用效果。

设刚体的 A 点作用着一个力 F,在刚体上任取一点 O,如图 2-12 所示。在 O 点加上一对大小相等、方向相反且与 F 平行的力 F' 和 F'',且三个力大小相等,根据加减平衡力系公理,这三个力对刚体的作用效应和单个力 F 对刚体的作用效应相同。由力偶知识可以知道 F'' 和 F 组成一个力偶,其力偶矩为

$$m = Fd = M_O(F) \tag{2-15}$$

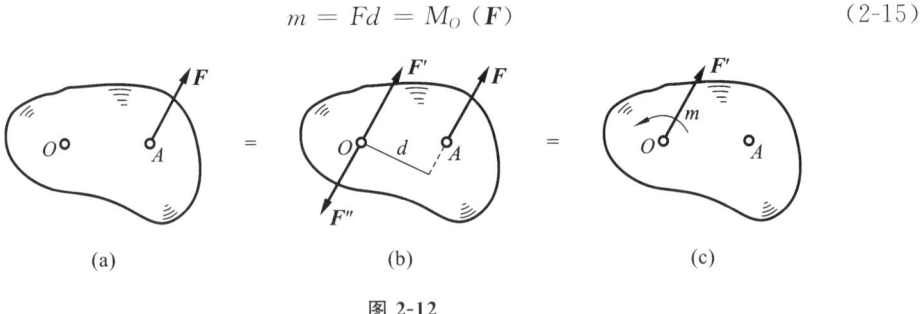

(a)　　　　　　　　(b)　　　　　　　　(c)

图 2-12

显然这三个力可以看成是作用在 O 点的一个力 F' 和一个力偶 m,与单独的力 F 作用效应相同。由此可得力的平移定理:作用在刚体上的力可以向刚体上任意一点平移,但必须附加一个力偶,其力偶矩等于原力 F 对平移后新点之矩。换句话说,平移前的一个力与平移后的一个力和一个附加力偶等效。注意,力的平移定理只适用于刚体,且只在同一刚体上进行平移。

由力的平移定理可知,我们可以将共面的一个力和一个力偶合成为一个力,该力的大小、方向和原力相同,其作用线间的垂直距离为力偶除以该力大小即可得。力的平移定理是力系简化的一个重要理论,例如,图 2-13 所示的厂房柱子受到吊车梁传来的荷载 F 的作用,分析荷载 F 对柱子的作用效应,可用力的平移定理,把 F 移动到柱子轴线 O 上,则加了一个顺时针转向的力偶,从力平移后明显看出,荷载 F 使柱子受压,力偶使柱子弯曲。

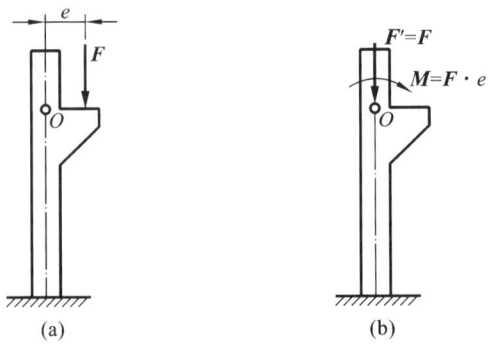

(a)　　　　　　　　(b)

图 2-13

2. 平面一般力系向作用面内任一点简化

设在刚体上作用有共面的一般力系 $F_1,F_2,\cdots,F_n$，如图 2-14(a)所示，将该平面力系简化，先在平面内选取一个简化中心 O，根据力的平移定理，可把各力移到 O 点，如图 2-14(b)所示，可得到 $F'_1,F'_2,\cdots,F'_n$ 和一个附加的平面力偶系 $m_1,m_1,\cdots,m_n$。

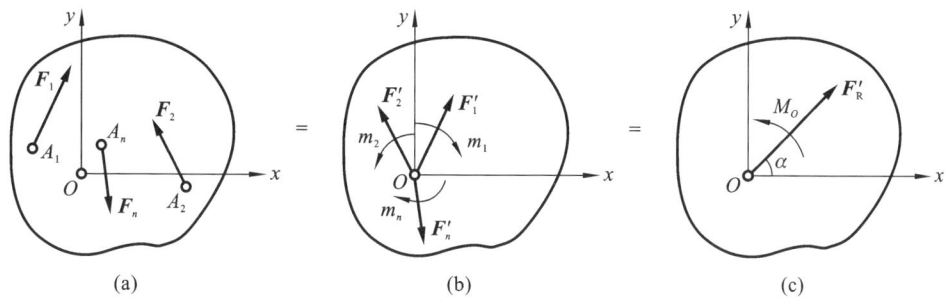

图 2-14

根据力的平移定理，简化后的各力大小和方向分别与原力系中对应的各力相同，即

$$F'_1=F_1,F'_2=F_2,\cdots,F'_n=F_n$$

各附加力偶矩分别等于原力系中各力对简化中心 O 点之矩，即

$$m_1=M_O(F_1),m_2=M_O(F_2),\cdots,m_n=M_O(F_n)$$

平面汇交力系 $F'_1,F'_2,\cdots,F'_n$ 可合成为作用线通过 O 点的一个合力 F'_R，如图 2-14(c)所示，因为各力矢 $F'_1,F'_2,\cdots,F'_n$ 与原力矢 $F_1,F_2,\cdots,F_n$ 相等，所以

$$F'_R=F'_1+F'_2+\cdots+F'_n=F_1+F_2+\cdots+F_n=\sum F \tag{2-16}$$

即简化后的 F'_R 等于原力系各力的矢量和。平面一般力系中各力的矢量和 $F'_R=\sum F$ 称为该力系的主矢。

主矢的大小和方向可用解析法求解。过 O 点建立直角坐标系 Oxy，将各力矢 F'_1，$F'_2,\cdots,F'_n$ 分解到 x、y 轴，分别用 F'_{Rx}、F'_{Ry} 表示，则

$$F'_R=\sqrt{F'^2_{Rx}+F'^2_{Ry}}=\sqrt{\left(\sum X\right)^2+\left(\sum Y\right)^2}$$

$$\cos(F'_R,i)=\frac{F'_{Rx}}{F'_R}=\frac{\sum X}{F'_R},\quad \cos(F'_R,j)=\frac{F'_{Ry}}{F'_R}=\frac{\sum Y}{F'_R} \tag{2-17}$$

附加的平面力偶系 $m_1,m_2,\cdots,m_n$ 可以合成为一个力偶，其力偶矩等于各附加力偶矩的代数和，附加力偶矩等于力对简化中心 O 点的矩，则

$$m=m_1+m_2+\cdots+m_n=M_O(F) \tag{2-18}$$

平面一般力系所有各力对于简化中心 O 之矩的代数和称为该力系对简化中心 O 的主矩。

综上所述，平面一般力系向作用面内任一点简化的结果，是一个力和一个力偶。简化后的力经过简化中心，它的矢量称为原力系的主矢，并等于原力系中各力的矢量和，这个力偶的力偶矩称为原力系对简化中心的主矩，并等于原力系中各力对简化中心之矩的代数和。

应当注意，主矢的大小与简化中心的选取无关，但主矩因为力偶臂的改变而发生改

变,两者要综合作用才能等效于原力系的作用效应。

3. 平面一般力系简化结果的讨论

平面一般力系向作用平面内一点简化,一般可得到一个力和一个力偶,但不知道力和力偶矩是否会等于零,可能出现的几种情况如下。

(1)若 $F'_R = 0$, $m = 0$,说明力系平衡,将在后面章节讲解。

(2)若 $F'_R = 0$, $m \neq 0$,简化为一个力偶。简化在简化中心 O 的各力是一个平衡力系,可以减去。原力系等效为平面力偶系 $\boldsymbol{m}_1 , \boldsymbol{m}_2 , \cdots , \boldsymbol{m}_n$,可以合成为一个合力偶,因为该合力偶对作用平面内任一点的矩都相同,可知当力系简化为一个力偶时,主矩与简化中心无关。

(3)若 $F'_R \neq 0$, $m = 0$,简化为一个力。说明附加力偶是一个平衡力偶系,可以不计。原力系等效为过简化中心的合力,合力的力矢等于原力系的力矢,作用线过简化中心,是原力系的合力。

(4)若 $F'_R \neq 0$, $m \neq 0$,此简化结果可以进一步简化,根据力的平移定理的逆运用,可以进一步合成为一个合力,如图 2-15 所示。将主矩 $\boldsymbol{M}_O$ 用两个反向平行的 $\boldsymbol{F}''_R$ 和 $\boldsymbol{F}_R$ 表示,且使 $F''_R = F_R = F'_R$,显然, $\boldsymbol{F}'_R$ 和 $\boldsymbol{F}''_R$ 是一对平衡力,为保持 $\boldsymbol{M}_O$ 不变,只要取力臂 d 为:

$$d = \frac{M_O}{F_R} \tag{2-19}$$

原力系最终可简化为作用在 O' 的合力 $\boldsymbol{F}_R$,合力矢 $\boldsymbol{F}_R$ 等于主矢, d 为合力 $\boldsymbol{F}_R$ 距简化中心 O 的距离。

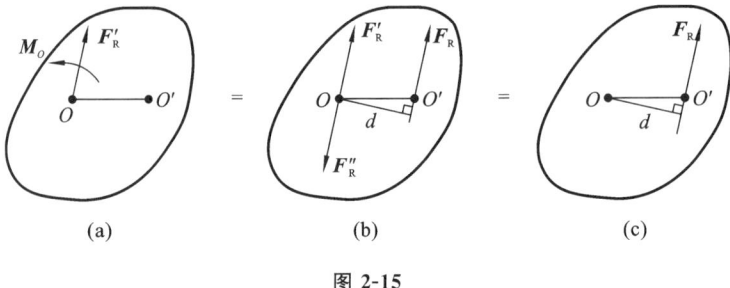

(a)　　　　　　　(b)　　　　　　　(c)

图 2-15

2.3.2　空间一般力系的简化

在实际工程中,往往力系不在同一个平面内,不能以平面力系的简化方法处理,从而要运用到空间一般力系的简化方法。

1. 空间一般力系向一点简化

设一空间力系作用在一刚体上,如图 2-16(a)所示,任选一点作为简化中心,根据力的平移定理,可把各力平移至 O 点,并附加一个力偶,简化后可得到一个汇交于 O 点的空间汇交力系 $\boldsymbol{F}'_1 , \boldsymbol{F}'_2 , \cdots , \boldsymbol{F}'_n$,以及附加力偶矩矢为 $\boldsymbol{M}_1 , \boldsymbol{M}_2 , \cdots , \boldsymbol{M}_n$ 的空间力偶系,如图 2-16(b)所示,其中

$$F'_1 = F_1, F'_2 = F_2, \cdots, F'_n = F_n$$

$$M_1 = M_O(F_1), M_2 = M_O(F_2), \cdots, M_n = M_O(F_n)$$

与平面一般力系一样,简化平移到 O 点的空间汇交力系可以合成为作用线通过 O 点的一个力 F'_R,其力矢等于原力系中各力的矢量和,称为原力系的主矢量。合成的主矢和主矩,如图 2-16(c)所示,即

$$F'_R = F'_1 + F'_2 + \cdots + F'_n = F_1 + F_2 + \cdots + F_n = \sum F$$

$$M_O = M_1 + M_2 + \cdots + M_n = M_O(F_i) \tag{2-20}$$

由此可得结论:空间一般力系向任一点 O 简化,一般可得一个力和一个力偶,它们对刚体的作用效果与原力系等效,此力作用线通过简化中心,其大小和方向决定于力系的主矢量,此力偶的力偶矩矢量决定于力系对简化中心的主矩。注意力系的主矢量与简化中心位置无关,主矩一般与简化中心的位置有关,故应注明简化中心位置。

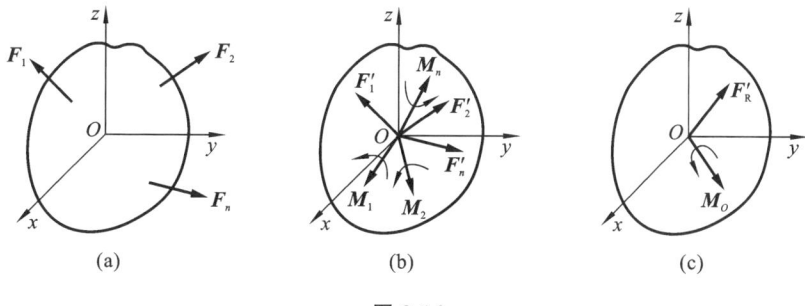

图 2-16

空间一般力系向简化中心简化以后的主矢量和主矩可用解析法计算,建立空间直角坐标系 $Oxyz$。

(1) 主矢量 F'_R 的计算。

设 F'_{Rx}, F'_{Ry}, F'_{Rz} 为主矢量 F'_R 在 x、y、z 轴的投影,F_x、F_y、F_z 为各力在三个坐标轴上的投影,则

$$\begin{cases} F'_{Rx} = \sum F_x \\ F'_{Ry} = \sum F_y \\ F'_{Rz} = \sum F_z \end{cases} \tag{2-21}$$

可得主矢量的大小和方向余弦为

$$F'_R = \sqrt{\left(\sum F_x\right)^2 + \left(\sum F_y\right)^2 + \left(\sum F_z\right)^2}$$

$$\cos(F'_R, i) = \frac{F'_{Rx}}{F'_R}, \quad \cos(F'_R, j) = \frac{F'_{Ry}}{F'_R}, \quad \cos(F'_R, k) = \frac{F'_{Rz}}{F'_R} \tag{2-22}$$

(2) 主矩 M_O 的计算。

设 M_{Ox}, M_{Oy}, M_{Oz} 分别表示主矩 M_O 在坐标轴上的投影,根据力对点之矩与力对轴之矩,则可得坐标轴上的投影为

$$\begin{cases} M_{Ox} = \sum M_x(F) \\ M_{Oy} = \sum M_y(F) \\ M_{Oz} = \sum M_z(F) \end{cases} \tag{2-23}$$

由 此 可 得 力 系 对 O 点 主 矩 的 大 小 和 方 向 余 弦 为 $M_O =$
$\sqrt{\left(\sum M_x(F)\right)^2 + \left(\sum M_y(F)\right)^2 + \left(\sum M_z(F)\right)^2}$

$$\cos(M_O, i) = \frac{M_{Ox}}{M_O}, \quad \cos(M_O, j) = \frac{M_{Oy}}{M_O}, \quad \cos(M_O, k) = \frac{M_{Oz}}{M_O} \tag{2-24}$$

2. 空间一般力系简化结果的讨论

同平面一般力系简化结果讨论一样,空间一般力系主矢和主矩也需要分情况分析讨论结果。

(1) 若 $F'_R = 0$,$M_O \neq 0$,表明原力系与一个力偶等效,即原力系简化为一合力偶,且主矩与简化中心位置无关。

(2) 若 $F'_R \neq 0$,$M_O = 0$,表明原力系和一个力等效,即力系简化为一个作用线过简化中心的合力,大小和方向由原力系决定。

(3) 若 $F'_R \neq 0$,$M_O \neq 0$,且 $F'_R \perp M_O$,此时力 F'_R 和力偶矩矢为 M_O 的力偶在同一平面内,可参照平面一般力系,可进一步简化为一个合力。

(4) 若 $F'_R \neq 0$,$M_O \neq 0$,且 $F'_R \parallel M_O$,该力系不能再进一步简化,如图 2-17 所示。这种由一个力和一个在其垂直平面的力偶组成的力系,称为力螺旋。如果力螺旋中的力矢 F'_R 与力偶矩矢 M_O 的指向相同,如图 2-17(a) 所示,称为右手螺旋;若力矢 F'_R 与力偶矩矢 M_O 的指向相反,如图 2-17(b) 所示,则称为左手螺旋。力螺旋中力 F'_R 的作用线称为该力系的中心轴,上述情况下,中心轴通过简化中心。

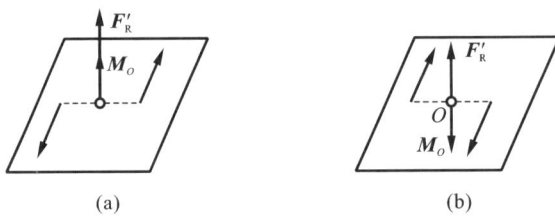

(a)   (b)

图 2-17

(5) 若 $F'_R \neq 0$,$M_O \neq 0$,且 F'_R 与 M_O 既不垂直,也不平行,如图 2-18(a) 所示。可将 M_O 分解为与 F'_R 平行及垂直的两个分矢量 M'_O 和 M''_O,如图 2-18(b) 所示,由平面一般力系的简化结果可知,F'_R 和 M''_O 可以合并为作用线通过 O' 点的一个力 F_R。将 M'_O 平移到 O',使它与 F_R 共线,这样就得到一个力螺旋,参照上一种情况,注意此时的中心轴过 O' 而不是 O 点。

当空间一般力系向一点简化,得到 $F'_R = 0$,$M_O = 0$,则表明力系平衡,将在后面章节讨论。

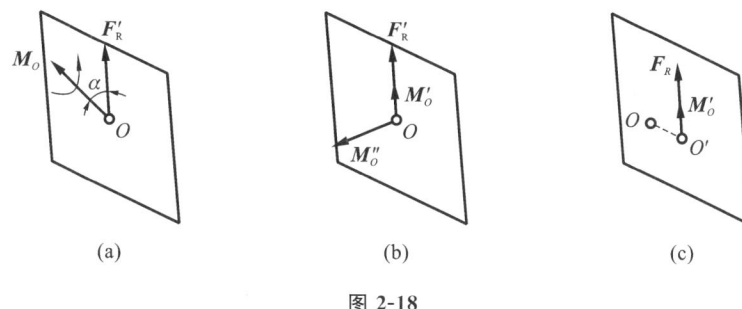

图 2-18

2.4　物体的重心

地球上任何一个物体都受到地球的万有引力作用,当忽略地球的自转影响时,万有引力作用全部表现为重力作用,由于地球的体积比所研究的物体大得多,故所研究物体所受合力可以看成各个微元体受到重力的合力,该合力的作用点称为物体的重心。

在实际工程中,重心位置具有重要意义。例如,工程上常用的各种起重机,要确定重心位置保证其不倾翻;安装管道、机械和预制构件,也需要确定重心位置,以便吊装工作平稳进行;挡土墙、重力坝等都涉及重心问题以保证其不倾翻。

1. 重心的坐标公式

如图 2-19 所示,将物体分成若干微元体,各微元体所受的重力分别为 ΔG_1, ΔG_2, $\cdots$, ΔG_n,各力作用点的坐标分别为 (x_1, y_1, z_1), (x_2, y_2, z_2), $\cdots$, (x_n, y_n, z_n),各微元体所受重力之和即为整个物体所受重力大小,方向与各微元体受力方向一样。

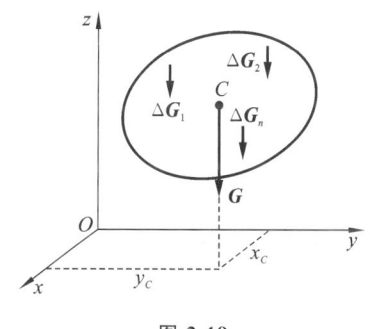

图 2-19

无论物体如何放置,重力 G 的作用线均通过某点 C,且 C 点坐标设为 (x_C, y_C, z_C),该点即为物体的重心。根据合力矩定理,物体的重力 G 对各轴之矩等于各微元体对各轴之矩的代数和,则重心坐标的一般公式为

$$x_C = \frac{\sum \Delta G_i x_i}{G}, \quad y_C = \frac{\sum \Delta G_i y_i}{G}, \quad z_C = \frac{\sum \Delta G_i z_i}{G} \tag{2-25}$$

2. 均质物体的重心坐标公式

若物体是均质的,且用 γ 表示物体每单位体积的重量,即容重,整个物体的体积为 V,第 i 个微元体的体积为 ΔV_i,则 $G_i = \gamma \cdot \Delta V_i$,$G = \gamma \cdot V$,代入重心的坐标公式,可得均质物体的重心坐标公式为

$$x_C = \frac{\sum \Delta V_i x_i}{V}, \quad y_C = \frac{\sum \Delta V_i y_i}{V}, \quad z_C = \frac{\sum \Delta V_i z_i}{V} \tag{2-26}$$

由上式可知,均质物体的重心位置与质量无关,仅仅取决于物体的几何形状,所以均质物体的重心就是物体几何形状的中心,也称为形心。

对于均质、等厚薄板,设其面积为 A,厚度为 h,每个微元体的面积为 ΔA_i,则薄板的总体积 V 和各微元体的 ΔV_i 为

$$V = Ah \ , \quad \Delta V_i = \Delta A_i h$$

代入均质物体的重心坐标公式,可得薄板或平面图形的形心坐标公式为

$$x_C = \frac{\sum \Delta A_i x_i}{A} \ , \quad y_C = \frac{\sum \Delta A_i y_i}{A} \ . \tag{2-27}$$

3. 物体重心的计算方法

（1）对称法。

对于均质物体,如果它有对称面、对称轴或对称中心,其重心一定在它们的对称面、对称轴或对称中心上。例如,球体的重心在其球心上,圆形的重心在其圆心上,正方体的重心在其对称中心上,等等。

（2）积分法。

对于形状规则的物体,可用积分法求其重心。根据物体的几何形状合理地建立坐标系并选取微元体,利用积分公式求重心的坐标。

一些常见形体的重心,可以从工程手册上查到,表 2-1 列出了常见的几种简单几何形状物体的重心位置。

表 2-1　简单几何形状物体的重心位置

图　　形	重 心 位 置	图　　形	重 心 位 置
三角形	$y_C = h/3$ $A = bh/2$	圆弧	$x_C = \dfrac{r\sin\alpha}{\alpha}$
梯形	$y_C = \dfrac{(a+2b)h}{3(a+b)}$ $A = (a+b)h/2$	抛物线面	$x_C = l/4$ $y_C = 2h/5$ $A = hl/3$

图　　形	重心位置	图　　形	重心位置
扇形 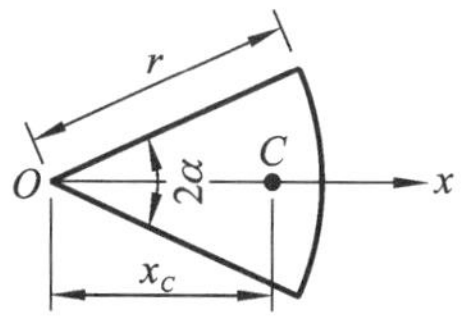	$x_C = \dfrac{2r\sin\alpha}{3\alpha}$ $A = \alpha r^2$	椭圆 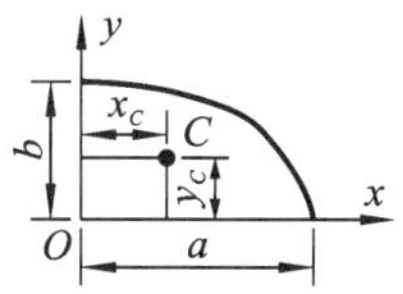	$x_C = \dfrac{4a}{3\pi}$ $y_C = \dfrac{4b}{3\pi}$ $A = \pi ab/4$

（3）组合法。

①分割法。

若计算由几个简单形状的物体组合而成的物体，显然，简单形状的重心可以查表得知，则整个物体的重心位置可由重心坐标公式求出。这种方法称为分割法。

【例 2-4】　图 2-20 所示为角钢横截面形状，试求其形心位置。图中尺寸单位为 mm。

解：建立直角坐标系 Oxy，将图形分割为两个图形，两个矩形的面积用 A_1、A_2 表示。两个矩形的形心坐标用 (x_1, y_1)，(x_2, y_2) 表示。则

$$A_1 = 300 \text{ mm} \times 30 \text{ mm} = 9000 \text{ mm}^2$$

$$x_1 = 15 \text{ mm}, \quad y_1 = 150 \text{ mm}$$

$$A_2 = 170 \text{ mm} \times 30 \text{ mm} = 5100 \text{ mm}^2$$

$$x_2 = 115 \text{ mm}, \quad y_2 = 15 \text{ mm}$$

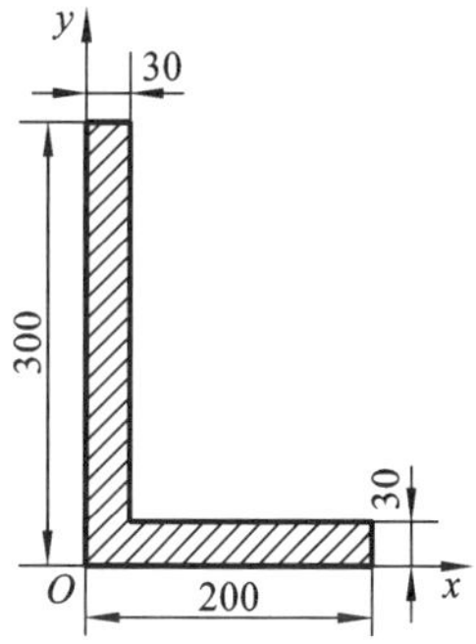

可得该截面的形心坐标为

$$x_C = \frac{\sum \Delta A_i x_i}{A} = \frac{A_1 x_1 + A_2 x_2}{A_1 + A_2} = 51.2 \text{ mm}$$

图 2-20

$$y_C = \frac{\sum \Delta A_i y_i}{A} = \frac{A_1 y_1 + A_2 y_2}{A_1 + A_2} = 101.2 \text{ mm}$$

故该截面的形心坐标为(51.2 mm,101.2 mm)。

②负面积法。

若物体或薄板内切去一部分，需要求出物体剩下部分的重心，其方法与分割法依然是一样的，只需要把切掉部分的重量或体积、面积取负值，这种方法称为负面积法。

【例 2-5】　求图 2-21 所示平面图形的形心坐标。已知大圆的半径 $R = 400$ mm，小圆半径 $r = 100$ mm，中心距 $a = 100$ mm。

解：建立直角坐标系 $Oxyz$，将圆形分割为大圆和小圆两部分，该图形关于 x 轴对称，故 $y_C = 0$。因小圆是切去的部分，故面积应取负值，两个圆形的面积用 A_1，A_2 表示，x_1，x_2 分别是 A_1，A_2 的横坐标。则

$$A_1 = \pi R^2 = 3.14 \times (400 \text{ mm})^2 = 502400 \text{ mm}^2$$

$$x_1 = 0 \text{ mm}, \quad y_1 = 0 \text{ mm}$$

$$A_2 = -\pi r^2 = -3.14 \times (100 \text{ mm})^2 = -31400 \text{ mm}^2$$

$$x_2 = 100 \text{ mm}, \quad y_2 = 0 \text{ mm}$$

代入公式求得该图形的形心坐标为

$$x_C = \frac{\sum \Delta A_i x_i}{A} = \frac{A_1 x_1 + A_2 x_2}{A_1 + A_2} = -6.67 \text{ mm}$$

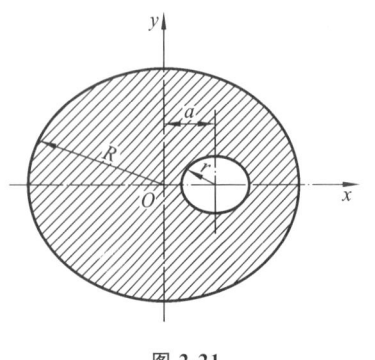

故所求图形的形心坐标为（−6.67 mm,0）。

（4）实验法。

在工程实践中,有些物体形状不规则或质量分布不均匀,可以用如下两种方法确定。

①悬挂法。

分别选取物体上的两点悬挂,易知重心必在其铅垂线上,两个点分别悬挂的铅垂线交点即为该物体的重心位置。

②称重法。

图 2-21

先称出物体的总重力,然后将物体的一端支承于一个固定点,另一端支承于磅秤上,量出两点之间的水平距离,记录磅秤的读数,根据力对点之矩求出其中心位置。

习　题

【2-1】 "物体的重心即是形心",这句话对吗？ 如果不正确,那么在什么条件下两者才重合？

【2-2】 平面一般力系的简化结果有哪几种情况？

【2-3】 力偶具有哪些性质？

【2-4】 "一个力可以用一个力偶相平衡",这句话对吗？ 如果不正确,为什么？

【2-5】 四力作用于一点,其方向如图 2-22 所示。已知各力的大小为：$F_1 = 50$ N，$F_2 = 80$ N，$F_3 = 60$ N，$F_4 = 100$ N。求力系的合力。

【2-6】 在简支梁 AB 的中点 C 作用一个倾斜 45° 的力 F,力的大小等于 20 N,如图 2-23 所示。若不计梁重,求两支座的约束力。

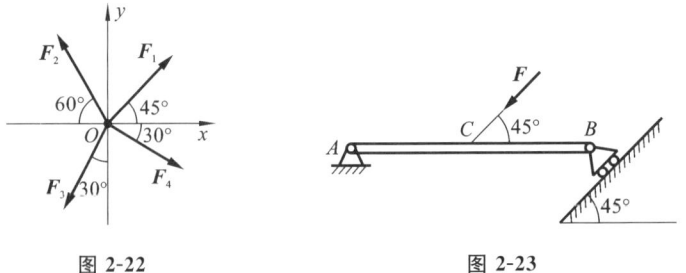

图 2-22　　　　　　　　　　　　　图 2-23

【2-7】 如图 2-24 所示 AB 杆的 A 端用铰链固定在铅垂墙上,B 端用绳 BC 吊住,并使杆水平。在 B 点上挂有 1000 N 重的物体 D。设杆重不计,且 AB = 2m，AC = 1 m。求绳的张力和铰链 A 的约束力。

【2-8】　如图 2-25 所示挡土墙自重 $G = 500$ kN，墙背后土压力 $F_1 = 240$ kN，墙趾处土压力 $F_2 = 120$ kN，图中长度单位为 m。试求力系向底面中心 O 简化的结果及其最简形式。

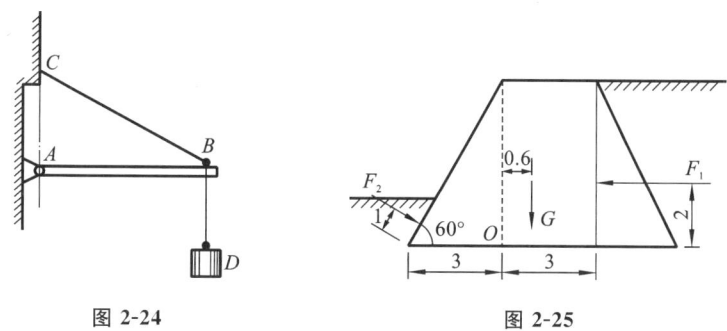

图 2-24　　　　　　　　　　图 2-25

【2-9】　均质梁 AB 及 DE 装置如图 2-26 所示，若不计梁的自重，不计各接触处的摩擦，求当力 $F = 10$ kN，滚动支座 E 的约束力。

【2-10】　如图 2-27 所示结构由两弯杆 ABC 和 DE 构成。不计构件质量，$F = 200$ N，求支座 A 和 E 的约束力。

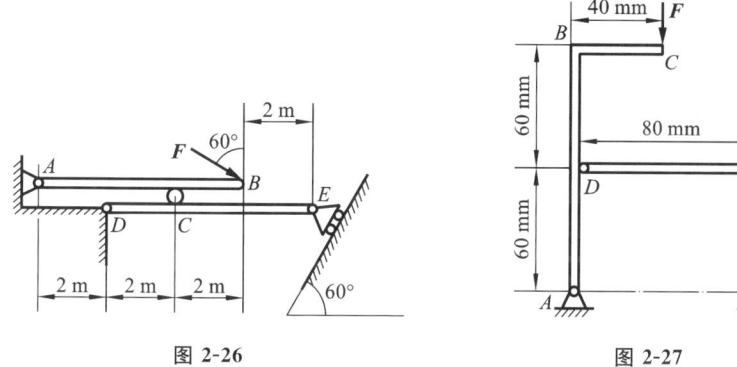

图 2-26　　　　　　　　　　图 2-27

第3章 静力学平衡问题

力系的平衡是静力学的核心内容,在前述章节讲述了力系的等效与简化方法,本章根据平面一般力系和空间一般力系的简化方法确定其平衡条件和平衡方程,解释了静定和静不定概念,研究了工程上常见的平面桁架的内力计算,介绍了滑动摩擦、摩擦角和自锁现象,进而研究摩擦情况下物体系统平衡问题。

3.1　平面力系的平衡方程

1. 平面汇交力系的平衡条件和平衡方程

平面汇交力系各力相交于一点,根据简化结果可知,主矩为零,该力系合成为一个合力,要使其处于平衡状态,该力系的合力 F_R 等于零,建立直角坐标系 Oxy,设 F_{Rx} 和 F_{Ry} 分别是 x、y 轴上的投影,则

$$F_R = \sqrt{F_{Rx}^2 + F_{Ry}^2} = 0$$

即

$$\begin{cases} \sum F_x = 0 \\ \sum F_y = 0 \end{cases} \tag{3-1}$$

易知,平面汇交力系平衡的充分必要条件是各力在两个坐标轴上投影的代数和为零,上式为平面汇交力系的平衡方程。这是两个独立的方程,可以求解两个未知量。

2. 平面力偶系的平衡条件和平衡方程

由力偶合成结果可知,当物体处于平衡,其合力偶的矩必等于零。所以平面力偶系的充分必要条件是所有力偶矩的代数和等于零,用式子表示为

$$\sum_{i=1}^{n} M_i = 0 \tag{3-2}$$

3. 平面平行力系的平衡方程

在工程中也有平面平行力系问题,平面平行力系是平面一般力系的一种特殊情况。

设物体受平面平行力系 F_1,F_2,$\cdots$,F_n 的作用,如图 3-1 所示。取 x 轴与力系垂直,y 轴与力系平行,可知,原力系在 x 轴上的投影恒等于零。因此,平面平行力系的平衡方程为

$$\begin{cases} \sum F_{yi} = 0 \\ \sum M_O(\boldsymbol{F}_i) = 0 \end{cases} \qquad (3\text{-}3)$$

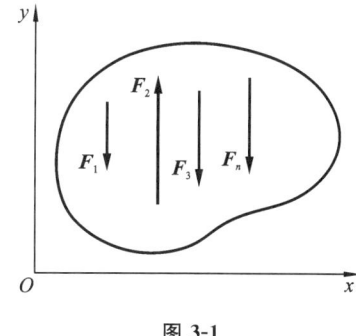

图 3-1

由上式可知,物体在平面平行力系作用下平衡的充分必要条件是:力系中各力在不与力作用线垂直的坐标轴上投影的代数和等于零及各力对任一点之矩的代数和等于零。

平面平行力系的平衡方程也可用两个力矩方程表示,即

$$\begin{cases} \sum M_A(\boldsymbol{F}_i) = 0 \\ \sum M_B(\boldsymbol{F}_i) = 0 \end{cases} \qquad (3\text{-}4)$$

式中,A、B 两点连线不能与各力的作用线平行。平面平行力系只有两个独立平衡方程,最多可求出两个未知量。

【例 3-1】 水平外伸梁如图 3-2(a)所示。若均布荷载 $q = 20 \text{ kN/m}$,$F = 20 \text{ kN}$,力偶矩 $M = 16 \text{ kN} \cdot \text{m}$,$a = 0.8\text{m}$,求 A、B 的约束反力。

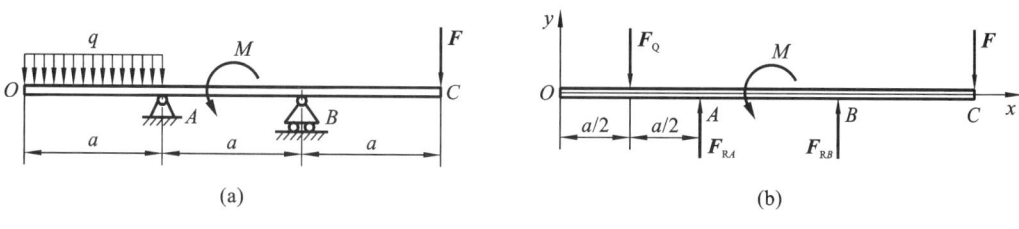

图 3-2

解:选梁为研究对象,画出受力图,如图 3-2(b)所示,作用于梁上的力有 F、均布荷载 q 的合力 F_Q($F_Q = qa$,作用在分布荷载区段的中点)以及矩为 M 的力偶和支座反力 F_{RA}、F_{RB}。显然,它们是一个平面力系,取坐标轴如图 3-2(b)所示,可得以下平衡方程

$$\sum F_{yi} = 0,\quad -qa - F + F_{RA} + F_{RB} = 0$$

$$\sum M_A(\boldsymbol{F}_i) = 0,\quad M + qa \times \frac{a}{2} - F \times 2a + F_{RB} \times a = 0$$

代入相关数据可解得 $F_{RB} = 12 \text{ kN}$,$F_{RA} = 24 \text{ kN}$

4. 平面一般力系的平衡条件和平衡方程

根据平面一般力系向平面内任一点简化的方法,如果主矢和主矩同时等于零,表明作用于简化中心 O 点的平面汇交力系和附加力偶系都平衡,可知原力系是平衡力系。只要是主矢和主矩任意一个不等于零,则原力系就不平衡。所以,平面一般力系平衡的充分必要条件是力系的主矢和力系对任一点的主矩都等于零,即

$$\boldsymbol{F}'_R = 0,\quad \boldsymbol{M}_O = 0 \qquad (3\text{-}5)$$

(1)平衡方程的基本形式。

由上式可得,平面一般力系的平衡方程的基本形式为

$$\begin{cases} \sum X = 0 \\ \sum Y = 0 \\ \sum M_O = 0 \end{cases} \tag{3-6}$$

由此可得结论,平面一般力系平衡的充分必要解析条件是:力系中在 x、y 轴上的投影都等于零;力系中所有力对平面内任意点之矩的代数和也等于零。式中包含两个投影方程和一个力矩方程,是平面一般力系平衡方程的基本形式。

(2) 平衡方程的其他形式。

平衡方程的基本形式在前面已推导出,还可以将平衡方程写成二力矩式和三力矩式。

① 二力矩式。

平衡方程的基本形式中有两个为投影方程,一个为力矩方程,而二力矩式为一个投影方程和两个力矩方程,即

$$\begin{cases} \sum X = 0 \\ \sum M_A = 0 \\ \sum M_B = 0 \end{cases} \tag{3-7}$$

需要注意的是,式中 A、B 两矩心的连线不能与 x 轴垂直。

② 三力矩式。

三个平衡方程都是力矩方程,即

$$\begin{cases} \sum M_A = 0 \\ \sum M_B = 0 \\ \sum M_C = 0 \end{cases} \tag{3-8}$$

需要注意的是,式中 A、B、C 三点不共线。

平衡方程的基本形式、二力矩式、三力矩式都可以解决平面一般力系的平衡问题。根据具体条件选取相应平衡方程组求解,可以列出三个独立的平衡方程,可以求解出三个未知量。

3.2　空间力系的平衡方程

空间一般力系平衡的充分必要条件是:力系的主矢量和对于任一点的主矩都等于零。用式子表示为

$$\begin{cases} \boldsymbol{F}'_R = 0 \\ \boldsymbol{M}_O = 0 \end{cases} \tag{3-9}$$

利用主矢和主矩的解析式计算,建立空间直角坐标系,可得解析式如下

$$\sum F_x = 0 , \quad \sum F_y = 0 , \quad \sum F_z = 0$$

$$\sum M_x(\boldsymbol{F}) = 0 , \qquad \sum M_y(\boldsymbol{F}) = 0 , \qquad \sum M_z(\boldsymbol{F}) = 0 \qquad (3\text{-}10)$$

上式为空间力系平衡所满足的平衡方程,由上式可知,空间一般力系中各力在各轴上的投影和为零,各力对任一轴之矩为零。可以看出有 6 个方程,可以求解 6 个未知量。

3.3　物体系统的平衡

在工程中,工程构筑物往往是多个相连,它们以各种约束连接在一起形成一个系统,这种系统称为物体系统。研究物体系统的平衡问题,不仅要从整体角度去研究物体系统之外的其他物体对其作用,同时还要研究物体系统内各物体之间的相互作用。可知,前者研究的是系统的外力,后者属于系统的内力。在考察整个系统的平衡时,不必考虑内力大小。

当整个物体系统平衡时,该物体系统中各物体也必然平衡,对于每一个物体,在平面一般力系中可以列出 3 个平衡方程。如果该物体系统内有 n 个物体,则可得 $3n$ 个独立的平衡方程。如果系统中有的物体受到平面汇交力系或平面平行力系作用,则系统的平衡方程数目相应减少。当系统中的未知力数目等于独立方程的数目时,则所有未知力能由平衡方程求出,这样的问题称为静定问题。在实际工程中,有时为了提高工程构筑物的承载能力,常常加了多余的约束,因而使该构筑物的未知力的数目多于平衡方程的数目,未知量不能都由平衡方程求出,这样的问题称为超静定问题或静不定问题。静力学部分只研究静定问题,超静定问题将在后续章节研究。

解决物体系统的平衡问题,采用的方法如下:①取局部物体研究,逐个拆开,先选取已知力所在的局部物体或未知力较少的局部物体为研究对象,解出一部分未知量,再选取其他物体为研究对象,逐一解出未知量;②先选取物体系统整体为研究对象,解出一部分未知力,再拆开选取合适的局部物体为研究对象,求出其他未知量。

不管是先以局部物体为研究对象还是以整个物体系统为研究对象,都要尽量使每个方程未知量少,最好是只有一个未知量,以避免联立方程组求解。

【例 3-2】　图 3-3(a)为三铰拱,由 AC 拱和 BC 拱铰接而成。已知 $F_1 = 150$ kN,$F_2 = 250$ kN,$a = 1.5$ m,$b = 1.5$ m,$R = 5$ m,求支座 A、B 及中间铰链 C 的约束力。

解:本题如果拆开研究,则 AC 拱和 BC 拱都是超静定问题,须联立方程组,计算量过大,故以整体为研究对象能求出一部分未知力。

(1) 以整体为研究对象作出受力图,如图 3-3(a)所示,并列出方程:

$$\sum F_y = 0 , \quad F_{Ay} + F_{By} - F_1 = 0$$

$$\sum M_A(\boldsymbol{F}) = 0 , \quad -F_1 \cdot a + F_2 \cdot (R - b) + F_{By} \cdot 2R = 0$$

代入数据解得 $F_{By} = -65$ kN,$F_{Ay} = 215$ kN

(2) 再以 AC 拱为研究对象,其受力图如图 3-3(b)所示,则

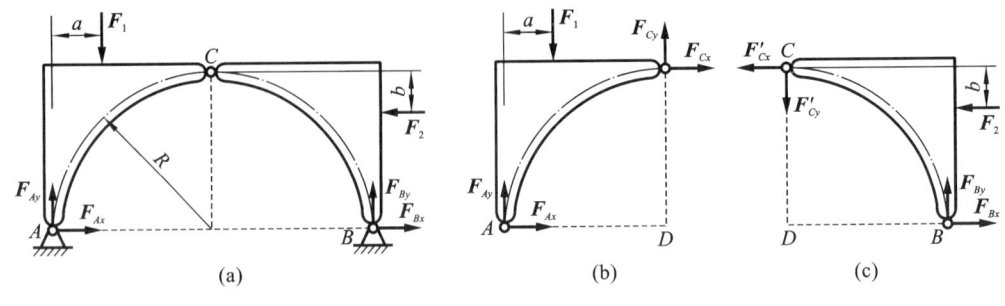

图 3-3

$$\sum F_x = 0 , \quad F_{Ax} + F_{Cx} = 0$$

$$\sum F_y = 0 , \quad F_{Ay} - F_1 + F_{Cy} = 0$$

$$\sum M_C(\boldsymbol{F}) = 0 , \quad F_{Ax} \cdot R - F_{Ay} \cdot R + F_1 \cdot (R - a) = 0$$

代入数据解得 $F_{Ax} = 110$ kN，$F_{Cx} = -110$ kN，$F_{Cy} = -65$ kN

（3）再以整体为研究对象，则

$$\sum F_x = 0 , \quad F_{Ax} + F_{Bx} - F_2 = 0$$

代入数据解得 $F_{Bx} = 140$ kN

同样，可以以 BC 拱为研究对象求出未知力，如图 3-3(c)所示，请读者自行解答。

【例 3-3】 如图 3-4(a)所示，多跨梁由 AB 和 BC 梁用中间铰 B 连接而成，支承和受力情况如图所示。已知 $q = 5$ kN/m，$M = 20$ kN·m，$l = 1$ m，$\alpha = 30°$，试求支座 A、C 和中间铰 B 的约束力。

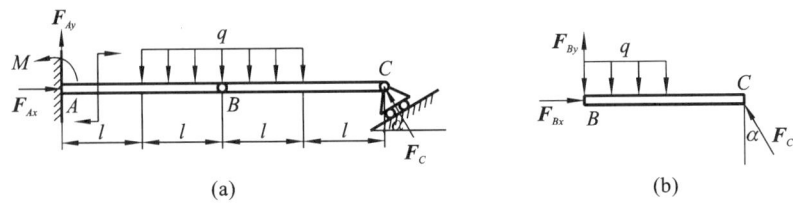

图 3-4

解：此系统由两个构件组成，三个约束共六个未知数，所以此系统是静定系统。本题可以取 AB 和 BC 梁为研究对象，或取 AB 梁和整体为研究对象，或取 BC 梁和整体为研究对象，都可以求解六个未知的约束力。

（1）取 BC 梁为研究对象，主动作用力有分布荷载 q，长度为 l，C 端滚轴支座约束力为 F_C，B 端中间铰链 B 处约束力为 F_{Bx}、F_{By}，受力图如图 3-4(b)所示，列平衡方程

$$\sum F_x = 0 , \quad F_{Bx} - F_C \sin 30° = 0$$

$$\sum F_y = 0 , \quad F_{By} + F_C \cos 30° - ql = 0$$

$$\sum M_B(\boldsymbol{F}) = 0 , \quad F_C \cos 30° \cdot 2l - ql \cdot \frac{l}{2} = 0$$

代入数据解得 $F_C = 1.44$ kN，$F_{Bx} = 0.72$ kN，$F_{By} = 3.75$ kN

（2）取整体为研究对象,主动作用力有分布荷载 q（长度为 $2l$）和力偶 M,C 端滚轴支座约束力为 F_C,A 端固定端的约束力为 F_{Ax}、F_{Ay}、M_A,受力图如图 3-4（a）所示,列平衡方程

$$\sum F_x = 0 , \quad F_{Ax} - F_C \sin 30° = 0$$

$$\sum F_y = 0 , \quad F_{Ay} + F_C \cos 30° - 2ql = 0$$

$$\sum M_A(\boldsymbol{F}) = 0 , \quad F_C \cos 30° \cdot 4l - 2ql \cdot 2l + M_A - M = 0$$

代入数据解得

$$M_A = 35 \text{ kN} \cdot \text{m} , \quad F_{Ax} = 0.72 \text{ kN} , \quad F_{Ay} = 8.75 \text{ kN}$$

本题先取 BC 为研究对象,可先求出三个未知的约束力,然后取 AB 或整体为研究对象,可做到列一个方程解一个未知量,解题过程简洁。

3.4　平面静定桁架的静力分析

桁架是一种由杆件在两端用铰链连接而成的结构。在工程中,常见的房屋建筑、桥梁、塔吊机、电视塔等结构常用桁架结构。如果桁架所有的杆件都在同一平面内,这种桁架称为平面桁架。桁架中杆件的铰链接头为节点。在荷载作用下,桁架主要受压力和拉力,从而充分发挥材料的强度。

实际工程中桁架的结构和受力情况比较复杂,在计算桁架的内力时,采用以下几个假设:

（1）桁架的杆件都是直线且过铰心;

（2）桁架的节点都是光滑的铰链连接;

（3）外力都作用在节点上;

（4）桁架杆件的自重略去不计,或平均分配在杆件两端的节点上。

满足以上假设条件的桁架,称为理想桁架。下面介绍平面桁架杆件内力计算的两种方法。

1. 节点法

桁架的每个节点都受到平面汇交力系的作用,以桁架节点为研究对象,通过建立平衡方程,求出该节点上全部未知力的方法,称为节点法。

【例 3-4】 平面桁架的尺寸如图 3-5（a）所示。在节点 D 处受 $F = 10$ kN 的集中力作用。试求桁架各杆所受的内力。

解:首先以整体为研究对象,受力图如图 3-5（a）所示。

列平衡方程

$$\sum F_x = 0 , \quad F_{Ax} = 0$$

$$\sum M_A(\boldsymbol{F}) = 0 , \quad F_B \times 4 - F \times 2 = 0$$

$$\sum F_y = 0 , \quad F_{Ay} + F_B - F = 0$$

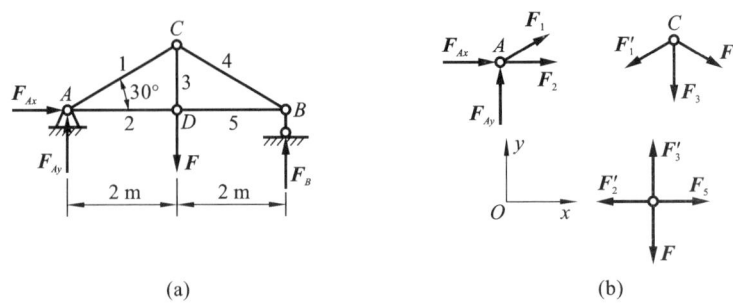

(a) (b)

图 3-5

代入数据解得 $F_B = 5 \text{ kN}$，$F_{Ay} = 5 \text{ kN}$

然后依次取节点为研究对象，受力图如图 3-5(b)所示，求内力。

①节点 A，列平衡方程

$$\sum F_x = 0，\quad F_1 \cos 30° + F_2 + F_{Ax} = 0$$

$$\sum F_y = 0，\quad F_{Ay} + F_1 \sin 30° = 0$$

代入数据解得 $F_1 = -10 \text{ kN}$，$F_2 = 8.66 \text{ kN}$

②节点 C，列平衡方程

$$\sum F_x = 0，\quad F_4 \cos 30° - F'_1 \cos 30° = 0$$

$$\sum F_y = 0，\quad -F_3 - (F'_1 + F_4) \sin 30° = 0$$

代入 $F'_1 = F_1$ 值后，解得 $F_4 = -10 \text{ kN}$，$F_3 = 10 \text{ kN}$

③节点 D，只有内力 F_5 未知，列平衡方程

$$\sum F_x = 0，\quad F_5 - F'_2 = 0$$

代入 $F'_2 = F_2$ 值后，解得 $F_5 = 8.66 \text{ kN}$

因各杆内力均假设为拉力，故当计算的值为负时，说明此杆受压力。

2. 截面法

在分析桁架受力情况时，有时只需要计算桁架内某几个杆件所受的内力，此时采用截面法比较方便。适当选取一个截面，假想把桁架截开，根据平衡条件列方程求解，这种方法称为截面法。

【例 3-5】 如图 3-6(a)所示桁架，杆件 AC、CD、DB、CE、DF 的长度都等于 a。在节点 C 上作用荷载 $P_1 = 4 \text{ kN}$，在节点 F 上作用荷载 $P_2 = 1 \text{ kN}$。试求④、⑤、⑥杆的内力。

解：(1) 求支座约束力。

取整体为研究对象，受力图如图 3-6(a)所示，列平衡方程

$$\sum F_x = 0，\quad F_{Ax} + P_2 = 0$$

$$\sum F_y = 0，\quad F_{Ay} - P_1 + F_{NB} = 0$$

$$\sum M_A(\boldsymbol{F}) = 0，\quad -P_1 \cdot a + P_2 \cdot a + F_{NB} \cdot 3a = 0$$

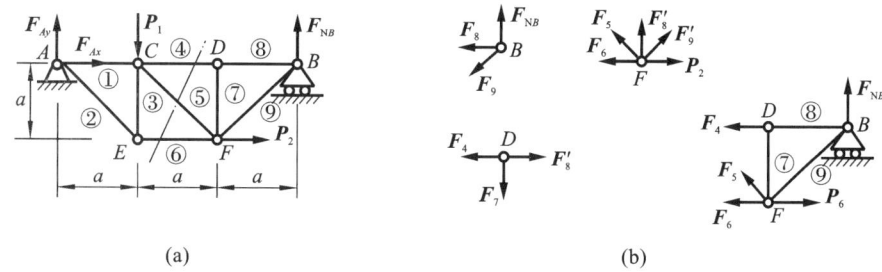

图 3-6

代入数据解得 $F_{Ax} = -1$ kN，$F_{Ay} = 3$ kN，$F_{NB} = 1$ kN

（2）求④、⑤、⑥杆的内力。

方法一：截面法。

用一假想面将④、⑤、⑥杆截开，取右侧研究，受力图如图 3-6(b)所示，列平衡方程

$$\sum F_x = 0, \quad -F_4 - F_5 \cos 45° - F_6 + P_2 = 0$$

$$\sum F_y = 0, \quad F_5 \sin 45° + F_{NB} = 0$$

$$\sum M_A(\boldsymbol{F}) = 0, \quad -F_4 \cdot a - F_{NB} \cdot a = 0$$

代入数据解得 $F_4 = -1$ kN，$F_5 = -\sqrt{2}$ kN，$F_6 = 3$ kN

方法二：节点法。

取节点 B 研究，受力图如图 3-6(b)所示，列平衡方程

$$\sum F_x = 0, \quad -F_8 - F_9 \cos 45° = 0$$

$$\sum F_y = 0, \quad F_{NB} - F_9 \sin 45° = 0$$

代入数据解得 $F_8 = -1$ kN，$F_9 = \sqrt{2}$ kN

取节点 D 研究，受力图如图 3-6(b)所示，列平衡方程

$$\sum F_x = 0, \quad F'_8 - F_4 = 0$$

$$\sum F_y = 0, \quad -F_7 = 0$$

代入数据解得 $F_4 = -1$ kN，$F_7 = 0$

取节点 F 研究，受力图如图 3-6(b)所示，列平衡方程

$$\sum F_x = 0, \quad -F_6 - F_5 \cos 45° + F'_9 \cos 45° + P_2 = 0$$

$$\sum F_y = 0, \quad F_5 \sin 45° + F'_9 \sin 45° + F'_7 = 0$$

代入数据解得 $F_5 = -\sqrt{2}$ kN，$F_6 = 3$ kN

由上述例题可知，求某几个指定杆件的力时采用截面法更方便，求全部杆件的力时采用节点法更方便。

3.5　考虑摩擦时物体的平衡问题

在前述章节中,我们都是忽略了摩擦的影响而进行物体平衡的受力分析,本节考虑摩擦时物体的平衡问题。

1. 滑动摩擦的基础知识

在之前的研究中我们都没有考虑摩擦因素,但绝对光滑是不存在的,当两个物体接触时,一般都会产生摩擦,只是摩擦力大小不同。通过中学阶段学习过的知识,我们知道最大静摩擦力与两物体间的正压力成正比,且摩擦力的大小介于零到最大值之间,方向与相对运动趋势相反,动摩擦力的大小也与接触面正压力成正比,方向与相对运动方向相反。故在此不再详述。

2. 摩擦角和自锁现象

(1)摩擦角。

如图 3-7(a)所示,水平放置一物体,作用于物体上的主动力为 F_Q,如果考虑了摩擦,则支承面对物体的作用力不仅有法向反力 F_N,还有摩擦力 F,法向反力 F_N 和摩擦力 F 的合力 F_R 称为支承面对物体的全反力。全反力 F_R 与法向反力 F_N 之间的夹角 α 将随着摩擦力 F 增大而增大,当物体处于将动未动的临界状态时,摩擦力 F 达到最大值,夹角 α 也达到最大值 φ_m,φ_m 称为摩擦角,如图 3-7(b)所示。

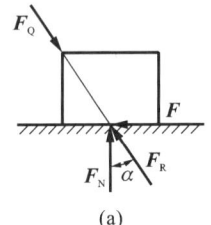 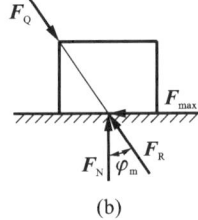

(a)　　　　　　　　(b)

图 3-7

(2)自锁现象。

由于静摩擦力的大小不会超过最大静摩擦力,因而全反力 F_R 和法向反力 F_N 间的夹角 α 必在 0 到 φ_m 之间,即

$$0 \leqslant \alpha \leqslant \varphi_m$$

由上式可知,当 $\alpha < \varphi_m$ 时,全主力的作用线在摩擦角范围内,无论这个力有多大,物体都处于静止状态,这种现象称为自锁现象;当 $\alpha = \varphi_m$ 时,物体处于临界平衡状态;当 $\alpha > \varphi_m$ 时,全主力的作用线在摩擦角范围之外,无论这个力多小,物体都将滑动。

在实际工程中,常应用自锁条件设计一些机械工具,如千斤顶\、压榨机、电工的胶套钩等,但也要避免不利的自锁产生,如变速机构中的齿轮传动机械等。

3. 考虑摩擦时物体的平衡问题

对于考虑了摩擦的物体的平衡问题,我们在进行受力分析时,要准确地分析出摩擦力的方向是与相对运动趋势相反的,而且静摩擦力是一个范围值,在零到最大静摩擦力之间,并不是一个确定的值,一般我们计算都是先算临界状态下的摩擦力,再根据已知条件进一步分析。

【例 3-6】　电工攀登电线杆的胶套钩如图 3-8(a)所示。已知电线杆直径为 d,A、B 两接触点的垂直距离为 b,套钩与电线杆间的静摩擦系数为 f_s。欲使套钩不下滑,问人站在套钩上的最小距离 L 应为多大?

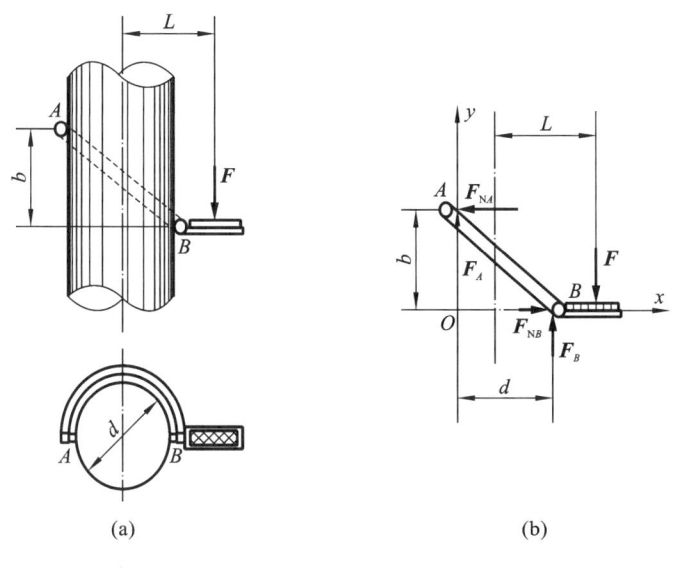

图 3-8

解:人站在套钩上的最小距离,是指套钩不致下滑时脚踏力 F 的作用线与电线杆中心线的距离。以套钩为研究对象,考虑套钩有向下滑动的趋势且处于临界状态,此时静摩擦力最大。画出摩擦力方向,受力图如图 3-8(b)所示。写出套钩的平衡方程

$$\sum F_x = 0, \quad F_{NB} - F_{NA} = 0$$

$$\sum F_y = 0, \quad F_A + F_B - F = 0$$

$$\sum M_A(\boldsymbol{F}) = 0, \quad F_{NB} \cdot b + F_B \cdot d - F\left(L + \frac{d}{2}\right) = 0$$

且最大静摩擦力
$$F_A = F_{A\max} = f_s \cdot F_{NA}$$

$$F_B = F_{B\max} = f_s \cdot F_{NB}$$

联立上式可得
$$L = \frac{b}{2f_s}$$

所以,套钩不致下滑时,人站在套钩中的位置到电线杆中心线的最小距离为 $\dfrac{b}{2f_s}$。

习　　题

【3-1】 什么是摩擦角？自锁现象的条件是什么？

【3-2】 静不定问题产生的原因主要是什么？

【3-3】 水平外伸梁如图 3-9 所示，已知 $F = 20\ \mathrm{kN}$，$M = 10\ \mathrm{kN \cdot m}$，$q = 10\ \mathrm{kN/m}$。求 A、B 支座的约束反力。

【3-4】 如图 3-10 所示，曲杆上作用有力 $F_1 = 200\ \mathrm{kN}$，$F_2 = 100\ \mathrm{kN}$，力偶矩 $M = 300\ \mathrm{kN \cdot mm}$ 的力偶。求力系向 O 点简化的结果及力系的合力。

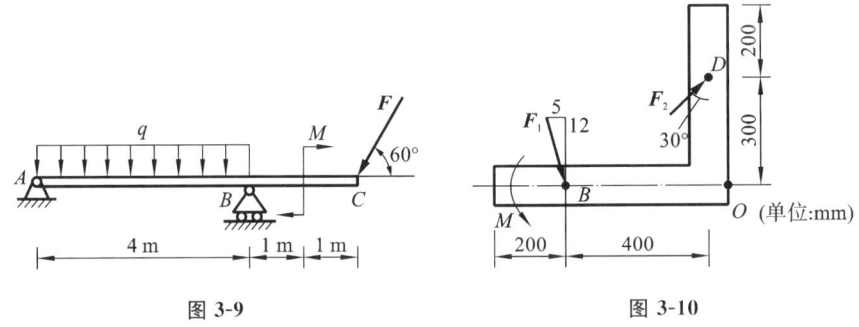

图 3-9　　　　　　　　　　图 3-10

【3-5】 自重忽略不计的水平梁的支承和荷载如图 3-11 所示。已知力 F、力偶 M 和强度为 q 的均布荷载。试求支座 A 和 B 处的约束反力。

【3-6】 梁的支承和荷载如图 3-12 所示，$F = 3\ \mathrm{kN}$，三角形分布荷载的最大值 $q = 1\ \mathrm{kN/m}$，不计梁的自重，试求支座 A、B 的反力。

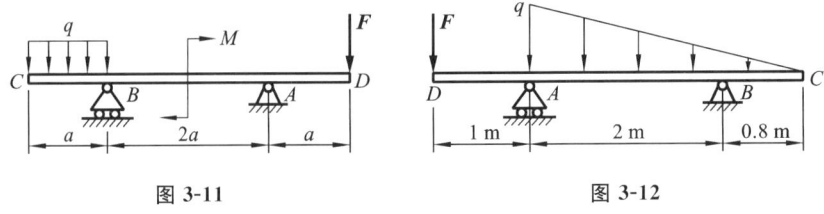

图 3-11　　　　　　　　　　图 3-12

【3-7】 杠杆 AB 受荷载 F_1 和 F_2 作用，如图 3-13 所示，不计杆重，求保持杠杆平衡时，a 与 b 的比值。

【3-8】 组合梁 AC 和 CE 用铰链 C 相连，支承和荷载情况如图 3-14 所示。已知跨度 $l = 8\ \mathrm{m}$，$F = 5\ \mathrm{kN}$，均布荷载 $q = 2.5\ \mathrm{kN/m}$，力偶的力偶矩 $M = 5\ \mathrm{kN \cdot m}$。求支座 A、B 和 E 的约束力。

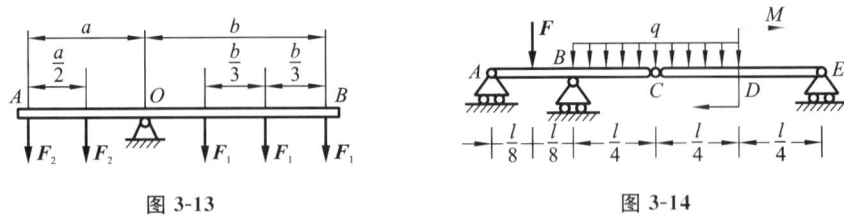

图 3-13　　　　　　　　　　图 3-14

【3-9】 一复梁的支承和荷载如图 3-15 所示。设 $q = F/a$，求支座 A、B 和 D 上的约束力。

【3-10】 求图 3-16 所示桁架杆 1、2、3 的内力。

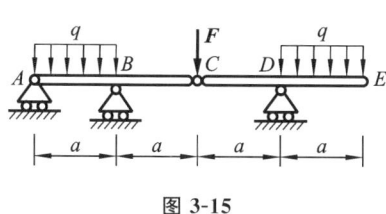

图 3-15

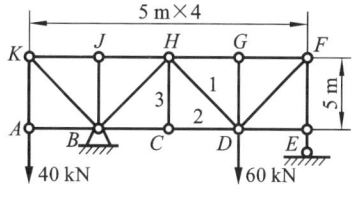

图 3-16

第4章 轴向拉压

4.1 材料力学的研究对象和内容

研究工程材料力学性能和构件安全工作设计理论的学说称为材料力学。

1. 构件

工程结构和机械中,能承受荷载起骨架作用的构筑物称为结构,结构的各组成部分统称为构件。例如水库的大坝,框架结构中的柱、梁,变速箱中的传动轴、齿轮等。一般按几何特征将构件分为三类。

①杆件:简称杆,一个方向的尺寸(长度)远大于其他两个方向尺寸的构件,如图 4-1 所示,与杆长方向垂直的截面叫横截面,各横截面形心的连线称为轴线。杆件轴线为直线且横截面的大小和形状不改变的杆件称为等截面直杆。材料力学研究的对象主要是等截面直杆。

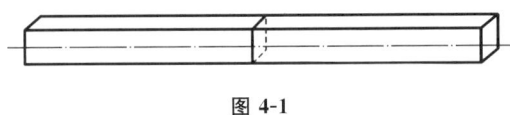

图 4-1

②板和壳:一个方向的尺寸(厚度)远小于其他两个方向尺寸的构件(图 4-2)。平分板厚度的几何面称为中面,中面是平面的称为板(图 4-2(a)),中面是曲面的称为壳(图 4-2(b))。

(a)   (b)

图 4-2

③实体构件:三个方向(长、宽、高)的尺寸相差不大的构件,如挡土墙、水库的大坝。

2．工程材料的力学性能

工程材料在不同环境（温度、介质、湿度）下，在各种不同形式的荷载（拉伸、压缩、弯曲、扭转、冲击、交变应力等）作用下所表现出来的力学特性就称为工程材料的力学性能。力学性能的主要指标有强度、脆性、塑性、硬度、韧性、弹性、刚性等。这些材料的力学性能均需用标准试样在材料试验机上按照规定的试验方法和程序测定。例如：在常温、静荷载情况下，低碳钢属于塑性材料，铸铁属于脆性材料。

3．构件应满足的要求

为了保证结构能够正常地工作，组成结构的每一个构件应满足以下要求。

①强度要求。在规定荷载作用下构件不能发生断裂或过大的永久变形，即构件须具有足够的强度。如图 4-3 所示，在 1999 年 1 月 4 日，我国重庆市綦江县（现綦江区）彩虹桥发生垮塌，造成 40 人死亡，14 人受伤，直接经济损失达 631 万元。

②刚度要求。在荷载作用下杆件所产生的变形应不超过工程上允许的范围，即杆件必须具有足够的刚度。如图 4-4 所示的机床变形，生产出的零件也是不符合规格的。

③稳定性要求。稳定性是指构件维持原有平衡状态的能力。承受荷载作用时，杆件原有形态下的平衡应保持稳定，即杆件必须具有足够的稳定性。

图 4-3

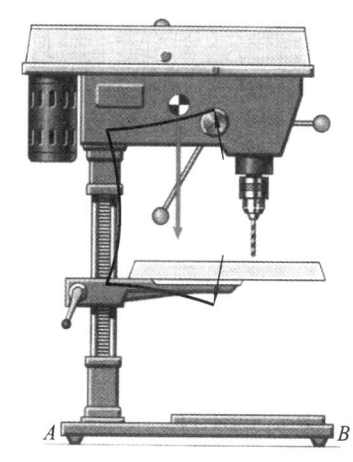

图 4-4

在工程上，为了保证每一杆件具有足够的强度、刚度和稳定性，应该选择力学性能好的材料、加大杆件截面尺寸和选取合理的截面形状。但是这样做在满足了安全要求的同时，却增加了成本。材料力学就是讨论如何处理安全和经济之间的矛盾的一门课程，在不断解决矛盾的同时，材料力学也得到了发展。

材料力学的主要内容：学习和研究工程材料的力学性能以及构件强度、刚度及稳定性的计算理论，从而为构件选择适宜的材料，设计科学、合理的截面形状和尺寸，使设计达到既经济又安全的目的。

4.2 可变形固体及力学模型的基本假设

制造构件所用的材料,其物质结构和性质是多种多样的,但具有一个共同的特点,即都是固体,而且在荷载作用下均将发生变形——包括物体尺寸的改变和形状的改变,因此,这些材料统称为可变形固体。在研究构件强度、刚度和稳定性时,为了抽象出力学模型,需要忽略一些次要因素,所以对可变形固体作以下假设。

①连续性假设。连续性假设认为材料是连续的,在整个体积内没有空隙。实际上,组成固体的物质之间并不连续,而是存在着空隙,但这种空隙尺寸与整个构件的尺寸相比很小,因而可以不考虑。根据这一假设,描述构件受力和变形的一些物理量,都可以表示为各点坐标的连续函数,从而便于利用高等数学中的微积分方法。

②均匀性假设。均匀性假设认为固体内各点处的力学性能完全相同。实际上,组成构件材料的各晶粒的性能并不完全相同,但由于构件的任一部分中都包含为数极多的晶粒,而且排列得很不规则,因而固体的力学性能是各晶粒的力学性能的统计平均值,可以认为材料各部分是均匀的。根据这一假设,可以在构件中截取任意微小部分进行研究,然后将所得的结论推广到整个构件。

③各向同性假设。各向同性假设认为变形体在所有方向上均具有相同的物理和力学性能。铸钢、铸铜和质量较好的混凝土,可以认为是各向同性材料。实际上,这类构件材料的各个组成晶体是各向异性的。但这些晶体都远小于构件尺寸且又杂乱排列,从统计平均值的角度可以认为是各向同性的。如果材料在各个方向上的力学性能不同,称为各向异性材料,如木材、胶合板、纤维增强复合材料等。

④小变形假设。小变形假设认为构件的变形和构件的原始尺寸相比非常微小。在研究平衡问题时均可按构件的原始尺寸和形状进行,使计算得到简化。对大多数金属材料来说,这一假设是合理的,但对橡胶、塑料等能够产生大变形的物体则不适用。

这种理想化的物理模型可代表各种工程材料的基本属性,且计算结果在大多数情况下都符合工程计算的精度要求。

当研究某一对象时,可以设想把这一对象从周围物体的约束中分离出来,并用力来代替周围各物体对该对象的作用。这些来自对象以外的物体施加在讨论对象上的力就是外力,包括作用在讨论对象上的荷载以及讨论对象所受的约束力,可以利用理论力学中的静力平衡方程来求解外力。外力是引起变形和失效的根本原因。材料力学中讨论的外力分为静荷载(自重、变化相对较慢的)和动荷载(交变荷载、冲击)。

变形固体在外力作用下变形时,其内部各质点之间的相对位置会变化,与此同时,各质点间相互作用的力也会发生改变。当然即使不受外力作用,物体内部各质点之间也有相互作用力(如分子之间的凝聚力)。材料力学中研究的内力,是指物体内部各质点之间因外力作用而引起的内力的变化量。这样的内力随外力的变化而变化,达到该物质质点能承受的极限时就会引起构件破坏,因而是与构件的强度和变形密切相关的。

为了揭示构件在外力作用下截面 $m\text{-}m$ 上的内力,假想用一个平面把物体截为Ⅰ、Ⅱ两部分(图 4-5(a))。任取其中一部分,例如取Ⅰ部分为研究对象,弃去Ⅱ段。由于构件整体是平衡的,截开的每一部分也必然是平衡的,则Ⅱ必然有力通过截面 $m\text{-}m$ 作用于Ⅰ上,与Ⅰ所受的合外力平衡,如图 4-5(b)所示。根据作用与反作用定律可知,Ⅰ必然也以大小相等、方向相反的力通过 $m\text{-}m$ 截面作用在Ⅱ上。上述Ⅰ与Ⅱ之间相互作用的力就是构件在截面 $m\text{-}m$ 上的内力,可见内力随外力的增加而加大,随外力的撤除而消失。

由于物体的连续性,内力实际上是分布于整个横截面上的一个分布力系,因此利用静力平衡方程求得的内力实际上是内力的合力。要确定内力在截面上的分布规律往往很复杂,今后就把这个分布内力系向截面形心简化后得到的主矢和主矩,称为截面上的内力。

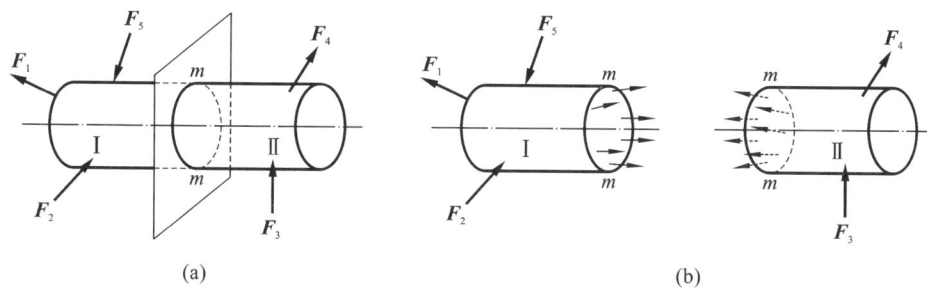

(a)　　　　　　　　　　　　　　　　(b)

图 4-5

上述用一个截面假想把构件截成两部分,从而揭示并确定内力的方法称为截面法。使用截面法可以分为三个步骤。

①截开:在需求内力的截面处,假想地将构件截开分成两部分。

②代替:将两部分中的任一部分留下,并把弃去部分对留下部分的作用代之以作用在截开面上的内力(力或力偶)。

③平衡:对留下的部分建立平衡方程,根据其上的已知外力来计算构件在截开面上的未知内力,应该注意,截开面上的内力对留下部分而言已属外力。

【例 4-1】　钻床如图 4-6 所示,在荷载 P 作用下,试确定截面 $m\text{-}m$ 上的内力。

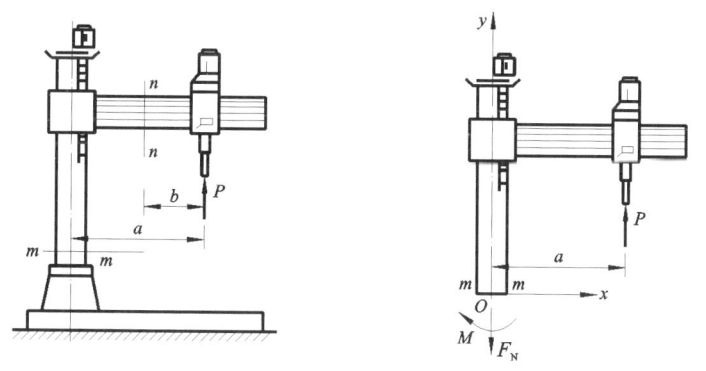

图 4-6

解:通过 $m\text{-}m$ 截面截取上部分,建立 Oxy 坐标系,如图所示,建立平衡方程

$$\sum F_y = 0, \quad P - F_N = 0$$

$$\sum M_O = 0, \quad Pa - M = 0$$

解得
$$F_N = P, \quad M = Pa$$

仅靠内力不足以反映构件的强度,因为内力只是该截面各质点所承受的力的合力与合力矩,要判断构件是否满足强度要求,还必须知道内力的分布集度,以及构件材料承受荷载的能力。构件截面上内力的分布集度称为应力。

设在图 4-7(a)所示受力构件的 m-m 截面上,围绕点 C 取微小面积上分布内力的合力为 ΔP,ΔP 的大小和方向与 C 点的位置和 ΔA 的大小有关。ΔP 的大小与面积的比值为

$$P_m = \frac{\Delta P}{\Delta A} \tag{4-1}$$

式中,P_m 为一个矢量,表示在 ΔA 范围内单位面积上的内力的平均集度,称为平均应力。

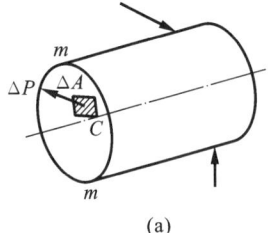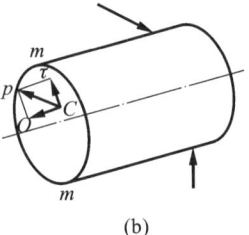

(a)　　　　　　　　(b)

图 4-7

为表明分布内力在 C 点处的集度,令 ΔA 趋于零,则其极限值

$$P = \lim_{\Delta A \to 0} P_m = \lim_{\Delta A \to 0} \frac{\Delta F_N}{\Delta A} = \frac{dF_N}{dA}$$

P 为点 C 处的全应力,它是分布力系在点 C 的集度,反映内力系在点 C 的强弱程度。通常把应力 P 分解成垂直于截面的分量(正应力或法应力 σ)和平行于截面的分量(切应力或剪应力 τ)(图 4-7)。应力的量纲为[力]/[长度]^2,在国际单位制中,采用的应力单位是帕斯卡(Pa),1 Pa = 1 N/m^2,由于此单位较小,在计算中也常用 kPa、MPa、GPa,其中 1 kPa = 10^3 Pa,1 MPa = 10^6 Pa,1 GPa = 10^9 Pa。

在工程实际中,杆件上受到的力是各种各样的,杆件发生的变形也各不相同。变形的基本形式有以下四种:轴向拉伸或轴向压缩;剪切;扭转;弯曲。工程中常用构件在荷载作用下的变形,大多为上述几种基本变形形式的组合,纯属一种基本变形形式的构件较少见,但若以某一种基本变形形式为主,其他属于次要变形的,则可按该基本变形形式计算。若几种变形形式都非次要变形,则属于组合变形问题。

只要将这几种基本变形形式的强度、刚度以及稳定性的计算方法讨论清楚,再将不同种基本变形同时发生时组合的原理和方法分析清楚,杆件的计算问题便解决了。

4.3 轴向拉(压)杆内的内力

工程中经常遇到承受轴向拉伸或压缩的杆件,例如图 4-8 所示的起吊重物的钢索与桁架中的拉杆和压杆。

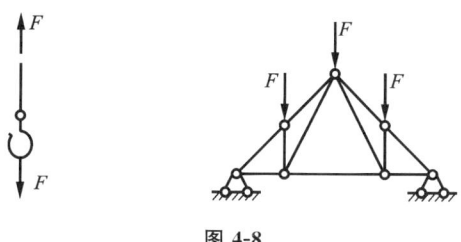

图 4-8

沿轴线方向作用的外力,称为轴向荷载。在轴向荷载作用下,杆件的变形主要表现为轴向伸长(同时纵向压缩)或轴向缩短(同时纵向伸长),这种变形称为轴向拉压(图 4-9)。受轴向拉伸或压缩的杆件称为拉杆或压杆。

图 4-9

本章研究拉(压)杆的内力、应力、变形以及材料在拉伸和压缩时的力学性能,并在此基础上分析拉(压)杆的强度与刚度问题,研究对象涉及拉压静定与静不定问题。

如图 4-10 所示杆件受轴向荷载。在轴向荷载作用下,根据平衡条件,杆件横截面上的内力分量必沿杆件轴线方向,沿轴线方向的内力称为轴力,用 F_N 表示。

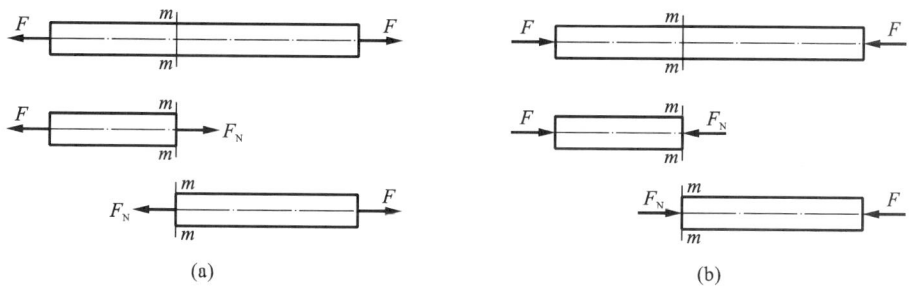

(a)   (b)

图 4-10

规定使杆件轴向伸长的轴力为正,称为拉力;使杆件轴向缩短的轴力为负,称为压力。拉力如图 4-10(a)所示,压力如图 4-10(b)所示。

为了方便计算,避开建坐标系,规定正方向,可以用以下公式计算

$$任意截面上的轴力 = \sum (截面一侧外荷载的代数值) \tag{4-2}$$

注:①外荷载的代数值:离开该截面的外荷载为正值,指向该截面的外荷载为负值。②用此公式避开了列平衡方程时正方向的规定,使计算更快捷。③用此公式计算出来的

结果为正代表拉轴力,为负代表压轴力。

轴力图:用平行于杆轴线的坐标表示横截面的位置,用垂直于杆轴线的坐标表示横截面上轴力的数值,从而绘出表示轴力与截面位置关系的图线,如图 4-11 所示。

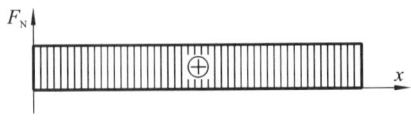

图 4-11

意义:①反映出轴力与截面位置变化关系,较直观;②确定出最大轴力的数值及其所在横截面的位置,即确定危险截面位置,为强度计算提供依据。

【例 4-2】 作如图 4-12 所示杆件的轴力图。

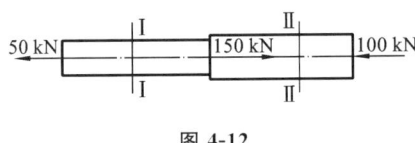

图 4-12

解:通过轴力图的计算公式得到图 4-13 所示部分受力图。

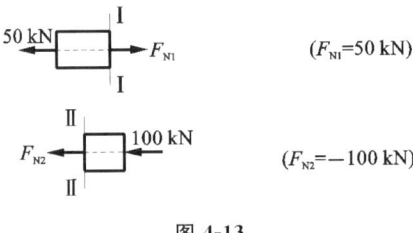

图 4-13

故有图 4-14 所示轴力图。

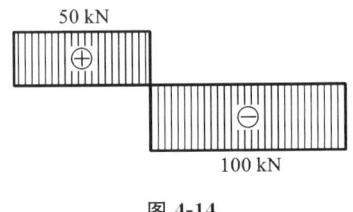

图 4-14

4.4 轴向拉(压)杆内的应力

拉(压)杆横截面上的内力为轴力,其方向垂直于横截面,且通过横截面的形心,而横截面上各点处应力与微面积 dA 的乘积的总和即为该截面的内力。显然,截面上各点处的切应力不可能合成为一个垂直于截面的轴力。因而与轴力对应的只可能是垂直于截面的正应力。

取一等截面直杆(图 4-15),在其侧面作相邻的两条横向线 ab 和 cd,然后在杆两端施加一对轴向拉力 F 使杆发生变形。此时,可观察到该两横向线平移至 $a'b'$ 和 $c'd'$,根据这一现象,设想横向线代表杆的横截面,于是可假设原为平面的横截面在杆变形后仍为平面,根据此假设,拉杆变形后两横截面将沿杆轴线作相对平移,也就是说,拉杆在其任意两个横截面之间纵向线段的伸长变形是均匀的。

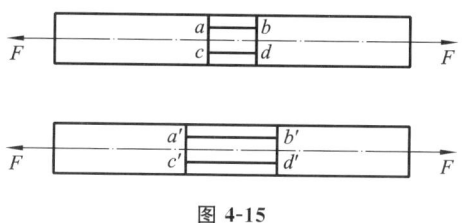

图 4-15

如果杆件由许多根纵向纤维所组成,根据平面假设可以推断出两平面之间所有纵向纤维的伸长量应该相同。由于材料是均匀连续的,故横截面上的轴力是均匀分布的,即拉杆横截面上各点的正应力是均匀分布的,其方向与纵向变形一致,如图 4-16 所示。

截面上的轴力是正应力的合力效果,可得内力与应力的静力学关系

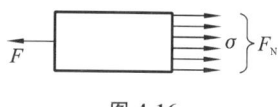

图 4-16

$$F_N = \int_A \sigma \mathrm{d}A = \sigma \int_A \mathrm{d}A = \sigma A$$

即得拉杆横截面上正应力 σ 的计算公式

$$\sigma = \frac{F_N}{A} \tag{4-3}$$

式中,F_N 为轴力;A 为杆的横截面面积。

当等截面直杆受多个轴向外力作用时,由轴力图可求得其最大轴力 $F_{N.max}$,代入式 (4-3)即得杆内的最大正应力为

$$\sigma_{max} = \frac{F_{N,max}}{A} \tag{4-4}$$

最大轴力所在的横截面称为危险截面,危险截面上的正应力称为最大工作应力。

【例 4-3】 如图 4-17(a)所示三角托架中,AB 杆为圆截面钢杆,直径 $d = 30$ mm;BC 杆为正方形截面木杆,截面边长 $a = 100$ mm。已知 $F = 50$ kN,试求各杆的应力。

解:取节点 B 为分离体,其受力图如图 4-17(b)所示,由平衡条件可得

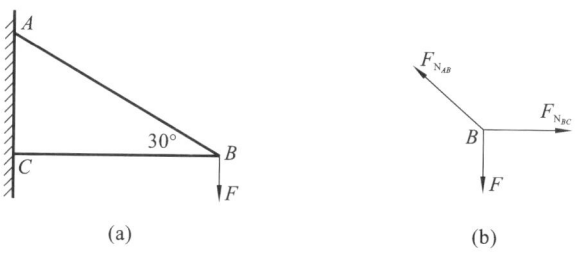

(a)   (b)

图 4-17

$$F_{N_{AB}} = 2F = 100 \text{ kN}$$

$$F_{N_{BC}} = -\sqrt{3}F = -86.6 \text{ kN}$$

可得，$\sigma_{AB} = \dfrac{F_{N_{AB}}}{\dfrac{\pi d^2}{4}} = \dfrac{100 \times 10^3}{\dfrac{1}{4} \times \pi \times 30^2} \text{MPa} = 141.5 \text{ MPa}$

$$\sigma_{BC} = \frac{F_{N_{BC}}}{a^2} = \frac{-86.6 \times 10^3 \text{ N}}{100^2 \text{ mm}^2} = -8.66 \text{ MPa}$$

4.5 轴向拉伸(压缩)时杆的变形

在轴向拉力(或压力)作用下，杆件产生轴向伸长(或缩短)的变形，称为纵向变形。此外，当杆件产生纵向伸长时，杆件的横向尺寸还会产生缩小；当杆件产生纵向缩短时，杆件的横向尺寸会增大。横向尺寸的变化称为横向变形。下面分别讨论纵向变形和横向变形。

以图 4-18 所示杆为例，设杆件原长为 l，受轴向外力 P 作用后，长度改变为 l_1，则杆的长度改变量为

$$\Delta l = l_1 - l$$

Δl 反映了杆的总的纵向变形量，称为杆的纵向变形。拉伸时 $\Delta l > 0$，压缩时 $\Delta l < 0$。杆件的绝对变形是与杆的原长有关的，因此，为了消除杆件原长度的影响，采用单位长度的变形量来度量杆件的变形程度，称为纵向线应变，用 ε 表示。对于均匀伸长的拉杆，有

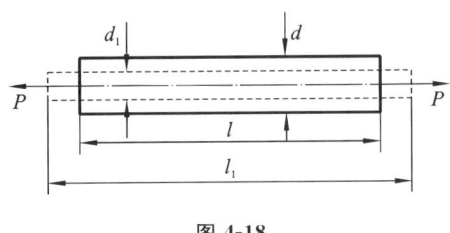

图 4-18

$$\varepsilon = \frac{\Delta l}{l} = \frac{l_1 - l}{l} \tag{4-5}$$

纵向线应变 ε 是无量纲量，其正负号与 Δl 的相同，即在轴向拉伸时 ε 为正值，称为拉应变；在压缩时 ε 为负值，称为压应变。

杆件的变形与其所受外力之间的关系，与材料的力学性能有关，只能由实验获得。实验表明，当轴向拉伸(压缩)杆件横截面上的正应力 σ 不大于某一极限值时，杆件的纵向变形量 Δl 与轴力 F_N 及杆长 l 成正比，而与横截面面积 A 成反比，即

$$\Delta l \propto \frac{F_N l}{A}$$

引入比例常数 E，则有

$$\Delta l = \frac{F_N l}{EA} \tag{4-6}$$

上式称为胡克定律，其中 E 称为材料的弹性模量，表示材料抵抗拉伸(压缩)变形的

能力,其值随材料而异,由实验测定(见表4-1)。弹性模量 E 的单位与应力单位相同。

式(4-6)表明,对 F_N、l 相同的杆件,EA 越大则变形 Δl 越小,所以 EA 称为杆件的抗拉(或抗压)刚度。它反映了杆抵抗拉伸(压缩)变形的能力。

将 $\sigma = \dfrac{F_N}{A}$,$\varepsilon = \dfrac{\Delta l}{l}$ 代入式(4-6),得到胡克定律的另一形式:

$$\sigma = E\varepsilon \tag{4-7}$$

式(4-7)比式(4-6)具有更普遍的意义,可简述为在弹性范围内,杆件上任一点的正应力与线应变成正比。

前面曾提到,轴向拉伸或压缩的杆件,不仅有纵向变形,还会有横向变形。如图4-18所示,设杆件是圆截面杆,其原始直径为 d,受力变形后缩小为 d_1,则其横向变形为

$$\Delta d = d_1 - d$$

在均匀变形情况下,拉杆的横向线应变为

$$\varepsilon' = \frac{\Delta d}{d}$$

由上式可见,拉杆的横向线应变为负,与其纵向线应变的正负号相反。

试验指出,同一种材料,在弹性变形范围内,横向线应变 ε' 和纵向线应变 ε 之比的绝对值为一常数,即

$$\left| \frac{\varepsilon'}{\varepsilon} \right| = \mu \tag{4-8a}$$

μ 称为横向变形系数或泊松比,它是一个无量纲量,其值因材料而异,可由试验测定,参见表4-1。

由于 μ 取绝对值,而 ε 与 ε' 的正负号总是相反,故式(4-8a)又可写为

$$\varepsilon' = -\mu\varepsilon \tag{4-8b}$$

表 4-1　几种常用材料的 E 和 μ 的值

材料名称	弹性模量 E/GPa	泊松比 μ
铸铁	80～160	0.23～0.27
碳钢	196～216	0.24～0.28
合金钢	206～216	0.25～0.30
铝合金	70～72	0.26～0.33
铜	100～120	0.33～0.35
木材(顺纹)	8～12	
橡胶	0.008～0.67	0.47

【例 4-4】　一钢制阶梯轴如图4-19(a)所示,已知轴向外力 $P_1 = 50$ kN,$P_2 = 20$ kN,各段杆长为 $l_1 = l_2 = 0.24$ m,$l_3 = 0.30$ m,直径 $d_1 = d_2 = 0.025$ m,$d_3 = 0.018$ m,钢的弹性模量 $E = 200$ GPa,试求各段杆的纵向变形和线应变。

解:(1)分别求图中所示截面1-1、2-2、3-3的轴力,得到

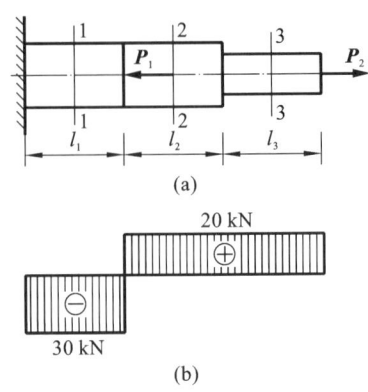

图 4-19

$$N_1 = -30 \text{ kN}, \quad N_2 = N_3 = 20 \text{ kN}$$

画轴力图,如图 4-19(b)所示。

(2) 计算各段杆的纵向变形。

$$\Delta l_1 = \frac{N_1 l_1}{EA_1} = \frac{-30 \times 10^3 \times 0.24}{200 \times 10^9 \times \frac{\pi}{4} \times 0.025^2} \text{ m} = -7.33 \times 10^{-5} \text{ m} = -0.0733 \text{ mm}$$

$$\Delta l_2 = \frac{N_2 l_2}{EA_2} = \frac{20 \times 10^3 \times 0.24}{200 \times 10^9 \times \frac{\pi}{4} \times 0.025^2} \text{ m} = 4.89 \times 10^{-5} \text{ m} = 0.0489 \text{ mm}$$

$$\Delta l_3 = \frac{N_3 l_3}{EA_3} = \frac{20 \times 10^3 \times 0.30}{200 \times 10^9 \times \frac{\pi}{4} \times 0.018^2} \text{ m} = 1.18 \times 10^{-4} \text{ m} = 0.118 \text{ mm}$$

(3) 计算各段杆的线应变。

$$\varepsilon_1 = \frac{\Delta l_1}{l_1} = \frac{-7.33 \times 10^{-5}}{0.24} = -3.05 \times 10^{-4}$$

$$\varepsilon_2 = \frac{\Delta l_2}{l_2} = \frac{4.89 \times 10^{-5}}{0.24} = 2.04 \times 10^{-4}$$

$$\varepsilon_3 = \frac{\Delta l_3}{l_3} = \frac{1.18 \times 10^{-4}}{0.30} = 3.93 \times 10^{-4}$$

4.6　金属材料在轴向拉伸和压缩时的力学性能

分析构件的强度并计算应力时,需要了解材料的力学性能。材料的力学性能由试验来测定。在室温下,以缓慢平稳的加载方式进行试验,称为常温静载试验,是测定材料力学性能的基本试验。

为了便于比较不同材料的试验结果,在做拉伸试验时,首先要将金属材料按相关国家标准制成标准试件。一般金属材料采用圆形截面试件(图 4-20(a))或矩形截面试件

（图 4-20（b））。试件中部一段为等截面,在该段中标出长度为 l_0 的一段称为工作段（试验段）,试验时即测量工作段的变形量。工作段长度称为标距 l_0,按规定,对圆形试件,标距 l_0 与横截面直径 d_0 的比例为

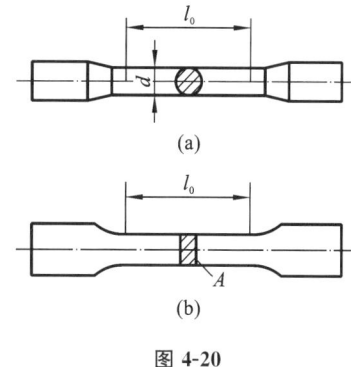

$$l_0 = 10d_0 \quad 或 \quad l_0 = 5d_0$$

对于矩形截面试件,若截面面积为 A_0,则

$$l_0 = 11.3\sqrt{A_0} \quad 或 \quad l_0 = 5.65\sqrt{A_0}$$

将低碳钢制成的标准试件安装在试验机上,开动机器缓慢加载,直至试件拉断为止。试验机的测控软件能记录试验过程中的荷载 P 和变形量 Δl

图 4-20

的关系,并以曲线方式显示在坐标系中,称为拉伸图或 P-Δl 曲线,如图 4-21 所示。

试件的拉伸图与试件的原始几何尺寸有关,为了消除试件原始几何尺寸的影响,获得反映材料性能的曲线,常把荷载除以试件横截面的原始面积 A,得到正应力 $\sigma = P/A$,作为纵坐标;把伸长量 Δl 除以标距的原始长度 l_0,得到应变 $\varepsilon = \Delta l/l_0$,作为横坐标。作图得到材料拉伸时的应力-应变曲线图,或称 σ-ε 曲线,如图 4-22 所示。

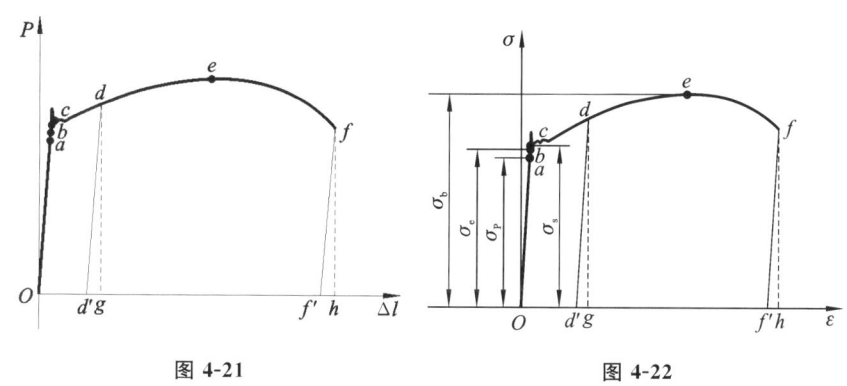

图 4-21　　　　　　　　　　　　图 4-22

根据试验结果,现以低碳钢的应力-应变曲线为例,分四个阶段讨论其力学性能。

1. 弹性阶段

弹性阶段由直线段 Oa 和微弯段 ab 组成。直线段 Oa 部分表示应力与应变成正比关系,故 Oa 段称为比例阶段或线弹性阶段,在此阶段内,材料服从胡克定律 $\sigma = E\varepsilon$,a 点所对应的应力值称为材料的比例极限,用 σ_P 表示,低碳钢的 $\sigma_P \approx 200$ MPa。

应力超过比例极限后,应力与应变不再成比例关系,曲线 ab 段称为非线性弹性阶段,只要应力不超过 b 点,材料的变形仍是弹性变形,在解除拉力后变形仍可完全消失。所以 b 点对应的应力称为弹性极限,以 σ_e 表示。由于大部分材料的 σ_P 和 σ_e 极为接近,工程上并不严格区分弹性极限和比例极限,常认为在弹性范围内,胡克定律成立。

在弹性阶段,试件的变形完全是弹性的,全部卸除荷载后,试件将恢复其原长。

2. 屈服阶段

当应力超过弹性极限后,$\sigma\varepsilon$ 曲线图上的 bc 段将出现近似的水平段,这时应力几乎不增加,而变形却增加很快,表明材料暂时失去了抵抗变形的能力。这种现象称为屈服现

象。屈服阶段(bc 段)的最低点对应的应力称为屈服极限,以 σ_s 表示。低碳钢的 $\sigma_s \approx 235$ MPa,当应力达到屈服极限时,如试件表面经过抛光,就会在表面上出现一系列与轴线大致成 45°夹角的倾斜条纹(称为滑移线)。它是由于材料内部晶格间发生滑移所引起的,一般认为,晶格间的滑移是产生塑性变形的根本原因。工程中的大多数构件一旦出现塑性变形,将不能正常工作(或称失效)。所以屈服极限 σ_s 是衡量材料失效与否的强度指标。

3. 强化阶段

过了屈服阶段 bc,图中向上升的曲线 ce 说明材料恢复了抵抗变形的能力,要使试件继续变形必须再增加荷载,这种现象称为材料的强化,故 σ-ε 曲线图中的 ce 段称为强化阶段,最高点 e 点所对应的应力值称为材料的强度极限,以 σ_b 表示,它是材料所能承受的最大应力。低碳钢的 σ_b 为 370~460 MPa。

4. 颈缩阶段

当荷载达到最高值后,可以看到在试件的某一局部的横截面迅速收缩变细,出现所谓的颈缩现象,如图 4-23 所示。σ-ε 曲线图中的 ef 段称为颈缩阶段(或局部变形阶段)。由于颈缩部分的横截面迅速减小,使试件继续伸长所需的拉力也相应减小。在 σ-ε 图中,用横截面原始面积 A 算出的应力 $\sigma = P/A$ 随之下降,降到 f 点时试件被拉断。

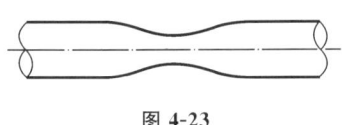

图 4-23

试件拉断后弹性变形消失,只剩下塑性变形。工程中常用延伸率 δ 和断面收缩率 Ψ 作为材料的两个塑性指标。分别为

$$\delta = \frac{l_1 - l_0}{l} \times 100\% \tag{4-9}$$

$$\Psi = \frac{A_0 - A_1}{A_0} \times 100\% \tag{4-10}$$

式中,l_1 为试件拉断后的标距长度,l_0 为原标距长度,A_0 为试件横截面原面积,A_1 为试件被拉断后在颈缩处测得的最小横截面面积。

工程中通常按照延伸率的大小把材料分为两大类:$\delta > 5\%$ 的材料称为塑性材料,如碳钢、黄铜、铝合金等;而 $\delta < 5\%$ 的材料称为脆性材料,如灰铸铁、玻璃、陶瓷、砖、石等。低碳钢的延伸率很高,其平均值为 $20\% \sim 30\%$,这说明低碳钢是典型的塑性材料。

断面收缩率 Ψ 也是衡量材料塑性的重要指标,低碳钢的断面收缩率 $\Psi \approx 60\%$。需要注意的是,材料的塑性和脆性会因制造工艺、变形速度、温度等条件而发生变化,例如某些脆性材料在高温下会呈现塑性,而某些塑性材料在低温下呈现脆性,又如在铸铁中加入球化剂可使其变为塑性较好的球墨铸铁。

实验表明,如果将试件拉伸到超过屈服点 σ_s 后的任一点,例如图 4-22 中的 d 点,然后缓慢地卸载。这时会发现,卸载过程中试件的应力与应变之间沿着直线 dd' 的关系变化,dd' 与直线 Oa 几乎平行。由此可见,在强化阶段中试件的应变包含弹性应变和塑性应变,卸载后弹性应变消失,只留下塑性应变,塑性应变又称残余应变。

如果将卸载后的试件在短期内再次加载,则应力和应变之间基本上仍沿着卸载时的

同一直线关系,直到开始卸载时的 d 点为止,然后大体上沿着原来路径 def(图 4-22)的关系。所以当试件在强化阶段卸载,然后再加载时,其 σ-ε 曲线图应是图 4-22 中的 $d'def$,图中直线 $d'd$ 的最高点 d 的应力值,可以认为是材料在经过卸载而重新加载时的比例极限,显然它比原来的比例极限提高了,但拉断后的残余应变则比原来的 δ 小,这种现象称为冷作硬化。工程中经常利用冷作硬化来提高材料的弹性极限,例如起重机的钢索和建筑用的钢筋,常采用冷拔工艺提高强度。

其他金属材料的拉伸试验与低碳钢的拉伸试验方法相同,但材料所显示出的力学性能有很大差异,图 4-24 给出了锰钢、硬铝、退火球墨铸铁和 45 钢的应力-应变曲线,这些都是塑性材料,但前三种材料没有明显的屈服阶段。对于没有明显屈服点的塑性材料,工程上规定,所取试件产生 0.2% 的塑性应变时,所对应的应力值作为材料的名义屈服极限,以 $\sigma_{0.2}$ 表示(图 4-25)。

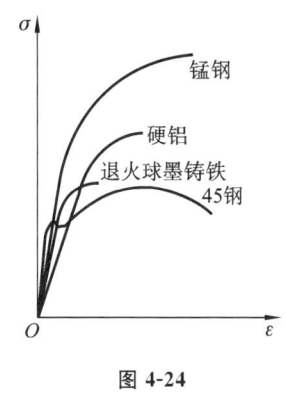

图 4-24

图 4-26 所示为铸铁拉伸时的应力-应变关系,由图可见,应力-应变关系曲线无明显的直线部分,但应力较小时接近于直线,可近似认为服从胡克定律。工程上有时以曲线的某一割线(图 4-26 中的虚线)的斜率作为弹性模量。

铸铁的延伸率 δ 通常只有 $0.5\%\sim0.6\%$,是典型的脆性材料,其拉伸时无屈服现象和颈缩现象,断裂是突然发生的,断口垂直于试件轴线。强度指标 σ_b 是衡量铸铁强度的唯一指标。

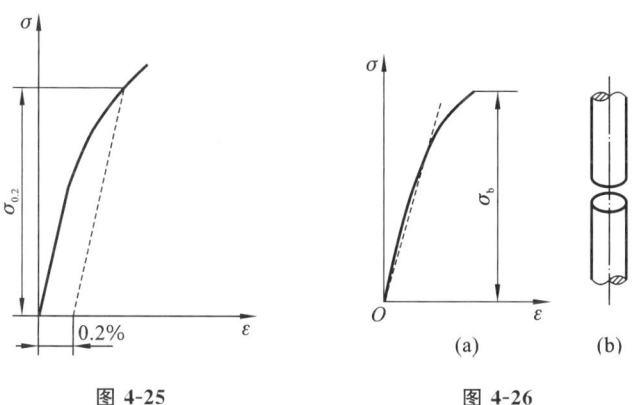

图 4-25　　　　　　　　　　图 4-26

金属材料的压缩试件常做成圆柱体,其高度是直径的 $1.5\sim3.0$ 倍,以避免试验时被压弯;非金属材料(如水泥、石料)的压缩试件常做成立方体。

低碳钢压缩时的应力-应变曲线如图 4-27 所示,图中虚线是为了便于比较而绘出的拉伸的 σ-ε 曲线,从图中可以看出,低碳钢压缩时的弹性模量 E 和屈服极限 σ_s 都与拉伸时大致相同。屈服阶段以后,试件越压越扁,横截面面积不断增大,试件抗压能力也不断提高,因而得不到压缩时的强度极限。

铸铁压缩时的应力-应变曲线如图 4-28 所示,其线性阶段不明显,强度极限 σ_b 比拉伸时高 2~4 倍,试件在较小的变形下突然发生破坏,断口与轴线成 45°~55° 的倾角,表明试件沿斜面因相对错动而破坏。

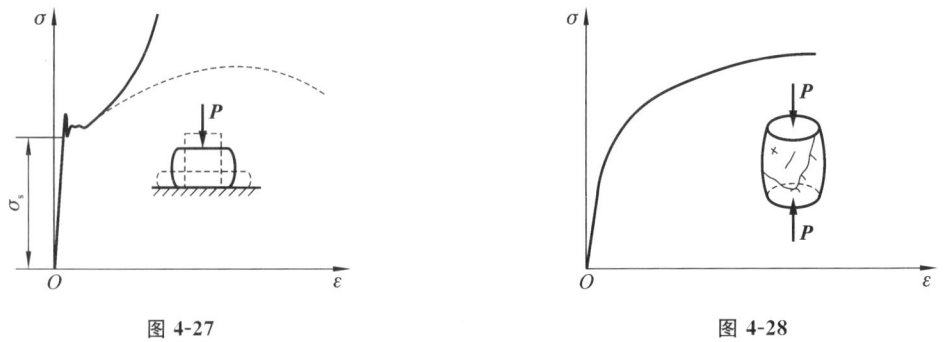

图 4-27   图 4-28

其他脆性材料,如混凝土、石料等,抗压强度也远高于抗拉强度。

脆性材料抗拉强度低,塑性性能差,但抗压强度高,且价格低廉,故适用于制作承压构件。铸铁坚硬耐磨,易于浇注成形状复杂的零部件,广泛用于铸造机床床身、机座、缸体及轴承座等受压零部件。因此,铸铁压缩试验比拉伸试验更为重要。

4.7　许用应力、安全系数、强度条件

由脆性材料制成的构件,在拉力作用下,当变形很小时就会突然断裂,脆性材料断裂时的应力即强度极限 σ_b;由塑性材料制成的构件,在拉断之前已出现塑性变形,在不考虑塑性变形力学设计方法的情况下,考虑到构件不能保持原有的形状和尺寸,故认为它已不能正常工作,塑性材料到达屈服时的应力即屈服极限 σ_s。脆性材料的强度极限 σ_b、塑性材料屈服极限 σ_s 称为构件失效的极限应力。为保证构件具有足够的强度,构件在外力作用下的最大工作应力必须小于材料的极限应力。在强度计算中,把材料的极限应力除以一个大于 1 的系数 n(称为安全系数),作为构件工作时所允许的最大应力,称为材料的许用应力,以 $[\sigma]$ 表示。对于脆性材料,许用应力

$$[\sigma] = \frac{\sigma_b}{n_b} \tag{4-11}$$

对于塑性材料,许用应力

$$[\sigma] = \frac{\sigma_s}{n_s} \tag{4-12}$$

式中,n_b、n_s 分别为脆性材料、塑性材料对应的安全系数。

安全系数的选取,必须体现既安全又经济的设计思想,通常由国家有关部门制定相关规范供设计人员参考。一般在静载下,对塑性材料可取 $n_s = 1.5 \sim 2.0$;脆性材料均匀性差,且断裂突然发生,有更大的危险性,所以取 $n_b = 2.0 \sim 5.0$,甚至取 5~9。常用材料的许用应力值见表 4-2。

表 4-2　常用材料的许用应力值

（适用于常温、静载和一般工作下的拉杆和压杆）

材 料 名 称	牌　号	许用应力/MPa	
		轴向拉伸	轴向压缩
低碳钢	Q235	170	170
低合金钢	16Mn	230	230
灰铸铁	—	34～54	160～200
混凝土	C20	0.44	7
混凝土	C30	0.6	10.3
红松（顺纹）	—	6.4	10

为了保证构件在外力作用下安全可靠地工作，必须使构件的最大工作应力小于材料的许用应力，即

$$\sigma_{\max} = \frac{N_{\max}}{A} \leqslant [\sigma] \tag{4-13}$$

上式就是杆件受轴向拉伸或压缩时的强度条件。根据这一强度条件，可以对杆件进行如下三方面的计算。

（1）强度校核。已知杆件的尺寸、所受荷载和材料的许用应力，直接应用式(4-13)验算杆件是否满足强度条件。

（2）截面设计。已知杆件所受荷载和材料的许用应力，由强度条件确定杆件所需的横截面面积。

（3）许用荷载的确定。已知杆件的横截面尺寸和材料的许用应力，由强度条件确定杆件所能承受的最大轴力，最后通过静力学平衡方程算出杆件所能承担的最大许可荷载。

【例 4-5】　如图 4-29 所示三角架，杆 AC 由两根 80 mm× 80 mm× 7 mm 等边角钢组成，杆 AB 由两根 10 号工字钢组成。两种型钢的材料均为 Q235 钢，$[\sigma]=170$ MPa。试求许可荷载 $[F]$。

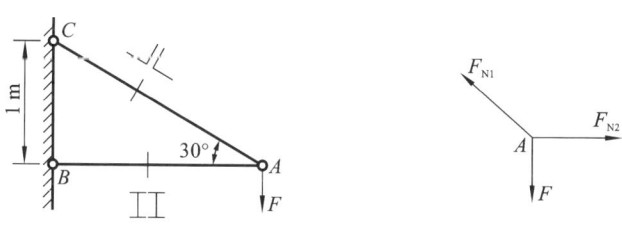

图 4-29

解：（1）杆件轴力与荷载 F 的关系。

取节点 A 为研究对象，并假设杆 AC 的轴力 F_{N1} 为拉力，杆 AB 的轴力 F_{N2} 为压力，如

图所示,由节点 A 的平衡方程

$$\sum F_y = 0, \quad F_{N1}\sin30° - F = 0$$

$$\sum F_x = 0, \quad F_{N2} - F_{N1}\cos30° = 0$$

解得

$$F_{N1} = 2F, \quad F_{N2} = 1.732F \tag{a}$$

(2) 各杆的许可轴力。

由型钢规格表查得杆 AC 的横截面面积 $A_1 = (1086 \times 10^{-6}\ \text{m}^2) \times 2 = 2172 \times 10^{-6}\ \text{m}^2$,杆 AB 的横截面面积 $A_2 = (1430 \times 10^{-6}\ \text{m}^2) \times 2 = 2860 \times 10^{-6}\ \text{m}^2$。根据强度条件

$$\sigma = \frac{F_N}{A} \leqslant [\sigma]$$

得两杆的许可轴力分别为

$$[F_{N1}] \leqslant (170 \times 10^6\ \text{Pa}) \times (2172 \times 10^{-6}\ \text{m}^2) = 369.24\ \text{kN}$$

$$[F_{N2}] \leqslant (170 \times 10^6\ \text{Pa}) \times (2860 \times 10^{-6}\ \text{m}^2) = 486.20\ \text{kN}$$

(3) 许可荷载。

将 $[F_{N1}]$ 和 $[F_{N2}]$ 分别代入(a)式,得到按各杆强度要求算出的许可荷载为

$$[F_1] = \frac{[F_{N1}]}{2} = \frac{369.24\ \text{kN}}{2} = 184.6\ \text{kN}$$

$$[F_2] = \frac{[F_{N2}]}{1.732} = \frac{486.20\ \text{kN}}{1.732} = 280.7\ \text{kN}$$

故结构的许可荷载 $[F] = 184.6\ \text{kN}$

注:在考虑到压杆的稳定性时的许可荷载是小于强度条件的许可荷载的。

4.8　简单拉压超静定问题

在前面几节讨论的问题中,杆件的约束反力和杆件的内力可以用静力平衡方程求出,这类问题称为静定问题。例如图 4-30(a)所示的构件,由 AB 及 AC 两杆组成,在 A 点受到荷载 G 的作用,求 AB 和 AC 杆的两个未知内力时,因能列出两个平衡方程,所以是静定问题。

在工程实际中,有时为了增加构件和结构物的强度和刚度,或者由于构造上的需要,往往要给构件增加一些约束,或在结构物中增加一些杆件,这时构件的约束反力或杆件的数目多于刚体静力学平衡方程的数目,因而仅用静力平衡方程不能求解。这类问题称为超静定问题。未知力个数与独立的平衡方程数之差称为超静定次数。图 4-30(b)所示的构件,由 AB、AC、AD 三杆组成,若取节点 A 研究,其所受力组成平面汇交力系,可列出 2 个静力平衡方程,但未知力有 3 个(N_1、N_2、N_3),属于一次超静定问题。显然仅由静力平衡方程不能求出全部未知内力。

【例 4-6】　如图 4-31 所示为两端固定的杆。在 C、D 两截面处有一对力 P 作用,杆的

横截面面积为 A，弹性模量为 E，求 A、B 处支座反力，并作轴力图。

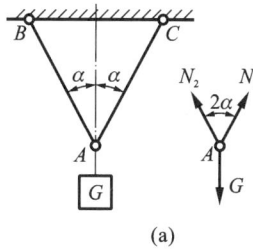 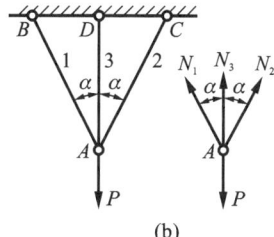

$$\text{图 4-30}$$

解：取 AB 杆为研究对象，设 A、B 处的约束反力为压力，如图 4-31(b)所示，由平衡方程

$$\sum X = 0, \quad R_A - P + P - R_B = 0$$

得 $\qquad R_A = R_B$

上式中只知道两个未知约束反力相等，不能解出具体值，故还需要列一个补充方程。

显然，杆件各段变形后，由于约束的限制，总长度保持不变，故变形协调条件为

$$\Delta l_{AC} + \Delta l_{CD} + \Delta l_{DB} = 0$$

作出杆的轴力图，如图 4-31(c)所示。

【例 4-7】 如图 4-32 所示结构中，已知杆 1、杆 2 和杆 3 的抗拉刚度均为 EA，角 $\alpha = 30°$，重物 $G = 38$ kN，试求各杆所受的拉力。

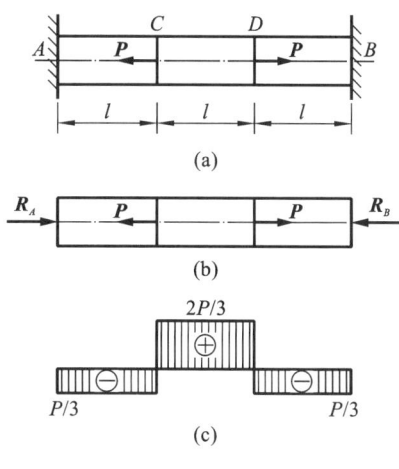

$$\text{图 4-31}$$

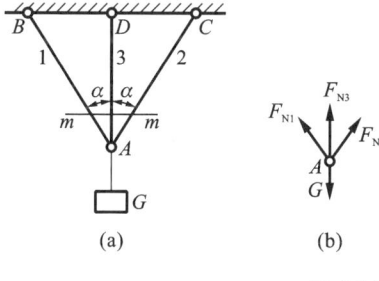 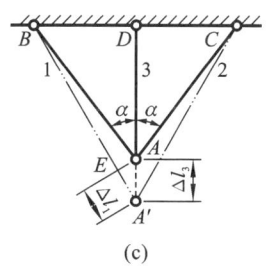

$$\text{图 4-32}$$

解：(1) 列平衡方程。

在重力 G 作用下，三根杆均被拉长，故可设三杆均受拉力，节点 A 的受力图如图 4-32(b)所示，列平衡方程：

$$\sum X = 0, \quad -F_{N1}\sin\alpha + F_{N2}\sin\alpha = 0$$

$$\sum Y = 0, \quad F_{N1}\cos\alpha + F_{N2}\cos\alpha + F_{N3} - G = 0$$

整理得到

$$\begin{cases} F_{N1} = F_{N2} \\ \sqrt{3}F_{N1} + F_{N3} - G = 0 \end{cases} \tag{a}$$

（2）变形几何关系。

由图 4-32 可以看到，由于结构左右对称，杆 1、2 的抗拉刚度相同，所以节点 A 只能垂直下移。设变形后各杆汇交于 A' 点，则 $AA' = \Delta l_3$。以 B 点为圆心，杆 1 的原长 BA 为半径作圆弧并与 BA' 相交，BA' 在圆弧以外的线段即为杆 1 的伸长量 Δl_1，由于变形很小，可用垂直于 BA' 的直线 AE 代替上述弧线，且仍可以认为 $\angle BA'D = \alpha = 30°$。于是

$$\Delta l_1 = \Delta l_3 \cos\alpha \tag{b}$$

（3）物理关系。

由胡克定律，得到

$$\Delta l_1 = \frac{F_{N1} l_1}{EA}, \quad \Delta l_3 = \frac{F_{N3} l_3}{EA} \tag{c}$$

（4）补充方程。

将物理关系式（c）代入几何方程（b），得到解该超静定问题的补充方程

$$\frac{F_{N1} l_1}{EA} = \frac{F_{N3} l_3}{EA}\cos\alpha$$

将 $l_3 = l_1 \cos\alpha$ 代入上式，整理得到 $F_{N1} = F_{N3}\cos^2\alpha$，即

$$F_{N1} = 0.75 F_{N3} \tag{d}$$

（5）求解各杆轴力。

联立求解补充方程（d）和平衡方程（a），可得

$$F_{N3} = \frac{G}{\sqrt{3} \times 0.75 + 1} = 16.5 \text{ kN}$$

$$F_{N1} = F_{N2} = 12.4 \text{ kN}$$

对于超静定结构，由于制造误差会造成装配应力，温度变化会造成温度应力。

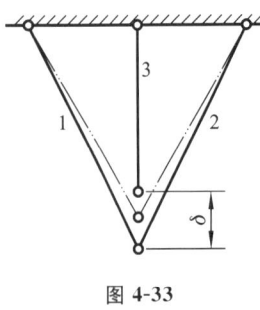

图 4-33

我们知道，所有构件在制造中或多或少都会有一些误差，这种误差在静定结构中不会引起任何内力及应力，而在超静定结构中则有不同的特点。如图 4-33 所示的三杆桁架结构，如果杆 3 制造时短了 δ，为了将三根杆装配在一起，则必须将杆 3 拉长，杆 1、2 压短，这种强行装配使杆 3 中产生拉应力，杆 1、2 中产生压应力。这种由于装配而引起的杆内应力，称为装配应力。装配应力是在荷载作用前结构中已经具有的应力，因而是一种初应力。这种应力的存在，有时是不利的，它会降低构件承受荷载的能力，但有时又可以利用它来达到一定的目的。例如轮毂和轴的紧配合就是有意识地利用与装配应力相应的变形，来防止轮毂和轴的相对转动；预应力钢筋混凝土构件，也是利用装配应力来提高其承受荷载的能力。

在工程实际中，构件往往会遇到温度变化，从而引起构件热胀冷缩的温度变形。在静定结构中，构件可以自由变形，故温度改变不会在构件内产生应力。而在图 4-34 所示的

超静定结构中,如果杆 AB 的温度发生变化,由于有了多余的约束,在杆内将出现温度应力。设温度变化前杆 AB 长度正好合适,如果全杆各点处温度均上升了 ΔT ℃,设想此时只有一个支座 A,则杆应伸长 $\Delta L_t = \alpha \Delta T \cdot L$,其中 α 为材料的线膨胀系数。但由于两端均受到刚性支座的约束,杆的长度不能改变。因此,杆的两端必受到来自支座的轴向压力 P,使杆缩短了 $\Delta L_P (= \Delta L_t)$ 而回到原长 L(图 4-34(c))。同时在杆内产生了应力 $\sigma_T = E \dfrac{\Delta L_P}{L}$。这种由于温

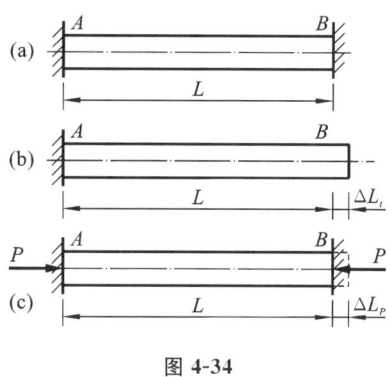

图 4-34

度改变而在杆件内产生的应力称为温度应力,其计算式为

$$\sigma_T = E \alpha \Delta T \tag{4-14}$$

碳钢的 $\alpha = 12.5 \times 10^{-6}$ 1/℃,$E = 200$ GPa。所以

$$\sigma_T = 12.5 \times 10^{-6} \times 200 \times 10^9 \Delta T \text{ Pa} = 2.5 \Delta T \text{ MPa}$$

可见当温度变化 ΔT 较大时,σ_T 的数值便非常可观。为了避免过高的温度应力,在送热管道中可以增加伸缩节(图 4-35);在铁路钢轨各段之间留有伸缩缝,以削弱对钢轨膨胀的约束,降低温度应力;铁路桥梁一端用固定铰链支座,另一端采用可动铰链支座(图 4-36),可以避免桥梁水平方向的温度应力。

图 4-35　　　　　　　　　　　　　　　　图 4-36

4.9　应力集中的概念

由于实际需要,在工程中常在一些构件上钻孔、开退刀槽或键槽、车削螺纹等,有些则需要制成阶梯状的,这就引起构件横截面尺寸的突变。这样的杆在轴向拉伸时,在杆件截面突变处附近的小范围内,应力的数值急剧增大,而离开这个区域稍远处,应力就大为降低并趋于均匀分布,这种现象称为应力集中。图 4-37 所示为拉杆孔边的应力分布简图,其中 $\sigma_{\max}$ 为最大局部应力,σ 为假设应力均匀分布时该截面上的名义应力(即按照等截面直杆的公式算得的应力)。应力集中的程度,通常用理论应力集中系数表示:

$$\alpha = \frac{\sigma_{\max}}{\sigma} \tag{4-15}$$

应力集中系数 α 值表明最大局部应力为名义应力的多少倍,其值与材料无关,它取决

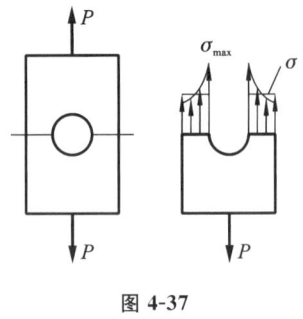

图 4-37

于截面的几何形状与尺寸,截面尺寸改变越急剧,应力集中的程度就越严重。因此,在杆件上应尽量避免带尖角、槽或小孔,在阶梯轴的轴肩处,过渡圆弧的半径应该尽可能大一些。

杆件在拉伸、扭转和弯曲时有不同的 α 值。

在静载作用下,塑性材料对应力集中不敏感,例如具有圆孔的低碳钢拉杆,当最大局部应力 σ_{max} 到达屈服极限 σ_s 时(图 4-38(a)),如果荷载继续增大,则该处相邻的材料将进入屈服阶段而停止增长。增大的荷载由截面上尚未屈服的材料来承担,使截面 1-1 上材料的屈服区域将随荷载的不断增大而扩大(图 4-38(b)),直至截面 1-1 上各点处的应力都达到屈服极限(图 4-38(c))。由此可见,塑性材料可使截面上的应力逐渐趋于平均,降低应力不均匀程度。因此用塑性材料制成的构件在静载作用下,可以不考虑应力集中的影响,实际工程计算中可按应力均匀分布计算。

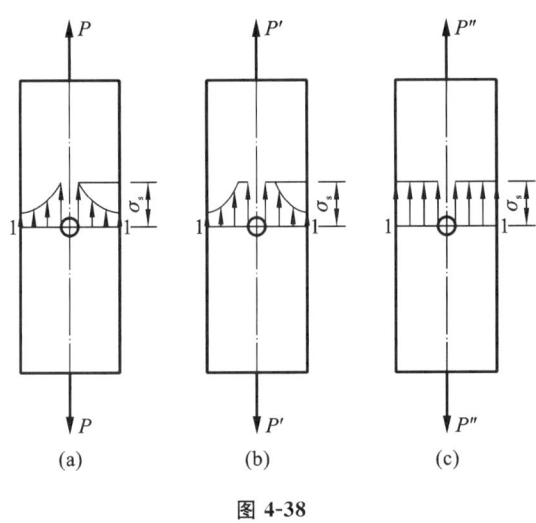

(a)　　　　(b)　　　　(c)

图 4-38

对于组织均匀的脆性材料制成的构件,因材料无屈服阶段,当荷载增加时,应力集中处的最大应力 σ_{max} 一直领先,首先达到强度极限 σ_b,该处首先产生裂纹。因此对应力集中十分敏感,必须考虑应力集中的影响。对于各种典型的应力集中情形,如洗槽、钻孔和螺纹等,可查阅有关的机械设计手册获得 α 的数值。

习　题

【4-1】　试求图 4-39 所示各杆横截面上的轴力,并作出轴力图。

【4-2】　一打入地基内的要桩如图 4-40 所示,沿杆轴单位长度的摩擦力为 $f = k x^2$ (k 为常数),试作木桩的轴力图。

【4-3】　如图 4-41 所示一混合屋架的计算简图,屋架的上弦用钢筋混凝土制成。下面的拉杆和中间竖向撑杆用角钢制成,其截面均为两个 75 mm×8 mm 的等边角钢。已知屋面承受集度为 $q = 10$ kN/m 的竖直均布荷载作用,试求拉杆 AE 和 EG 横截面上的

应力。

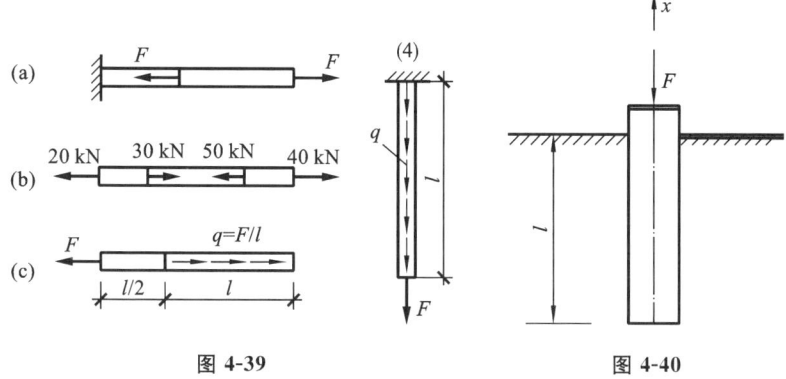

图 4-39　　　　　　　　　　图 4-40

【4-4】　如图 4-42 所示,杆件承受轴向载荷 $F=10$ kN 作用,杆的横截面面积 $A=1000$ mm^2,黏接面的方位角 $\theta=45°$,试计算该截面上的正应力与切应力,并画出应力的方向。

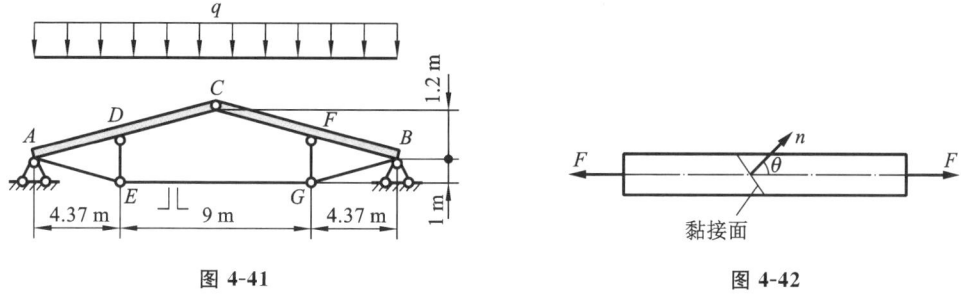

图 4-41　　　　　　　　　　图 4-42

【4-5】　一木桩受力图如图 4-43 所示。桩的横截面为边长 200 mm 的正方形,材料可认为符合胡克定律,其弹性模量 $E=10$ GPa。如不计桩的自重,试:①作轴力图;②求各段桩横截面上的应力;③求各段桩的纵向线应变;④求桩的总变形。

【4-6】　如图 4-44 所示刚性梁 AB 受均布荷载作用,梁在 A 端铰支,在 B 点和 C 点由两根钢杆 BD 和 CE 支承。已知钢杆的横截面面积 $A_{DB}=200$ mm^2,$A_{CE}=400$ mm^2,试求两钢杆的内力。

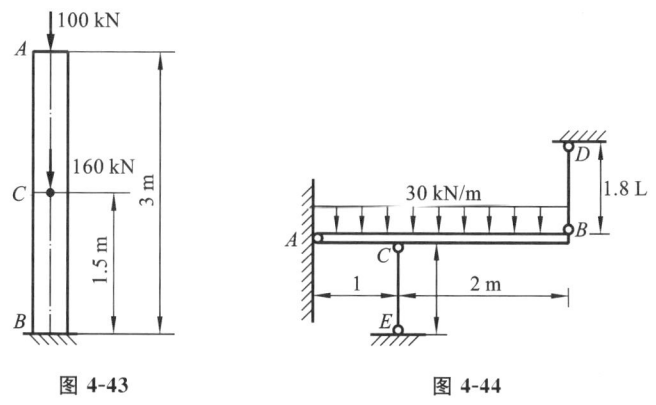

图 4-43　　　　　　　　　　图 4-44

【4-7】 如图 4-45 所示桁架,杆 1 为圆截面钢杆,杆 2 为方截面木杆,在节点 A 处承受铅直方向的荷载 F 作用,试确定钢杆的直径 d 与木杆截面的边宽 b。已知荷载 $F = 50$ kN,钢的许用应力 $[\sigma_s] = 160$ MPa,木的许用应力 $[\sigma_w] = 10$ MPa。

【4-8】 如图 4-46 所示两端固定等截面直杆,横截面的面积为 A,承受轴向荷载 F 作用,试计算杆内横截面上的最大拉应力与最大压应力。

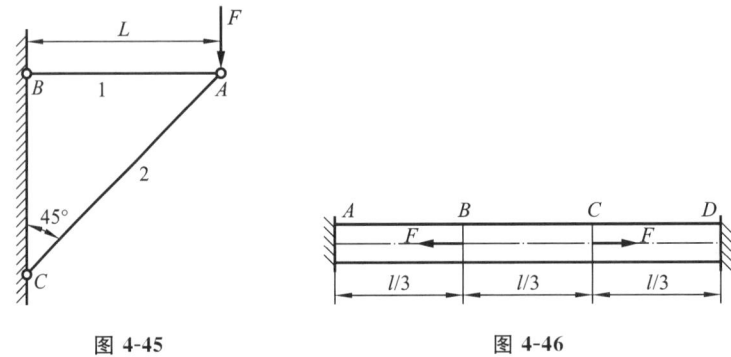

图 4-45   图 4-46

【4-9】 如图 4-47 所示结构,梁 BD 为刚体,杆 1 与杆 2 用同一种材料制成,横截面面积均为 $A = 300$ mm²,许用应力 $[\sigma] = 160$ MPa,荷载 $F = 50$ kN,试校核杆的强度。

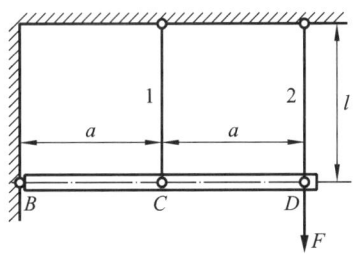

图 4-47

第5章 扭 转

5.1 外力偶矩的计算

1. 圆轴扭转的概念与实例

扭转是杆件的又一种基本变形形式,以扭转为主要变形的杆件统称为轴。工程中较常见的是直杆圆轴,本章主要介绍圆轴扭转时的应力和变形分析,以及强度和刚度计算。

在工程实际中,许多杆件会发生扭转变形。如图 5-1 所示,当钳工攻螺纹孔时,两手所加的外力偶作用在丝锥杆的上端,工件的反力偶作用在丝锥杆的下端,使得丝锥杆发生扭转变形。又如驾驶员双手作用在转向盘上的外力偶和转向器的反力偶作用(图 5-2),使舵杆发生扭转变形。这些杆件工作时受到两个转动方向相反的力偶作用,它们均为扭转变形的实例。

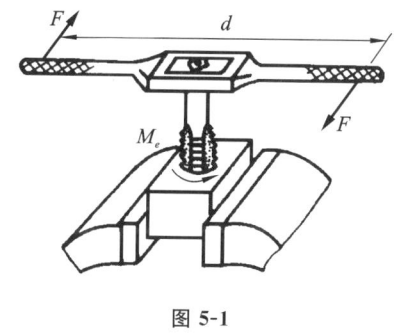

图 5-1

由上述例子可见,杆件扭转时的受力特点为:在杆件的横截面上受到两个与其轴线垂直的、大小相等的、转向相反的力偶矩作用。扭转变形中杆件相邻横截面绕轴线发生相对转动,扭转时杆件任意两横截面间相对转过的角位移(图 5-3),称为扭转角,简称转角,常用 φ 表示。

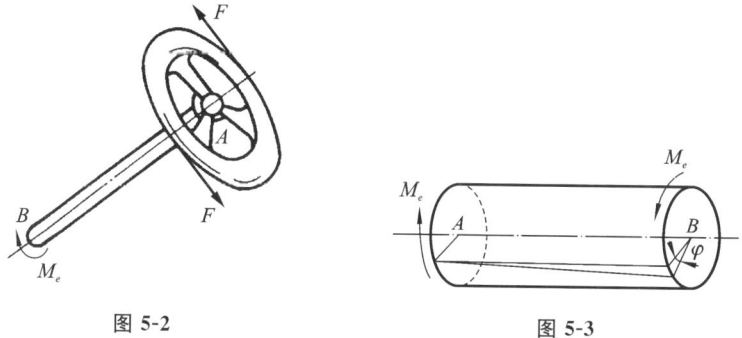

图 5-2   **图 5-3**

2. 外力偶矩的计算

工程实际中作用于轴上的外力偶矩并不是直接给出的,往往是通过给出转轴的转速及其所传递的功率来计算的。外力偶矩的计算公式为:

$$M_e = 9550\frac{P}{n} \tag{5-1}$$

式中,M_e 为外力偶矩,单位为 N·m;P 为轴传递的功率,单位为 kW;n 为轴的转速,单位为 r/min。

输入力偶矩为主动力矩,其方向与轴的转向相同;输出力偶矩为阻力矩,其方向与轴的转向相反。

5.2 扭矩和扭矩图

现在讨论受扭杆横截面上的内力,仍然采用截面法。图 5-4(a)所示为一等截面圆轴,其 A、B 两端上作用有一对平衡外力偶矩 M_e,现用截面法求圆轴横截面上的内力。在任意截面 m-m 处将轴分为两段,取左段为研究对象(图 5-4(b)),因 A 端有外力偶 M_e 的作用,为保持左段平衡,故在截面 m-m 上必有一个内力偶矩 T 与之平衡,T 称为扭矩。由平衡方程 $\sum M_x = 0$,得到

$$T = M_e$$

若取右段为研究对象(图 5-4(c)),求得的扭矩与以左段为研究对象求得的扭矩大小相等、转向相反,它们是作用与反作用的关系。为了使不论取左段还是取右段求得的扭矩的大小、符号都一致,对扭矩的正负号规定如下:采用右手螺旋法则,四指顺着扭矩的转向握住轴线,大拇指的指向与横截面的外法线方向一致时为正;反之为负,如图 5-5 所示。

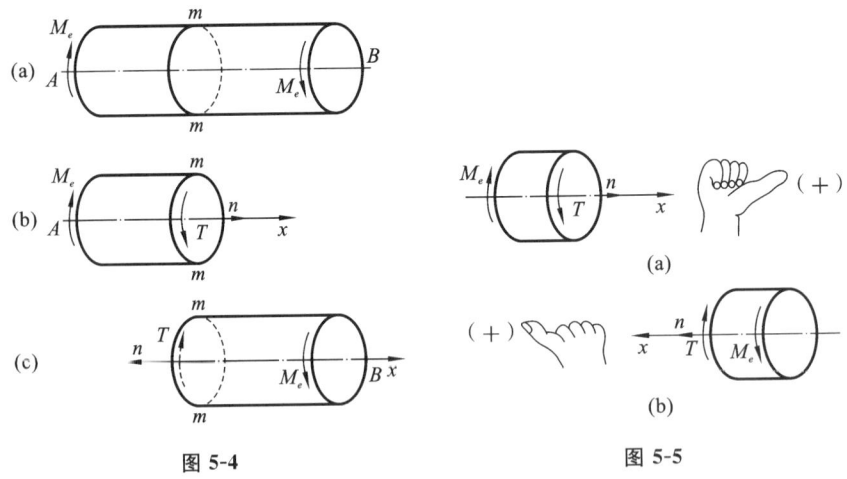

图 5-4   图 5-5

扭矩的计算公式:

$$\text{任一截面的扭矩} = \sum(\text{截面一侧外力偶矩的代数值})$$

注:①外力偶矩的代数值:对外力偶矩用右手螺旋法则,离开该截面为正,指向该截面为负。②使用此公式可避开列平衡方程时正方向的规定。

一般根据扭矩沿轴线的变化情况来绘制扭矩图。作图时横轴表示横截面的位置,纵轴表示相应截面上的扭矩。以下举例说明。

【例 5-1】　如图 5-6(a)所示,一传动系统的主轴 ABC,其转速 $n = 960$ r/min,输入功率 $P_A = 27$ kW,输出功率 $P_B = 19$ kW,$P_C = 8$ kW,不计轴承摩擦等功率消耗。试画出 ABC 轴的扭矩图。

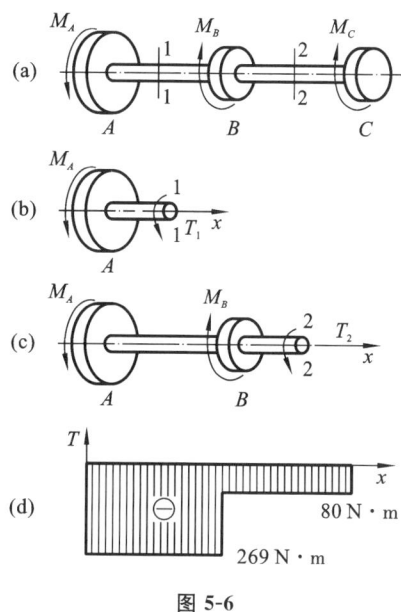

图 5-6

解:(1)计算外力偶矩。由式(5-1)得

$$M_A = 9550 \frac{P_A}{n} = 9550 \times \frac{27}{960} \text{ N} \cdot \text{m} = 269 \text{ N} \cdot \text{m}$$

$$M_B = 9550 \frac{P_B}{n} = 9550 \times \frac{19}{960} \text{ N} \cdot \text{m} = 189 \text{ N} \cdot \text{m}$$

$$M_C = 9550 \frac{P_C}{n} = 9550 \times \frac{8}{960} \text{ N} \cdot \text{m} = 80 \text{ N} \cdot \text{m}$$

式中,M_A 为主动力偶矩,与 A、B、C 轴转向相同;M_B、M_C 为阻力偶矩,其转向与轴转向相反。

(2)计算扭矩。将轴分为两段,逐段计算扭矩。

AB 段 1-1 截面(图 5-6(b)):$T_1 = -M_A = -269$ N · m

BC 段 2-2 截面(图 5-6(c)):$T_2 = -M_A + M_B = (-269 + 189)$ N · m $= -80$ N · m

(3)画扭矩图。根据以上计算结果,画出扭矩图 5-6(d)。由图看出,在集中外力偶作用面处,扭矩值发生突变,其突变值等于该集中外力偶矩的大小。最大扭矩在 AB 段内,其值为 $T_{\max} = 269$ N · m。

5.3 圆轴扭转时的应力和强度计算

1. 切应力互等定理

为了便于讨论圆轴扭转应力,先通过薄壁圆筒来研究切应力与切应变两者之间的关系。

关于薄壁圆筒的应力分布情况,我们可进行扭转试验,图 5-7(a)为等厚度薄壁圆筒,未受扭时在表面上用圆周线和纵向线画成方格。扭转试验结果表明,在小变形条件下,截面 q-q 和 p-p 发生相对转动,造成方格两边相对错动(图 5-7(b)),但方格沿轴线的长度及圆筒的半径长度均不变。这表明,圆筒横截面和包含轴线的纵向截面上都没有正应力,横截面上只有切应力。因圆筒很薄,可近似认为切应力沿厚度均匀分布(图 5-7(c))。

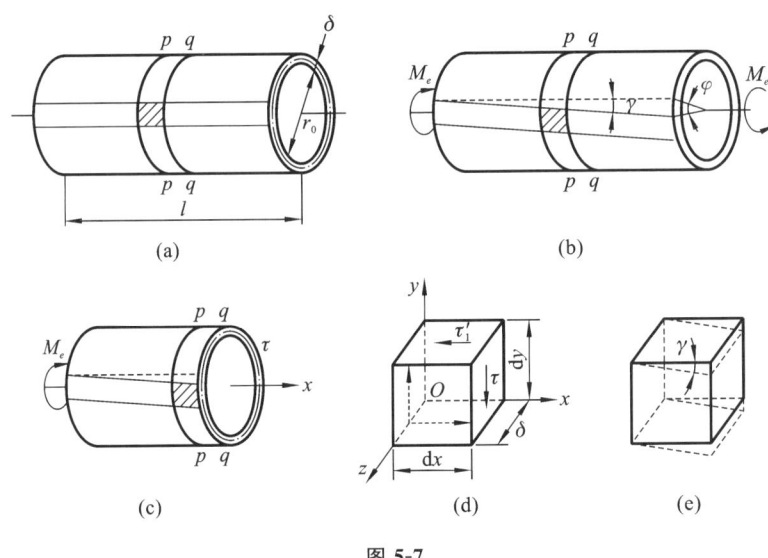

图 5-7

用相邻的两个横截面和两个纵向截面,从圆筒中截出边长分别为 $\mathrm{d}x$、$\mathrm{d}y$、δ 的单元体(图 5-7(d)),左、右侧面上均有切应力 τ,组成力偶矩为 $(\tau\mathrm{d}y \cdot \delta) \cdot \mathrm{d}x$ 的力偶。因单元体是平衡的,故上、下侧面上必定存在方向相反的切应力 τ',组成力偶矩为 $(\tau'\mathrm{d}x \cdot \delta) \cdot \mathrm{d}y$ 的力偶,与上述力偶相平衡。由平衡方程 $\sum M_z = 0$ 得 $(\tau\mathrm{d}y \cdot \delta) \cdot \mathrm{d}x = (\tau'\mathrm{d}x \cdot \delta) \cdot \mathrm{d}y$,整理为

$$\tau = \tau' \tag{5-2}$$

上式表明,在相互垂直的两个平面上,切应力必然成对存在,且数值相等,两者都垂直于两个平面的交线,方向则共同指向或共同背离这一交线。这就是切应力互等定理。

在图 5-7(d)所示的单元体的上、下、左、右四个面上,只有切应力而无正应力,这种情况称为纯剪切;纯剪切单元体的相对两侧面将发生微小的相对错动(图 5-7(c)),使原来互相垂直的单元体直角改变了一个微量 γ,γ 即为切应变。

2. 剪切胡克定律

为了分析剪切变形,在构件的受剪部位,绕 A 点取一直角六面体,如图 5-8(a)所示,并把该六面体放大,如图 5-8(b)所示。当构件发生剪切变形时,直角六面体的两个侧面 $abcd$ 和 $efgh$ 将发生相对错动,使直角六面体变为平行六面体。图中线段 ee' 或 ff' 为相对的滑移量,称为绝对剪切变形。而矩形直角的微小改变量 $\gamma \approx \tan\gamma = \dfrac{ee'}{ff'}$,称为切应变,即相对剪切变形。

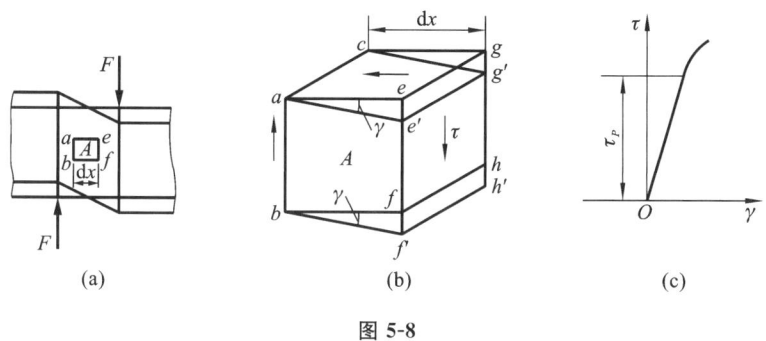

图 5-8

实验证明:当剪应力不超过材料的剪切比例极限 τ_p 时,切应力 τ 与切应变 γ 成正比,如图 5-8(c)所示,这就是材料的剪切胡克定律,可用下式表示:

$$\tau = G\gamma \tag{5-3}$$

式中比例常数 G 称为材料的剪切弹性模量。因 γ 是一个无量纲的量,所以 G 的量纲与 τ 相同,常用的单位是 GPa。钢的剪切弹性模量约为 80 GPa。

3. 圆轴扭转时横截面上的应力

前面讨论了薄壁圆筒的应力分布情况,因圆筒很薄,可认为切应力沿厚度均匀分布。对于受扭转的实心截面圆轴来说,不能再认为切应力在截面上是均匀分布的了。以下从三个方面即变形几何关系、物理关系和静力关系,建立圆轴扭转时横截面上的应力计算公式。

(1)变形几何关系。

①实验观察。

实验前在薄壁圆筒表面画若干垂直于轴线的圆周线和平行于轴线的纵向线(图 5-9(a)),然后两端施加一对方向相反、力偶矩大小相等的外力偶。在变形很小时,可观察到:各圆周线绕轴线有相对转动,但形状、大小及相邻两圆周线之间的距离均不变,这说明横截面上没有正应力;在小变形下,各纵向线倾斜了同一角度 γ,但仍为直线,表面的小矩形变形成平行四边形,这说明横截面上有切应力,且切应力的方向与径向垂直。

②平面假设。

根据实验可作如下假设:圆轴扭转变形前为平面的横截面,变形后仍为平面,形状和大小不变,半径仍为直线,且相邻两截面间的距离不变。根据这一假设,在扭转变形中,圆轴的横截面就像刚性平面一样,绕轴线旋转了一个角度。

③变形规律。

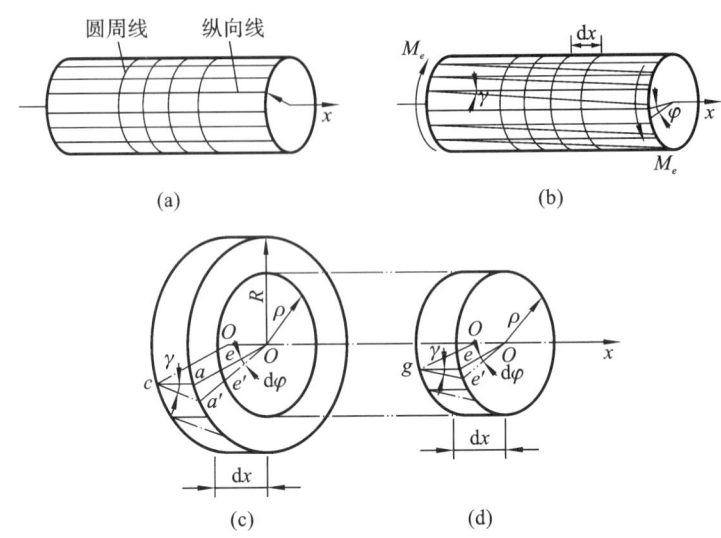

图 5-9

用相邻横截面从圆轴中假想地截取长为 dx 的微段(图 5-9(b)),放大至如图 5-9(c)和(d)所示。变形以后,dx 段左右两个横截面相对转动了 dφ 角,变形前与 Oc 处于同一径向平面上的半径线 Oa 转至 Oa′ 位置,此时,圆周表面上的纵向线 ca 倾斜了 γ 角移至 ca′ 位置(图 5-9(c))。对于圆轴内部半径为 ρ 的任一层假想的圆筒(图 5-9(d)),若设想变形前在其表面上绘有与 ca 线处于同一径向平面的 ge 线,则变形以后 ge 线将移至 ge′ 位置,用 γ_ρ 表示 ge 线的倾角,由图可见

$$\gamma_\rho \cdot \mathrm{d}x = ee' = \rho\mathrm{d}\varphi$$

故有

$$\gamma_\rho = \rho \frac{\mathrm{d}\varphi}{\mathrm{d}x} \tag{5-4}$$

式中 $\frac{\mathrm{d}\varphi}{\mathrm{d}x}$ 表示相距单位长度的两个横截面间的相对扭转角,由于假设横截面作刚性转动,故在同一横截面上 $\frac{\mathrm{d}\varphi}{\mathrm{d}x}$ 为一常量。所以式(5-4)表明,横截面上任意点的切应变 γ_ρ 与该点至圆心的距离 ρ 成正比。即横截面上切应变随半径按线性规律变化。

(2) 物理关系。

由剪切胡克定律知,横截面上距离轴心 ρ 处的切应力 τ_ρ 与该点的切应变 γ_ρ 成正比。即

$$\tau_\rho = G\gamma_\rho$$

将式(5-4)代入,得

$$\tau_\rho = G\rho \frac{\mathrm{d}\varphi}{\mathrm{d}x} \tag{5-5}$$

横截面上任意点的切应力 τ_ρ 与该点到圆心的距离 ρ 成正比,其方向垂直于半径,沿半径切应力 τ_ρ 的分布如图 5-10 所示。

由于公式(5-5)中的 $\frac{\mathrm{d}\varphi}{\mathrm{d}x}$ 未求出,所以仍不能用它计算切应力,这就要用静力关系来

解决。

（3）静力关系。

在图 5-11 中,圆轴横截面上的扭矩 T 由横截面上无数微剪力对轴线的力矩组成。由此可得出横截面上切应力的指向为顺着扭矩的转向。从图可知

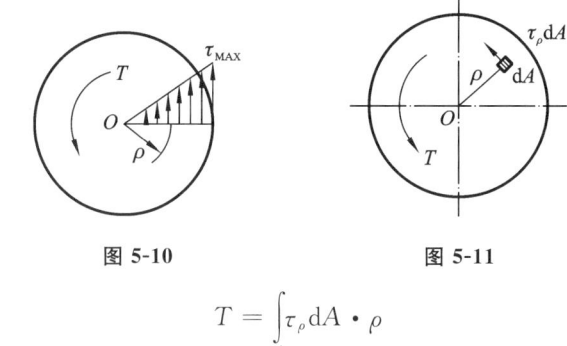

图 5-10　　　　　　　　图 5-11

$$T = \int_A \tau_\rho \mathrm{d}A \cdot \rho$$

将式(5-5)代入,且由于 $\dfrac{\mathrm{d}\varphi}{\mathrm{d}x}$ 和 G 为常量,可得

$$T = \int_A G_\rho \frac{\mathrm{d}\varphi}{\mathrm{d}x}\mathrm{d}A \cdot \rho = G\frac{\mathrm{d}\varphi}{\mathrm{d}x}\int_A \rho^2 \mathrm{d}A \tag{5-6}$$

令

$$I_P = \int_A \rho^2 \mathrm{d}A \tag{5-7}$$

I_P 称为横截面对圆心 O 点的极惯性矩,单位为 m^4。它只与横截面的几何形状和尺寸有关。

将式(5-7)代入式(5-6),整理得到

$$\frac{\mathrm{d}\varphi}{\mathrm{d}x} = \frac{T}{GI_P} \tag{5-8}$$

将式(5-8)代入式(5-5)得

$$\tau_\rho = \frac{T\rho}{I_P} \tag{5-9}$$

当 $\rho = R$ 时切应力最大,即圆轴横截面上边缘点的切应力最大,其值为

$$\tau_{\max} = \frac{TR}{I_P} \tag{5-10}$$

令

$$W_P = \frac{I_P}{R} \tag{5-11}$$

W_P 称为抗扭截面系数,单位为 m^3。将式(5-11)代入式(5-10)得

$$\tau_{\max} = \frac{T}{W_P} \tag{5-12}$$

4. 圆截面极惯性矩及抗扭截面系数

如图 5-12 所示,实心圆截面上距圆心为 ρ 处取厚度为 $\mathrm{d}\rho$ 的环形面积作微面积,其上各点的 ρ 可视为相等,且 $\mathrm{d}A = 2\pi\rho\mathrm{d}\rho$ 故极惯性矩 I_P 为

$$I_P = \int_A \rho^2 \, dA = \int_0^{\frac{d}{2}} \rho^2 \times 2\pi\rho d\rho = \frac{\pi D^4}{32}$$

抗扭截面系数 W_P 为

$$W_P = \frac{I_P}{R} = \frac{\pi D^3}{16}$$

如图 5-13 所示，在空心圆轴的情况下，极惯性矩 I_P 为

$$I_P = \int_A \rho^2 \, dA = \int_{\frac{d}{2}}^{\frac{D}{2}} 2\pi\rho^2 \, d\rho = \frac{\pi}{32}(D^4 - d^4) = \frac{\pi D^4}{32}(1 - \alpha^4)$$

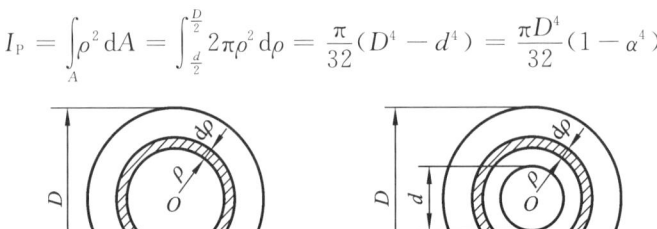

图 5-12   图 5-13

抗扭截面系数 W_P 为

$$W_P = \frac{I_P}{R} = \frac{\pi D^3}{16}(1 - \alpha^4)$$

式中，D 为外径；α 为空心圆轴内外直径之比（$\alpha = \dfrac{d}{D}$）。

5. 圆轴扭转时的强度条件

圆轴扭转时的强度条件应该是轴上最大工作切应力 τ_{max} 不超过材料的许用切应力 $[\tau]$，即

$$\tau_{max} \leqslant [\tau]$$

对于等截面圆轴，τ_{max} 应发生在最大扭矩 T_{max} 的横截面上周边各点处，所以其强度条件为

$$\tau_{max} = \frac{T_{max}}{W_P} \leqslant [\tau] \tag{5-13}$$

5.4　圆轴扭转时的变形和刚度计算

1. 圆轴扭转时的变形计算

圆轴扭转时的变形是用两个横截面绕轴线的相对转角，即相对扭转角 φ 来度量的。由式（5-8）得

$$d\varphi = \frac{T}{GI_P} dx$$

$d\varphi$ 表示相距为 dx 的两个横截面之间的相对转角，将上式沿轴线 x 积分，即为相距为 l 的两个横截面之间的相对转角

$$\varphi = \int_l \frac{T}{GI_P} dx = \int_0^l \frac{T}{GI_P} dx$$

若两截面之间 T 的值不变,且轴为等直杆,则 T/GI_P 为常量,上式变为

$$\varphi = \frac{Tl}{GI_P} \tag{5-14}$$

φ 的单位为弧度(rad)。上式表明,GI_P 越大,则扭转角 φ 越小,它反映了圆轴扭转变形的难易程度,故 GI_P 称为圆轴的抗扭刚度。

2. 圆轴扭转时的刚度计算

在工程中,圆轴扭转时除了要满足强度条件外,有时还要满足刚度条件。扭转的刚度条件就是限定单位长度扭转角 θ 的最大值不得超过规定的允许值 $[\theta]$,即

$$\theta_{max} \leqslant [\theta]$$

对于等截面圆轴,用 φ' 表示变化率 $d\varphi/dx$,由式(5-8)得出

$$\varphi'_{max} = \frac{T_{max}}{GI_P} \leqslant [\varphi'] \tag{5-15}$$

式中,单位长度转角 φ' 和单位长度许可转角 $[\varphi']$ 的单位均为 rad/m。

工程上,习惯把度/米(°/m)作为转角 φ' 的单位。考虑单位换算,得到

$$\varphi'_{max} = \frac{T_{max}}{GI_P} \times \frac{180}{\pi} \leqslant [\varphi'] \tag{5-16}$$

各种轴类零件的 $[\varphi']$ 的值可从工程设计手册中查得。

【例 5-2】　传动圆轴如图 5-14 所示,已知主动轮 A 输入功率 $P_A = 30$ kW,从动轮输出功率 $P_B = 5$ kW,$P_C = 10$ kW,$P_D = 15$ kW,该轴转速 $n = 300$ r/min,材料的剪切弹性模量 $G = 80$ GPa,许用切应力 $[\tau] = 40$ MPa,轴的许可转角 $[\varphi'] = 1°/m$。试按强度条件及刚度条件设计此轴直径。

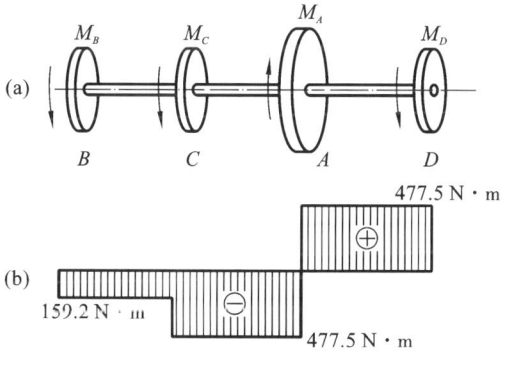

图 5-14

解:(1) 先计算外力偶矩。

$$M_A = 9550 \frac{P_A}{n} = 955 \text{ N} \cdot \text{m}, \quad M_B = 9550 \frac{P_B}{n} = 159.2 \text{ N} \cdot \text{m}$$

$$M_C = 9550 \frac{P_C}{n} = 318.3 \text{ N} \cdot \text{m}, \quad M_D = 9550 \frac{P_D}{n} = 477.5 \text{ N} \cdot \text{m}$$

(2) 计算各段扭矩,画扭矩图。

$$T_{BC} = -159.2 \text{ N} \cdot \text{m}, \quad T_{CA} = -477.5 \text{ N} \cdot \text{m}, \quad T_{AD} = 477.5 \text{ N} \cdot \text{m}$$

轴的扭矩图如图 5-14(b)所示,最大扭矩发生在 CA 和 AD 段,$T_{\max} = 477.5 \text{ N} \cdot \text{m}$。

(3)按强度条件设计轴径。

$$\tau_{\max} = \frac{T_{\max}}{W_{\mathrm{P}}} = \frac{16 T_{\max}}{\pi D^3} \leqslant [\tau]$$

整理得

$$D \geqslant \sqrt[3]{\frac{16 T_{\max}}{\pi [\tau]}} = \sqrt[3]{\frac{16 \times 477.5}{\pi \times 40 \times 10^6}} \text{ m} = 0.0393 \text{ m}$$

(4)按刚度条件设计轴径,由式(5-15)得到

$$\varphi'_{\max} = \frac{T_{\max}}{G I_{\mathrm{P}}} \times \frac{180}{\pi} = \frac{32 T_{\max}}{G \pi D^4} \times \frac{180}{\pi} \leqslant [\varphi']$$

$$D \geqslant \sqrt[4]{\frac{32 T_{\max} \times 180}{G \pi^2 [\varphi']}} = \sqrt[4]{\frac{32 \times 477.5 \times 180}{80 \times 10^9 \times \pi^2 \times 1}} \text{ m} = 0.0432 \text{ m}$$

若使轴同时满足强度条件和刚度条件,应取 $D = 0.044$ m。

习　　题

【5-1】　试求图 5-15 所示各杆在 1-1、2-2 截面上的扭矩。并作出各杆的扭矩图。

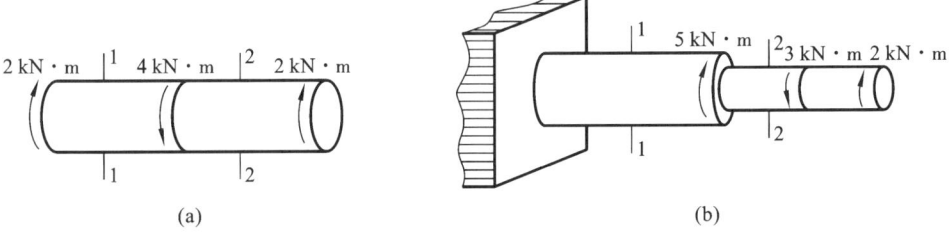

图 5-15

【5-2】　某传动轴,由电机带动,已知轴的转速 $n = 1000$ r/min,电机输入的功率 $P = 20$ kW,试求作用在轴上的外力偶矩。

【5-3】　某传动轴如图 5-16 所示,转速 $n = 300$ r/min,轮 1 为主动轮,输入功率 $P_1 = 50$ kW,轮 2、轮 3 与轮 4 为从动轮,输出功率分别为 $P_2 = 10$ kW,$P_3 = P_4 = 20$ kW。

(1)试画轴的扭矩图,并求轴的最大扭矩;

(2)若将轮 1 和轮 3 的位置对调,轴的最大扭矩变为何值,对轴的受力是否有利。

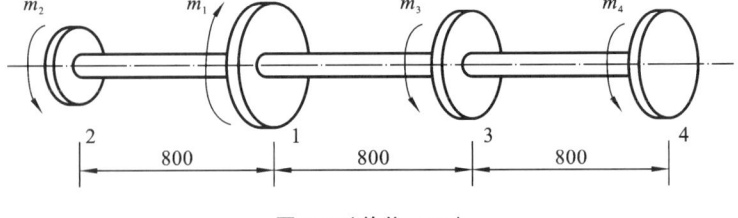

图 5-16(单位:mm)

第6章 梁弯曲时的内力和应力

当杆件受到垂直于杆轴线的外力(即横向力)作用,或受到位于杆轴平面内的外力偶作用时,杆的轴线将由直线弯成曲线。这种变形形式称为弯曲。以弯曲为主要变形的杆件,通常称为梁。

梁在工程实际和日常生活中有着广泛的应用。例如,桥式起重机的横梁(图 6-1(a)、(c)),运动员跳跃作用下的跳水板(图 6-1(b)、(d)),以及桥梁、房屋结构中的大梁、阳台梁和挑担用的扁担等,都是以弯曲为主要变形的杆件。

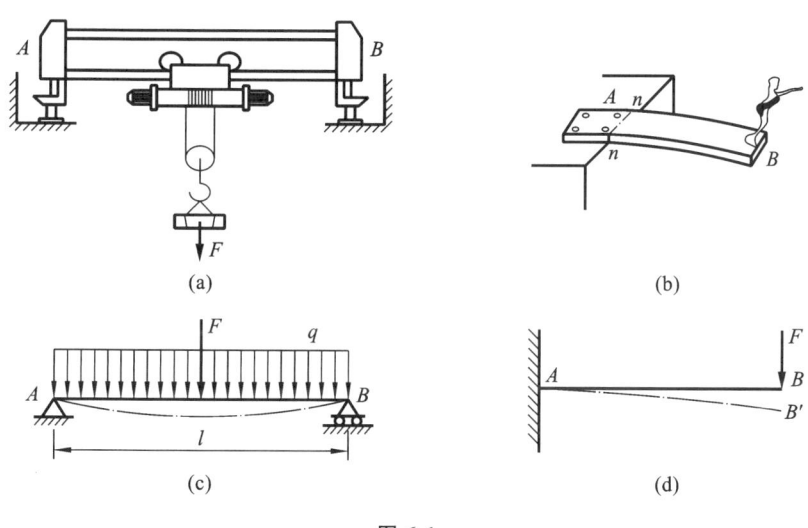

图 6-1

工程中常见的梁,其横截面往往具有对称轴(图 6-2),整个梁具有通过梁轴线和截面对称轴的纵向对称面,并且所有外力都作用在该对称面内(图 6-3)。这种情况下,梁的轴线将弯成位于同一纵向对称面内的一条平面曲线,这种弯曲称为平面弯曲。平面弯曲是最简单也是最常见的弯曲变形。

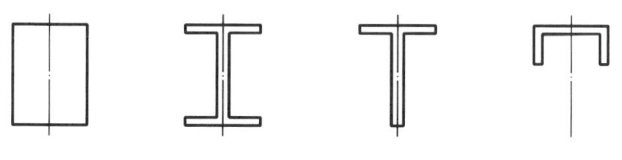

图 6-2

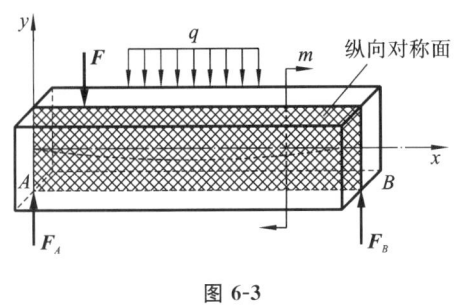

图 6-3

6.1 梁的计算简图

梁的几何形状、所承受载荷和支承情况是复杂多样的。为了便于分析,有必要进行合理的简化并作出梁的计算简图,以便进行力学计算。在计算简图中,通常以梁的轴线表示梁本身。例如,图 6-1(a)所示桥式起重机的横梁,在计算简图中即以轴线 AB 表示,如图 6-1(c)所示。下面讨论对梁的载荷和支座的简化。

1. 载荷的简化

作用在梁上的载荷多种多样,但可归纳、简化为三种。

(1) 集中载荷 F。当横向载荷在梁上的分布范围远小于梁的长度时,可简化为作用于一点的集中力,单位为牛顿(N)。例如,起重机的车轮对横梁的压力即可简化为集中力 F,见图 6-1(c);跳水运动员对跳板的压力可简化为集中力 F,见图 6-1(d)。

(2) 分布载荷 q。分布载荷是沿梁的全长或部分长度连续分布的横向载荷,单位为 N/m。按 q 在其分布长度内是否等于常量而分别称为均布载荷和非均布载荷。阳台梁可简化为一均布载荷 q(图 6-4)。

(3) 集中力偶 m。当力偶在梁上的作用长度远小于梁的长度时,可简化为作用在梁的某截面,称为集中力偶,其单位为牛顿·米(N·m)。例如,阳台栏杆上的水平推力 F 可以简化为作用于阳台梁自由端处的一个集中力偶 m 和一个水平集中力 F(图 6-4)。

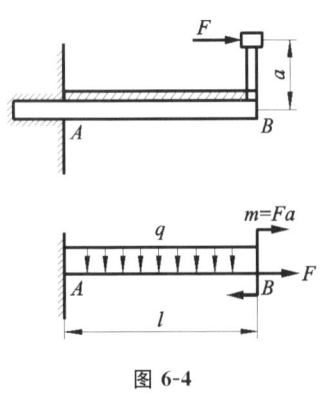

图 6-4

2. 梁的支座

梁的支座虽然构造各异,但根据对梁的位移的约束特点可以简化为三种基本形式。

(1) 活动铰支座。梁支承处受约束时,横截面有转动余地并稍有水平移动可能,这种情况可简化为活动铰支座,见图 6-5(a),只有垂直反力作用于梁。

(2) 固定铰支座。梁支承处受约束时,横截面只有转动余地而无移动可能,即可简化为固定铰支座,见图 6-5(b),对梁的支反力可分解为垂直反力和水平反力。

（3）固定端。梁端受约束时，既不能转动也不能移动，即为固定端，见图 6-5(c)，对梁的支反力除垂直反力和水平反力外，还有反力偶作用。

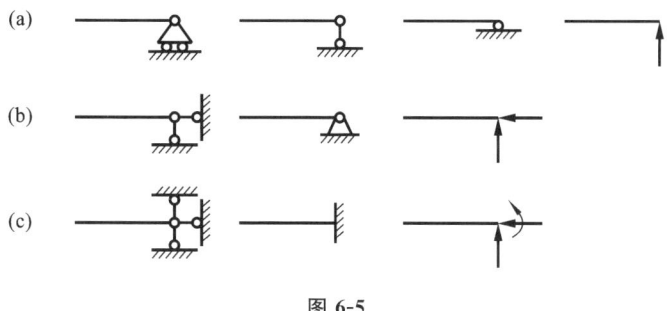

图 6-5

对实际工程中梁的支座简化时，通常是根据每个支座对于梁横截面的约束状况来判定其接近于上述三种支座中的哪一种。通常滑动轴承、径向滚动轴承和桥梁下的滚动支座等，均可简化为活动铰支座；止推轴承和桥梁下的不动铰支座等，均可简化为固定铰支座；长轴承、车床车刀的刀架等，都可简化为固定端。

3. 静定梁及其典型形式

在平面弯曲情况下，作用在梁上的外力（包括载荷和支反力）是一个平面力系。当梁上只有三个支反力时，可由平面力系的三个静力平衡方程将它们求出，这种梁称为静定梁。根据支承情况的不同，常见的静定梁有下述三种类型。

（1）悬臂梁。梁的一端为固定，另一端自由，见图 6-6(a)。

（2）简支梁。梁的一端为固定铰支座，另一端为活动铰支座，见图 6-6(b)。

（3）外伸梁。梁用一个活动铰支座和一个固定铰支座支承，梁的一端或两端伸出支座之外，见图 6-6(c)、(d)。

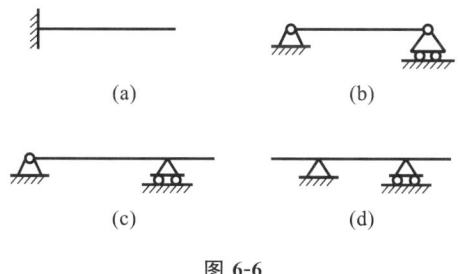

图 6-6

6.2　平面弯曲时的内力

作用在梁上的所有外力（载荷与支反力）确定后，为了进行梁的强度和刚度计算，首先要计算梁的各截面上所受的力（即梁的内力）。和前述各章一样，求梁的内力的基本方法仍然是截面法。

图 6-7(a)所示为一简支梁 AB，在通过梁轴线的纵向对称平面内作用有与轴线垂直的载荷 F。根据平衡方程 $\sum M_A(F) = 0$ 和 $\sum M_B(F) = 0$，求出梁的支反力 $F_A = \dfrac{F(l-a)}{l}$，$F_B = \dfrac{Fa}{l}$，现计算梁在横截面 $m\text{-}m$ 上的内力。

为了显示任一截面 $m\text{-}m$ 上的内力，应用截面法沿 $m\text{-}m$ 截面将梁假想切开，分成左右两段，任取其中一段（如取左侧梁段）为研究对象，如图 6-7(b)所示。右段梁对左段梁的作用可以用截面上的内力来代替。由于整梁 AB 处于平衡，所以左段梁也处于平衡。

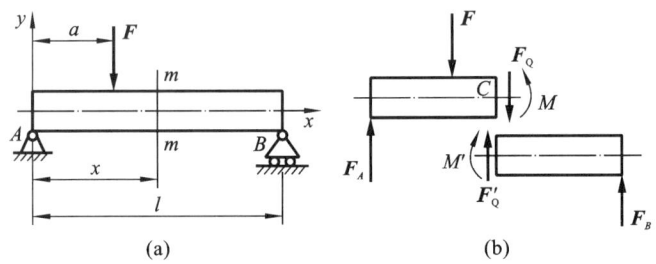

(a)　　　　　　　　(b)

图 6-7

由静力平衡方程 $\qquad \sum F_y = 0$，$\quad F_A - F - F_Q = 0$

得

$$F_Q = F_A - F$$

F_Q 的作用沿横截面 $m\text{-}m$ 的切线方向，称为横截面的剪力。

再由 $\sum M_C(F) = 0$，$-F_A x + F(x-a) + M = 0$

得

$$M = F_A x - F(x-a)$$

M 为一内力偶矩，称为横截面的弯矩。

为了使左、右两段梁求得同一横截面上的剪力和弯矩不仅数值相等，而且符号也相同，对剪力和弯矩符号作如下规定：用两个相邻横截面切出的一小段梁，对如图 6-8(a)所示剪切变形的剪力为正（左上右下为正）；反之，对如图 6-8(b)所示剪切变形的剪力为负（左下右上为负）。对如图 6-9(a)所示弯曲变形的弯矩为正（左顺右逆为正）；反之，如图 6-9(b)所示的弯矩为负。

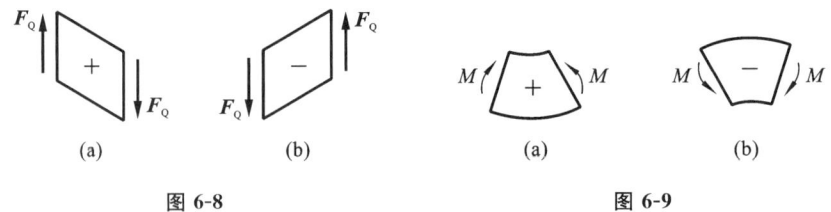

(a)　　　　(b)　　　　　　(a)　　　　(b)

图 6-8　　　　　　　　　　图 6-9

【例 6-1】　一简支梁受满跨均布载荷 q 和集中力偶 m_1 与 m_2 作用，如图 6-10(a)所示。试求 C 截面（跨中截面）上的剪力和弯矩。

解：(1) 求支反力。由于梁上没有水平载荷作用，故只有两个支反力 F_A 和 F_B。根据

梁的平衡条件,由

$$\sum M_A(F) = 0, \quad F_B \times 4a - (q \times 4a) \times 2a - m_1 - m_2 = 0$$

$$\sum M_B(F) = 0, \quad (q \times 4a) \times 2a - m_1 - m_2 - F_A \times 4a = 0$$

解得 $F_A = qa$,$F_B = 3qa$,用 $\sum F_y = 0$ 校核

$F_A + F_B - q \times 4a = qa + 3qa - q \times 4a = 0$,无误。

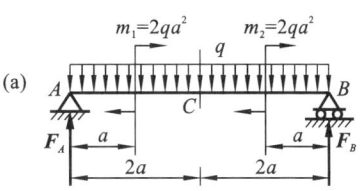

（2）求指定横截面上的剪力和弯矩。沿 C 处的
横截面假想地将梁切开,取左段梁为研究对象,并假
设截面上的剪力 F_{QC} 和弯矩 M_C 均为正号,如图 6-10
(b)所示。根据左段梁的平衡条件,由

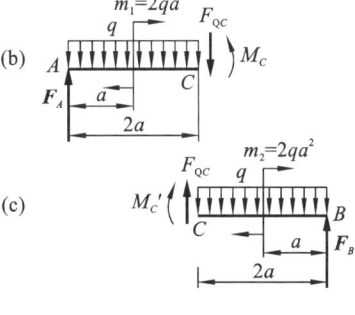

$$\sum F_y = 0, \quad F_A - q \times 2a - F_{QC} = 0$$

得　　　　　　　$F_{QC} = -qa$

由 $\sum M_C(F) = 0, \quad M_C - F_A \times 2a + 2qa \times a - m_1 = 0$

得　　　　　　$M_C = 2qa^2$

所得结果表明,剪力 F_{QC} 的方向与假设方向相

图 6-10

反,为负剪力;弯矩 M_C 的转向与假设的转向相同,为正弯矩。

可取右段梁为研究对象来计算 F'_{QC} 和 M'_C,受力如图 6-10(c)所示,借以验算上面的
结果。

上面所得结果表明,无论取左段梁或右段梁来计算,在同一截面上的内力是相同的。
为使计算方便,通常取外力比较简单的一段梁作为研究对象。

【例 6-2】　图 6-11 所示外伸梁的载荷为已知,试求图示各指定截面的剪力和弯矩。

解:（1）求梁的支反力。由静力平衡条件 $\sum M_A(F) = 0$ 和 $\sum M_B(F) = 0$,得

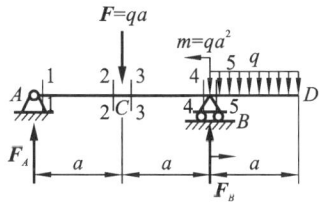

$$F_A = \frac{3}{4}qa, \quad F_B = \frac{5}{4}qa$$

（2）计算各指定截面的内力。对于截面 5-5,取
该截面以右为研究对象,其余各截面均取相应截面以
左为研究对象。

图 6-11

1-1 截面: $F_{Q1} = F_A = \frac{3}{4}qa$,$M_1 = F_A \Delta = 0$。（因

1-1 截面为从右侧无限接近支座 A 的截面,即 $\Delta \to 0$,以下同样理解）

2-2 截面: $F_{Q2} = F_A = \frac{3}{4}qa$,$M_2 = F_A a = \frac{3}{4}qa^2$

3-3 截面: $F_{Q3} = F_A - F = \frac{3}{4}qa - qa = -\frac{1}{4}qa$

$$M_3 = F_A a - F\Delta = \frac{3}{4}qa^2$$

4-4 截面：$F_{Q4} = F_A - F = \frac{3}{4}qa - qa = -\frac{1}{4}qa$

$$M_4 = F_A \times 2a - Fa = \frac{3}{4}qa \times 2a - qa \times a = \frac{1}{2}qa^2$$

5-5 截面：$F_{Q5} = qa$，$M_5 = -qa \times \frac{a}{2} = -\frac{1}{2}qa^2$

6.3　剪力图和弯矩图

1. 剪力、弯矩方程与剪力、弯矩图

由以上分析可知，一般剪力和弯矩随着截面的位置不同而变化。如取梁的轴线为 x 轴，以坐标 x 表示横截面的位置，则剪力和弯矩可表示为 x 的函数，即

$$F_Q = F_Q(x), \quad M = M(x)$$

上述关系式表达了剪力和弯矩沿轴线变化的规律，分别称为梁的剪力方程和弯矩方程。

为了清楚地表明剪力和弯矩沿梁轴线变化的大小和正负，把剪力方程或弯矩方程用图线表示，称为剪力图或弯矩图。作图时按选定的比例，以横截面沿轴线的位置为横坐标，以表示各截面的剪力或弯矩为纵坐标，按方程作图。绘图时将正值的剪力画在 x 轴的上侧，正值弯矩则画在梁的受拉侧，也就是画在 x 轴的下侧。

【例 6-3】　图 6-12(a)所示的简支梁受集中力作用，试列出它的剪力方程和弯矩方程，并作剪力图和弯矩图。

解：(1) 计算梁的支反力。取整个梁 AB 为研究对象。由平衡条件：$\sum M_A(F) = 0$ 和 $\sum M_B(F) = 0$，得

$$F_A = \frac{Fb}{l}, \quad F_B = \frac{Fa}{l}$$

（2）列出剪力方程和弯矩方程。以梁的左端 A 为坐标原点，选取坐标系如图 6-12(a)所示。集中力 F 作用于 C 点，梁在 AC 和 CB 两段内的剪力和弯矩不能用同一方程来表示，应分段考虑。设各段任意截面的剪力和弯矩均以截面之左的外力表示，则得

AC 段：$F_Q(x) = F_A = \dfrac{Fb}{l}, 0 < x < a$　　　　　　　　　　　　　　　　　　　　　(a)

$M(x) = F_A x = \dfrac{Fb}{l}x, 0 \leqslant x \leqslant a$　　　　　　　　　　　　　　　　　　　(b)

BC 段：$F_Q(x) = F_A - F = -\dfrac{Fa}{l}, a < x < l$　　　　　　　　　　　　　　　　　(c)

$M(x) = F_A x - F(x - a) = \left(\dfrac{Fb}{l} - F\right)x + Fa = \dfrac{Fa}{l}(l - x), a < x \leqslant l$　　　　(d)

（3）按方程分段作图。由式（a）与式（c）可知，AC 段和 BC 段的剪力均为常数，所以剪力图是平行于 x 轴的直线。AC 段的剪力为正，故剪力图在 x 轴上方；BC 段剪力为负，故剪力图在 x 轴之下，如图 6-12（b）所示。

由式（b）与式（d）可知，弯矩都是 x 的一次方程，所以弯矩图是两段斜直线。根据式（b）、（d）确定三点

$$x=0，\quad M(x)=0$$

$$x=a，\quad M(x)=\frac{Fab}{l}$$

$$x=l，\quad M(x)=0$$

由这三点分别作出 AC 段与 BC 段的弯矩图，如图 6-12（c）所示。

【例 6-4】 简支梁 AB 受集度为 q 的均布载荷作用，如图 6-13（a）所示，作此梁的剪力图和弯矩图。

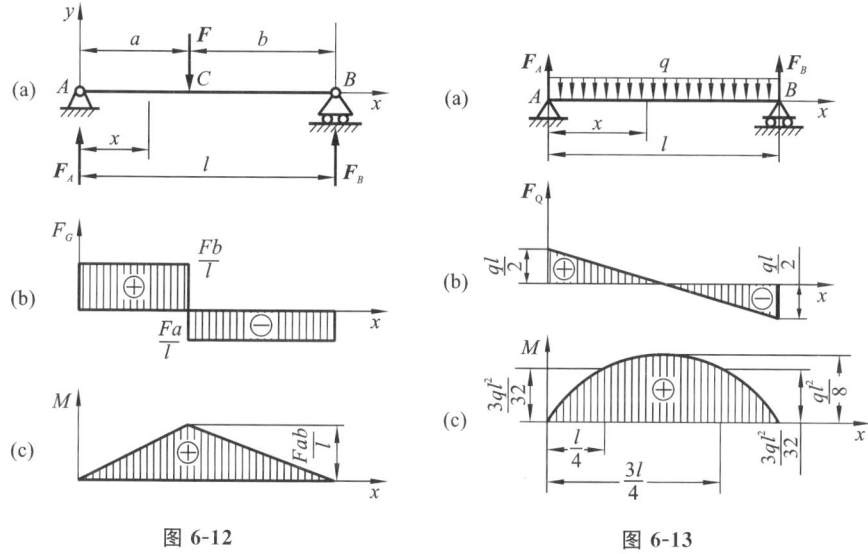

图 6-12　　　　　图 6-13

解：（1）求支反力。由载荷及支反力的对称性可知两个支反力相等，即

$$F_A=F_B=\frac{ql}{2}$$

（2）列出剪力方程和弯矩方程。以梁左端 A 为坐标原点，选取坐标系如图所示。距原点为 x 的任意横截面上的剪力和弯矩分别为

$$F_Q(x)=F_A-qx=\frac{ql}{2}-qx，\quad 0<x<l \qquad (a)$$

$$M(x)=F_Ax-qx\frac{x}{2}=\frac{ql}{2}x-\frac{1}{2}qx^2，\quad 0\leqslant x\leqslant l \qquad (b)$$

（3）作剪力图和弯矩图。由式（a）可知，剪力图是一条斜直线，确定其上两点后即可绘出此梁的剪力图（图 6-13（b））。由式（b）可知，弯矩图为二次抛物线，要多确定曲线上的几点（表 6-1），才能画出这条曲线。

表 6-1 抛物线上的若干点坐标值

x	0	$l/4$	$l/2$	$3l/4$	l
$M(x)$	0	$\dfrac{3ql^2}{32}$	$\dfrac{ql^2}{8}$	$\dfrac{3ql^2}{32}$	0

通过这几点作梁的弯矩图,如图 6-13(c)所示。

由剪力图和弯矩图可以看出,在两个支座内侧的横截面上剪力为最大值:$|F_Q|_{\max}=\dfrac{ql}{2}$。在梁跨度中点横截面上弯矩最大 $M_{\max}=\dfrac{1}{8}ql^2$,而在此截面上剪力 $F_Q=0$。

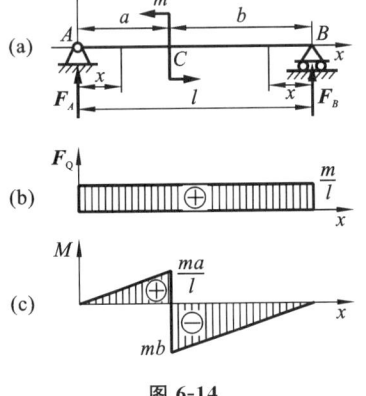

图 6-14

【例 6-5】 如图 6-14 所示简支梁,跨度为 l,在 C 截面受一集中力偶 m 作用。试列出梁的剪力方程 $F_Q(x)$ 和弯矩方程 $M(x)$,并绘出梁 AB 的剪力图和弯矩图。

解:(1)求支反力。由静力平衡方程 $\sum M_A(x)=0$,$\sum M_B(x)=0$ 得

$$F_A=F_B=\frac{m}{l}$$

(2)列剪力方程和弯矩方程。由于集中力 m 作用在 C 处,全梁内力不能用一个方程来表示,故以 C 为界,分两段列出内力方程

$$AC\ 段:F_Q(x)=F_A=\frac{m}{l},0<x\leqslant a \tag{a}$$

$$M(x)=F_A x=\frac{m}{l}x,0\leqslant x<a \tag{b}$$

$$BC\ 段:F_Q(x)=F_A=\frac{m}{l},a<x<l \tag{c}$$

$$M(x)=F_A x-m=\frac{m}{l}x-m,a\leqslant x\leqslant l \tag{d}$$

(3)画剪力图和弯矩图。由式(a)、(c)画出剪力图,见图 6-14(b);由式(b)、(d)画出弯矩图,见图 6-14(c)。

2. 弯矩、剪力与分布载荷集度之间的微分关系

在【例 6-4】中,若将 $M(x)$ 的表达式对 x 取导数,就得到剪力 $F_Q(x)$。若再将 $F_Q(x)$ 的表达式对 x 取导数,则得到载荷集度 q。这里所得到的结果,并不是偶然的。实际上,在载荷集度、剪力和弯矩之间存在着普遍的微分关系。现从一般情况出发加以论证。

设图 6-15(a)所示简支梁,受载荷作用,其中有载荷集度为 $q(x)$ 的分布载荷。$q(x)$ 是 x 的连续函数,规定向上为正,选取坐标系如图所示。若用坐标为 x 和 $x+dx$ 的两个相邻横截面,从梁中取出长为 dx 的一段来研究,由于 dx 是微量,微段上的载荷集度 $q(x)$ 可视为均布载荷,见图 6-15(b)。

设坐标为 x 的横截面上的内力为 $F_Q(x)$ 和 $M(x)$,在坐标为 $x+dx$ 的横截面上的内

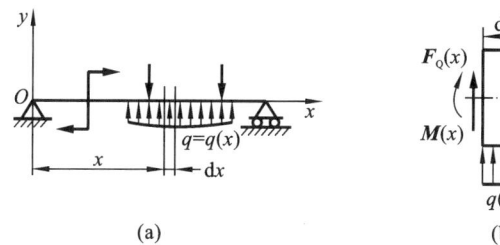

图 6-15

力为 $F_Q(x) + dF_Q(x)$ 和 $M(x) + dM(x)$。假设这些内力均为正值,且在 dx 微段内没有集中力和集中力偶。微段梁在上述各力作用下处于平衡。根据平衡条件 $\sum F_y = 0$,得

$$F_Q(x) - [F_Q(x) + dF_Q(x)] + q(x)dx = 0$$

由此导出

$$\frac{dF_Q(x)}{dx} = q(x) \tag{6-1}$$

设坐标为 $x + dx$ 截面与梁轴线交点为 C,由 $\sum M_C = 0$,得

$$M(x) + dM(x) - M(x) - F_Q(x)dx - q(x)dx\frac{dx}{2} = 0$$

略去二阶微量 $q(x)dx\dfrac{dx}{2}$,可得

$$\frac{dM(x)}{dx} = F_Q(x) \tag{6-2}$$

将式(6-2)对 x 求一阶导数,并利用式(6-1),得

$$\frac{d^2 M(x)}{dx^2} = q(x) \tag{6-3}$$

公式(6-1)~公式(6-3)就是载荷集度 $q(x)$、剪力 $F_Q(x)$ 和弯矩 $M(x)$ 之间的微分关系。它表示:

(1) 横截面的剪力对 x 的一阶导数,等于梁在该截面的载荷集度,即剪力图上某点切线的斜率等于该点相应横截面上的载荷集度;

(2) 横截面的弯矩对 x 的一阶导数,等于该截面上的剪力,即弯矩图上某点切线的斜率等于该点相应横截面上的剪力;

(3) 横截面的弯矩对 x 的二阶导数,等于梁在该截面的载荷集度 $q(x)$。

由此表明弯矩图的变化形式与载荷集度 $q(x)$ 的正负值有关。若 $q(x)$ 方向向下(负值),即 $\dfrac{d^2 M(x)}{dx^2} = q(x) < 0$,弯矩图为向上凸曲线;反之,$q(x)$ 方向向上(正值),则弯矩图为向下凸曲线。

根据微分关系,还可以看出剪力和弯矩有以下规律。

(1) 梁的某一段内无载荷作用,即 $q(x) = 0$,由 $\dfrac{dF_Q(x)}{dx} = q(x) = 0$ 可知,$F_Q(x)$ 为常量。

若 $F_Q(x) = 0$,剪力图为沿 x 轴的直线,并由 $\dfrac{dM(x)}{dx} = F_Q(x) = 0$ 可知,$M(x)$ 为常量,弯矩图为平行于 x 轴的直线。

若 $F_Q(x)$ 为常数,剪力图为平行于 x 轴的直线,弯矩图为向上或向下倾斜的直线。

（2）梁的某一段内有均布载荷作用,即 $q(x)$ 为常数,则剪力 $F_Q(x)$ 是 x 的一次函数,弯矩 $M(x)$ 是 x 的二次函数。剪力图为斜直线:若 $q(x)$ 为正值,斜线向上倾斜;若 $q(x)$ 为负值,斜线向下倾斜。弯矩图为二次抛物线:当 $q(x)$ 为正值,即 $\dfrac{\mathrm{d}^2 M(x)}{\mathrm{d}x^2}=q(x)>0$ 时,弯矩图为下凸曲线;当 $q(x)$ 为负值,即 $\dfrac{\mathrm{d}^2 M(x)}{\mathrm{d}x^2}=q(x)<0$ 时,弯矩图为上凸曲线。

（3）在集中力作用处,剪力图发生突变,突变的绝对值等于该集中力的数值。此处弯矩图由于切线斜率突变而发生转折。

（4）在集中力偶作用处,剪力图不受影响,而弯矩图发生突变,突变的绝对值等于该集中力偶的数值。

上述结论可用表 6-2 表示。

表 6-2　各种形式载荷作用下的剪力图和弯矩图

载荷情况	剪力图	弯矩图

利用剪力图和弯矩图的特点,可以定性地描绘剪力图和弯矩图,或校验剪力图和弯矩图。

【例 6-6】　图 6-16(a)所示简支梁,受均布载荷和集中力共同作用,试绘梁的内力图。

解:(1) 计算支反力。由 $\sum M_A(F) = 0$,得

$$-(q \times AB) \times \frac{AB}{2} + 6 \text{ kN} \times AC - F_D \times AD = 0$$

所以 $F_D = \dfrac{-\dfrac{1}{2}q \cdot AB^2 + 6 \text{ kN} \times AC}{AD} = 3 \text{ kN}$

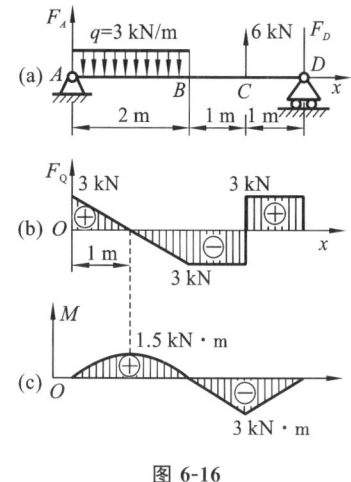

由 $\sum F_y = 0$,得

$$F_A - q \times AB + 6 \text{ kN} - F_D = 0$$

得　　　　　$F_A = 3 \text{ kN}$

(2) 根据载荷作用位置把梁分成三段,并对各段的内力图形状作出分析判断,求出各段内力图的起点、终点和极值点的内力值,如表 6-3 所示。

图 6-16

表 6-3　梁的分段内力分析图

梁段	$A_+ B_-$			$B_+ C_-$		$C_+ D_-$	
$q/(\text{kN/m})$	-3			0		0	
剪力图形状	左高右低斜直线			水平线		水平线	
弯矩图形状	开口向下抛物线			斜直线		斜直线	
横截面 x 值/m	$0+\Delta$	1	$2-\Delta$	$2+\Delta$	$3-\Delta$	$3+\Delta$	$4-\Delta$
F_Q 值/kN	3	0	-3	-3	-3	3	3
M 值/$(\text{kN}\cdot\text{m})$	0	1.5	0	0	-3	-3	0

注:表中 $\Delta \rightarrow 0$。

(3) 根据上表,由左至右逐段画出剪力图,如图 6-16(b)所示;画出弯矩图,如图 6-16(c)所示,可见 $|F_Q|_{\max} = 3 \text{ kN}$,$|M|_{\max} = 3 \text{ kN} \cdot \text{m}$。

【例 6-7】　外伸梁及其所受载荷如图 6-17(a)所示,试作梁的剪力图和弯矩图。

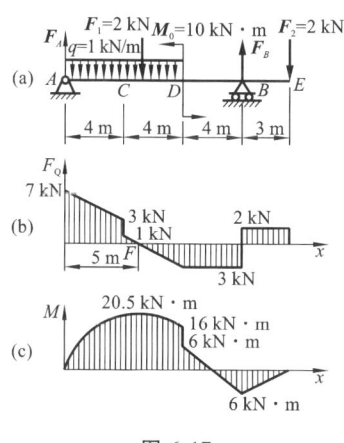

图 6-17

解:按照前述使用的方法作剪力图和弯矩图时,应分段列出剪力方程及弯矩方程,然后按方程作图。现利用本节所得结论,可以不列方程而直接作图。

(1) 求支反力。由 $\sum M_A(F) = 0$ 和 $\sum M_B(F) = 0$ 可求得

$$F_A = 7 \text{ kN}, \quad F_B = 5 \text{ kN}$$

(2) 分段。沿集中力作用线、均布载荷的始末端以及集中力偶所在位置进行分段。现将 AE 梁分为 AC、CD、DB、BE 四段。

(3) 作剪力图。

AC 段:在支反力 F_A 的右侧梁截面上,剪力为 7 kN。截面 A 到截面 C 之间的载荷为

均布载荷,即 q_{AC} 为常数。剪力图为斜直线。

算出集中力 F_1 左侧梁截面上剪力 $F_{QC左} = F_A - q \times AC = (7 - 4 \times 1)\ \text{kN} = 3\ \text{kN}$ 即可确定这条斜直线,见图 6-17(b)。

CD 段:截面 C 处有一集中力 F_1,剪力图发生突变,变化的数值等于 F_1。故

$$F_{QC右} = F_{QC左} - F_1 = (3 - 2)\ \text{kN} = 1\ \text{kN}$$

从 C 到 D 剪力图又为斜直线,知

$$F_{QD左} = F_{QD右} = F_{QC右} - q \times CD = (1 - 4 \times 1)\ \text{kN} = -3\ \text{kN}$$

DB 段:截面 D 与截面 B 之间梁上无载荷,剪力图为水平线。

BE 段:截面 B 与截面 E 之间剪力图也为水平线,算出截面 B 右侧截面上的 $F_{QB右} = 2\ \text{kN}$,即可画出这一水平线。

(4) 作弯矩图。

AC 段:截面 A 上弯矩为零。从 A 到 C 梁上为均布载荷,且均布载荷向下,则弯矩图为上凸的抛物线。算出截面 C 的弯矩为

$$M_C = F_A \times AC - \frac{1}{2}q \times AC \times AC = (7 \times 4 - \frac{1}{2} \times 1 \times 4 \times 4)\ \text{kN} \cdot \text{m} = 20\ \text{kN} \cdot \text{m}$$

已知 A 点、C 点弯矩以及抛物线为上凸,即可大致画出 AC 段的弯矩图。

CD 段:由受力特性可知,从 C 到 D 弯矩图为上凸的另一抛物线。截面 C 的剪力突变,故弯矩图在 C 点斜率也突变。在截面 F 上的剪力等于零,故 F 点为弯矩的极值点。由 CD 段的剪力方程可计算出 F 至梁左端距离为 5 m,故可求出截面 F 上弯矩的极值为

$$M_F = F_A \times AF - F_1 \times CF - \frac{1}{2}q \times AF \times AF$$

$$= (7 \times 5 - 2 \times 1 - \frac{1}{2} \times 1 \times 5 \times 5)\ \text{kN} \cdot \text{m}$$

$$= 20.5\ \text{kN} \cdot \text{m}$$

在集中力偶 M_0 左侧截面上弯矩 $M_{D左}$ 为

$$M_{D左} = F_A \times AD - F_1 \times CD - \frac{1}{2}q \times AD \times AD$$

$$= (7 \times 8 - 2 \times 4 - \frac{1}{2} \times 1 \times 8 \times 8)\ \text{kN} \cdot \text{m}$$

$$= 16\ \text{kN} \cdot \text{m}$$

已知 C、F 及 $D_左$ 等三个截面上的弯矩,即可连成 C 到 D 之间的抛物线。

DB 段和 BE 段:截面 D 上有一集中力偶,弯矩图突变,而且变化的数值等于 $M_0 = 10\ \text{kN} \cdot \text{m}$。所以在 D 右侧截面上 $M_{D右}$ 为

$$M_{D右} = M_{D左} - M_0 = (16 - 10)\ \text{kN} \cdot \text{m} = 6\ \text{kN} \cdot \text{m}$$

B 截面上的弯矩 M_B 为

$$M_B = -F_2 \times BE = -2 \times 3\ \text{kN} \cdot \text{m} = -6\ \text{kN} \cdot \text{m}$$

由于 DB 段的剪力图为水平直线,于是由 $M_{D右}$ 和 M_B 就确定了这条直线。B 到 E 之间弯矩图也是斜直线,由于 $M_E = 0$,故可画出图示斜直线。

从所得的剪力图(图 6-17(b))和弯矩图(图 6-17(c))上,不难确定最大剪力

$|F_Q|_{max}=7$ kN,最大弯矩 $|M|_{max}=20.5$ kN·m。

要注意的是: $|M|_{max}$ 不但可能发生在 $F_Q=0$ 的截面上,也有可能发生在集中力或集中力偶作用处。所以求弯矩的最大值 $|M|_{max}$ 时,应综合考虑上述几种可能性。

6.4　纯弯曲时的正应力

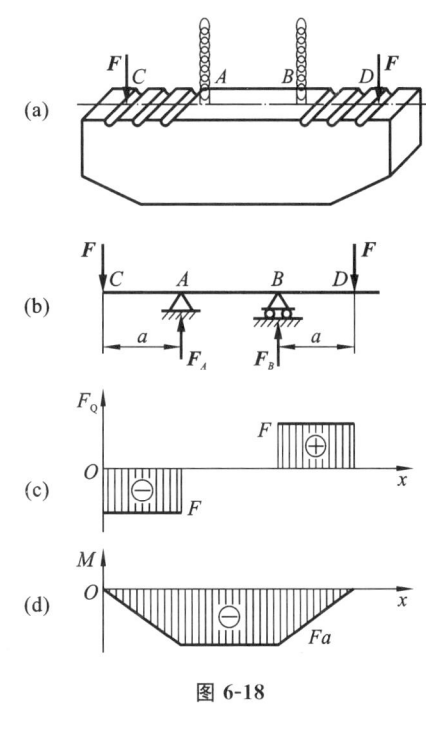

图 6-18

在一般情况下,梁的横截面上既有剪力,又有弯矩。剪力的存在,说明梁不仅有弯曲变形,而且有剪切变形。这种平面弯曲称为剪切弯曲。如果各横截面上只有弯矩而无剪力,则称为纯弯曲。如起重机横梁的 AB 段(图 6-18),各横截面的弯矩 $M=-Fa$,为常量,而剪力 $F_Q=0$,所以梁的 AB 段产生纯弯曲变形,而 CA、BD 段则产生剪切弯曲。

由以上所述可知,在 AB 段内,梁的各个横截面上剪力等于零,而弯矩为常量,因而横截面上就只有正应力而无切应力。研究纯弯曲时的正应力和研究圆轴扭转时的切应力的方法相似,也是从观察分析实验现象着手,综合考虑几何学、物理学和静力学三方面进行推证。

1. 实验现象及假设

取一根梁(如矩形截面梁),在表面上画上纵向和横向直线,如图 6-19(a)所示。在梁的两端施加一对大小相等、方向相反的力偶矩 M,使梁处于纯弯曲受力状态,如图 6-19(b)所示。从实验中观察到梁的变形现象如下。

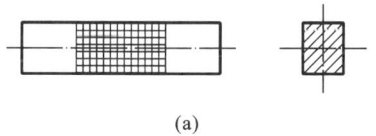

(a)

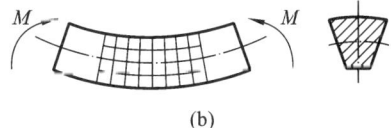

(b)

图 6-19

(1)横向直线变形后仍为直线,仍然与已变成弧线的纵向线正交,只是相对地转了一个角度。

(2)纵向直线变成圆弧线,位于中间位置的纵向线长度不变,上部的纵向线缩短,下部的纵向线伸长。

(3)变形后横截面的高度不变,而宽度在纵向线伸长区减小,在纵向线缩短区增大。

从上述观察到的现象,并将绘于梁表面的横向直线看作梁的横截面,运用推理的方法,可作如下假设。

(1) 平面假设。当梁的变形不大时,梁在变形前的横截面,变形后仍保持为平面,并仍然垂直于变形后梁的轴线,只是绕横截面内的某一轴线旋转了一个角度。

(2) 单向受力假设。纵向纤维的变形只是简单的拉伸和压缩,各纤维之间无挤压作用。

根据平面假设,纯弯曲梁变形后各横截面仍然与各纵向线正交,即梁的纵、横截面上无切应变,所以也无切应力。又根据单向受力假设,梁弯曲后,存在纵向纤维的伸长区和缩短区,中间必有一纤维层既不伸长也不缩短,这一长度不变的过渡层称为中性层,如图6-20所示。中性层与横截面的交线称为中性轴。弯曲变形中,梁的横截面绕中性轴旋转。显然在平面弯曲的情况下,中性轴垂直于截面的对称轴。

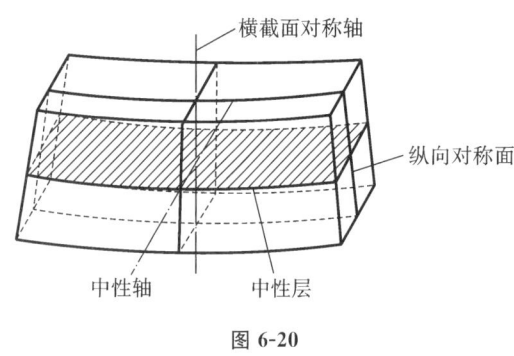

图 6-20

2. 变形几何关系

从平面假设出发,相距为 $\mathrm{d}x$ 的两横截面间的一段梁,变形后如图6-21(a)所示。取坐标系的 y 轴为截面的对称轴,z 轴为中性轴(图6-21(b))。距中性层为 y 处的纵向纤维变形后的长度 $b'b'$ 应为

$$bb' = (\rho + y)\mathrm{d}\theta$$

这里 ρ 为变形后中性层的曲率

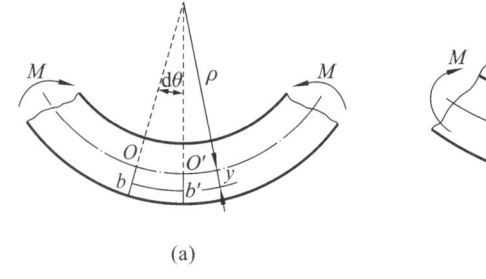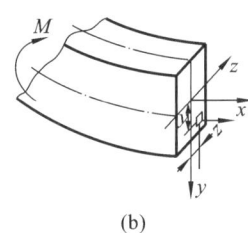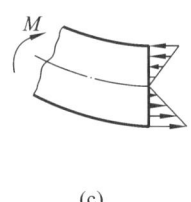

(a)　　　　　　(b)　　　　(c)

图 6-21

半径,$\mathrm{d}\theta$ 是相距为 $\mathrm{d}x$ 的两横截面的相对转角,至于这些纤维的原长度 $\mathrm{d}x$,应与长度不变的中性层内的纤维 $\overline{OO'}$ 相等,即 $\mathrm{d}x = \overline{OO'} = \rho\mathrm{d}\theta$。其线应变为

$$\varepsilon = \frac{bb' - \overline{OO'}}{\overline{OO'}} = \frac{(\rho + y)\mathrm{d}\theta - \rho\mathrm{d}\theta}{\rho\mathrm{d}\theta} = \frac{y}{\rho} \tag{a}$$

式(a)表明,同一横截面上各点的线应变 ε 与该点到中性轴的距离成正比。

3. 物理关系

根据单向受力状态的假设,当应力不超过材料的比例极限时,应用单向拉伸或压缩的胡克定律可得横截面上距中性轴为 y 处的正应力

$$\sigma = E\varepsilon = E\,\frac{y}{\rho} \tag{b}$$

式(b)表明,横截面上任一点的正应力与该点到中性轴的距离成正比。即横截面上的正应力沿截面高度按直线规律变化,如图 6-21(c)所示。在中性轴上的正应力为零。

4. 静力关系

式(b)虽然找到了正应力在横截面上的分布规律,但中性轴的位置和曲率半径 ρ 却未知,所以仍然不能用式(b)求出正应力的大小,而需用静力学关系来解决。

从图 6-21(b)上看,横截面上的微内力 $\sigma\mathrm{d}A$ 组成一个与横截面垂直的空间平行力系,这样的平行力系只可能简化成三个内力分量:平行于 x 轴的轴力 F_N,对 y 轴的力偶矩 M_y 和对 z 轴的力偶矩 M_z。它们分别为

$$F_\mathrm{N} = \int_A \sigma\mathrm{d}A, \quad M_y = \int_A z\sigma\mathrm{d}A, \quad M_z = \int_A y\sigma\mathrm{d}A$$

由于讨论的是纯弯曲状态,根据图 6-21(b)所示的平衡关系,在横截面上只有弯矩 M_z 存在,轴力 F_N 和弯矩 M_y 均为零。于是得

$$F_\mathrm{N} = \int_A \sigma\mathrm{d}A = 0 \tag{c}$$

$$M_y = \int_A z\sigma\mathrm{d}A = 0 \tag{d}$$

$$M_z = \int_A y\sigma\mathrm{d}A = M \tag{e}$$

将式(b)代入式(c),得

$$\int_A \sigma\mathrm{d}A = \frac{E}{\rho}\int_A y\mathrm{d}A = 0 \tag{f}$$

式(f)中的积分 $\int_A y\mathrm{d}A = Ay_C$,是横截面对 z 轴的静矩 S_z,y_C 为截面形心在 y 轴上的坐标。由于 $E/\rho \neq 0$,故为了满足式(f)必须要求 $S_z = 0$;又知面积 $A \neq 0$,故必有 $y_C = 0$,即形心在中性轴 z 上。也就是说,中性轴 z 必通过截面的形心。

将式(b)代入式(d),得

$$\int_A z\sigma\mathrm{d}A = \frac{E}{\rho}\int_A yz\mathrm{d}A = 0 \tag{g}$$

式(g)中的积分 $\int_A yz\mathrm{d}A = I_{yz}$,是横截面对 y 轴和 z 轴的惯性积。由于 y 轴是横截面的对称轴,必然有 $I_{yz} = 0$,故式(g)自然满足。

将式(b)代入式(e),并用 M 代替 M_z 得到

$$M = \int_A y\sigma\mathrm{d}A = \frac{E}{\rho}\int_A y^2\mathrm{d}A \tag{h}$$

式(h)中的积分 $\int_A y^2\mathrm{d}A = I_z$,$I_z$ 称为横截面对中性轴的惯性矩。于是式(h)可写成

$$\frac{1}{\rho} = \frac{M}{EI_z} \tag{6-4}$$

上式为梁弯曲变形的基本公式。该式说明,中性层的曲率 $1/\rho$ 与弯矩 M 成正比,与

EI_z 成反比,比例常数 E 即为梁材料的弹性模量。由该式还可看出,在弯矩 M 一定时,EI_z 越大,曲率越小,梁不易变形。因此,EI_z 是梁抵抗弯曲变形能力的度量,故称为梁的抗弯刚度。

将式(6-4)代入式(2),简化后得到梁纯弯曲时横截面上任一点的正应力计算公式:

$$\sigma = \frac{My}{I_z} \tag{6-5}$$

由式(6-5)可知,梁横截面上任一点的正应力 σ,与截面上弯矩 M 和该点到中性轴的距离 y 成正比,与截面对中性轴的惯性矩 I_z 成反比。

应用式(6-5)时,M 及 y 均可用绝对值代入。至于所求点的正应力是拉应力还是压应力,可根据梁的变形情况而定。

当 $y = y_{\max}$ 时,梁的截面最外边缘上各点处正应力达到最大值,即

$$\sigma_{\max} = \frac{M}{I_z} y_{\max} = \frac{M}{W_z} \tag{6-6}$$

式中,$W_z = I_z / y_{\max}$,称为梁的抗弯截面系数。它只与截面的几何形状有关,单位为 mm^3 或 m^3。

当梁横截面形状对称于中性轴时,最大拉应力与最大压应力相等。但当梁的横截面对中性轴不对称时,如图 6-22 中的 T 形截面,其最大拉应力和最大压应力并不相等,这时应分别把 y_1 和 y_2 代入式(6-6),计算最大拉应力和最大压应力。

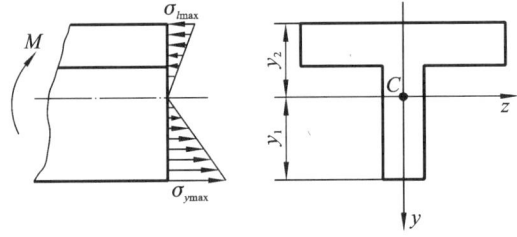

图 6-22

应该指出,式(6-5)及式(6-6)的正确性,已为更严格的弹性力学理论所证实。这说明本节依据的假设是正确的。在上述公式导出时,应用了胡克定律,故在使用时其应力值不能超过材料的比例极限。

6.5　弯曲时的正应力强度计算

工程中常见的梁,大多处于剪切弯曲变形,而公式(6-4)~公式(6-6)是在纯弯曲时导出的,但理论分析证明,对于一般细长梁($l/h > 5$),剪力对正应力分布规律的影响很小,上述公式仍可用于平面剪切弯曲。在剪切弯曲时,梁横截面上的弯矩沿梁轴线是变化的。

因此,梁的最大正应力公式可以改写为

$$\sigma_{max} = \frac{|M|_{max}}{W_z} \tag{6-7}$$

式(6-7)用来计算等直梁在剪切弯曲时横截面上的最大正应力。此时,梁横截面上的最大正应力,发生在等直梁全梁最大弯矩$|M|_{max}$所在截面上最外缘的各点处。

由于在横截面上最外边缘的各点处切应力等于零,因而最大弯曲正应力所作用的各点可看作为简单拉压受力状态。因此,建立梁的弯曲正应力强度条件为

$$\sigma \leqslant [\sigma] \tag{6-8}$$

即梁的最大工作正应力不得超过材料的许用应力$[\sigma]$。

对于低碳钢等塑性材料,其抗拉和抗压的许用应力相等。为了使横截面上最大拉应力和最大压应力同时达到其许用应力,通常将梁的截面做成与中性轴对称的形状,如工字形、矩形和圆形等。其强度条件为

$$\sigma_{max} = \frac{|M|_{max}}{W_z} \leqslant [\sigma] \tag{6-9}$$

由于脆性材料抗拉与抗压的许用应力不同,为了充分利用材料,工程上常把梁的横截面做成与中性轴不对称的形状,例如 T 形截面等。图 6-23 所示便是 T 形截面的铸铁托架,其最大拉应力值和最大压应力值可由式(6-6)求得。故强度条件为

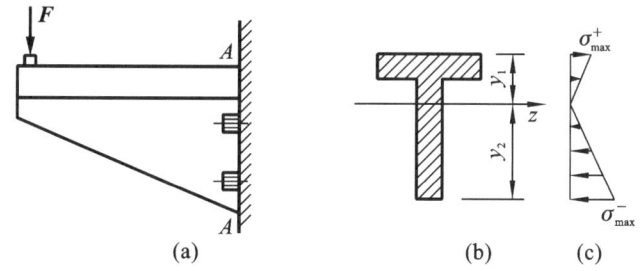

图 6-23

$$\sigma_{max}^{+} = \frac{M_{max} y_1}{I_z} \leqslant [\sigma^{+}] \tag{6-10a}$$

$$\sigma_{max}^{-} = \frac{M_{max} y_2}{I_z} \leqslant [\sigma^{-}] \tag{6-10b}$$

式中,$[\sigma^{+}]$表示抗拉许用应力,$[\sigma^{-}]$表示抗压许用应力。

对于阶梯形梁,因抗弯截面系数 W_z 不再是常量,对整个梁而言,σ_{max}不一定发生在$|M|_{max}$所在截面上。所以,应综合考虑弯矩及抗弯截面系数两个因素来确定全梁工作时的最大正应力。

式(6-9)和式(6-10a、6-10b)的强度条件,可以解决工程中梁弯曲强度校核、选择梁的截面和确定许可载荷三方面的问题。

【例 6-8】　一简易起重设备如图 6-24(a)所示。起重量(包括电葫芦自重)$F = 40$ kN,吊车大梁由 22a 号工字钢制成,跨度 $l = 5$ m,材料许用应力$[\sigma] = 170$ MPa。试校核此梁的弯曲强度。

解:此起重机梁可简化为受集中载荷作用的简支梁(图 6-24(b))。要进行梁的正应力

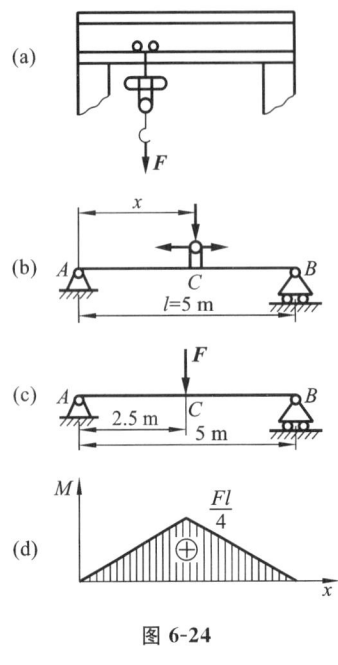

图 6-24

强度校核,须首先确定载荷沿梁行走过程中使梁产生最大弯矩时的载荷作用位置,即工作最不利情况。当 F 作用在距支座 A 为 x 的截面时,该截面的弯矩 $M(x) = \dfrac{F(l-x)}{l}x$。令此弯矩对 x 的一阶导数为零,则可确定弯矩为极大值时的截面位置,即

$$\frac{\mathrm{d}M(x)}{\mathrm{d}x} = \frac{F}{l}(l-2x) = 0$$

得

$$x = \frac{1}{2}$$

这说明移动载荷 F 作用在简支梁的跨中点时,使梁受力最不利,产生的最大弯矩为

$$M_{\max} = \frac{Fl}{4}$$

查表得 22a 号工字钢的抗弯截面系数 W_z 为

$$W_z = 309 \text{ cm}^3 = 3.09 \times 10^{-4} \text{ m}^3$$

根据正应力强度条件

$$\sigma_{\max} = \frac{|M|_{\max}}{W_z} = \frac{Fl/4}{W_z} = \frac{40 \times 10^3 \times 5}{4 \times 3.09 \times 10^{-4}} \text{ Pa} = 162 \times 10^6 \text{ Pa} = 162 \text{ MPa} < [\sigma]$$

故满足强度条件要求。

【例 6-9】 图 6-25(a)所示为一受均布载荷作用的圆截面梁,其跨度 $l = 3.0$ m,梁截面直径 $d = 30$mm,许用应力$[\sigma] = 150$ MPa。试确定梁的许用均布载荷 q。

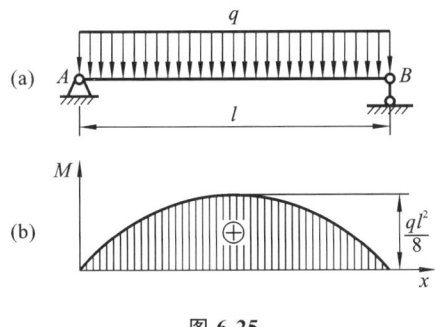

图 6-25

解:(1)求最大弯矩。根据静力学平衡方程可求出支座反力,作简支梁的弯矩图,如图 6-25(b)所示。由弯矩图可知,最大弯矩发生在梁的中点,其值为

$$M_{\max} = \frac{ql^2}{8}$$

(2)根据强度条件确定梁的许用均布载荷 q。

将 $\sigma_{\max} = \dfrac{|M|_{\max}}{W_z} \leqslant [\sigma]$ 改写成 $|M|_{\max} \leqslant [\sigma]W_z$,有

$$\frac{ql^2}{8} \leqslant [\sigma]W_z$$

由此得许用均布载荷

$$q \leqslant \frac{8[\sigma]W_z}{l^2} = \frac{8 \times 150 \times 10^6 \times \frac{\pi}{32} \times 0.030^3}{3.0^2} \ \text{N/m} = 353 \ \text{N/m}$$

【例 6-10】　图 6-26(a)表示一 T 形截面铸铁梁。铸铁的抗拉许用应力为$[\sigma^+] = 30$ MPa,抗压许用应力为$[\sigma^-] = 50$ MPa。T 形截面尺寸如图 6-26(b)所示。已知截面对形心轴 z 的惯性矩 $I_z = 763 \ \text{cm}^4$,且 $y_1 = 52 \ \text{mm}$。试校核梁的强度。

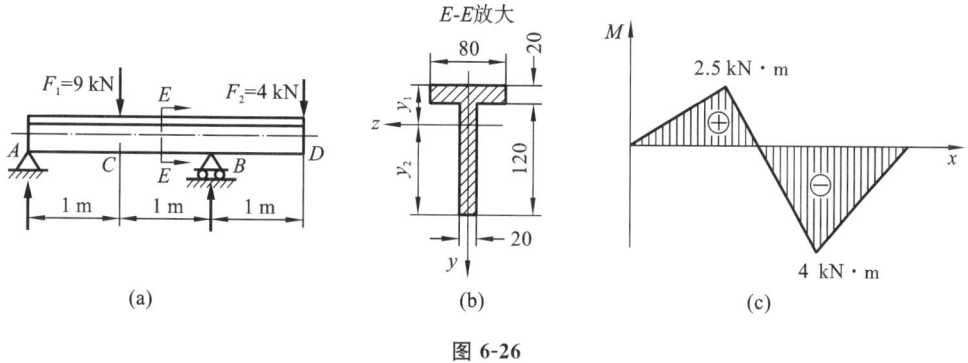

图 6-26

解:由静力平衡条件求出梁的支反力为

$$F_A = 2.5 \ \text{kN}, \quad F_B = 10.5 \ \text{kN}$$

作弯矩图(图 6-26(c)),最大正弯矩在截面 C 上,$M_C = 2.5 \ \text{kN·m}$;最大负弯矩在截面 B 上,$M_B = -4.0 \ \text{kN·m}$。

截面对中性轴不对称,可用式(6-10a、6-10b)计算应力。在截面 B 上,最大拉应力发生于截面的上边缘各点处

$$\sigma_B^+ = \frac{M_B y_1}{I_z} = \frac{4.0 \times 10^3 \times 52 \times 10^{-3}}{763 \times 10^{-8}} \ \text{MPa} = 27.2 \ \text{MPa}$$

最大压应力发生于截面的下边缘各点处

$$\sigma_B^- = \frac{M_B y_2}{I_z} = \frac{4.0 \times 10^3 \times (120 + 20 - 52) \times 10^{-3}}{763 \times 10^{-8}} \ \text{MPa} = 46.1 \ \text{MPa}$$

在截面 C 上虽然弯矩 M_C 的绝对值小于 M_B,但 M_C 是正弯矩,最大拉应力发生于截面的下边缘各点,而这些点到中性轴的距离又比较远,因而有可能发生比截面 B 还要大的拉应力。

$$\sigma_C^+ = \frac{M_C y_2}{I_z} = \frac{2.5 \times 10^3 \times (120 + 20 - 52) \times 10^{-3}}{763 \times 10^{-8}} \ \text{MPa} = 28.8 \ \text{MPa}$$

所以,最大拉应力在截面 C 的下边缘各点处。

校核梁的强度

$$\sigma_{\max}^+ = \sigma_C^+ = 28.8 \ \text{MPa} < [\sigma^+]$$

$$\sigma_{\max}^- = \sigma_B^- = 46.2 \ \text{MPa} < [\sigma^-]$$

故梁强度条件是满足的。

6.6 弯曲切应力

在工程中遇到的梁,大多数不是纯弯曲。也就是说,梁的内力除了弯矩之外还有剪力,因而截面上还要产生切应力。在弯曲问题中,一般对细长梁来说,正应力是强度计算主要因素。但在某些情况下,例如,跨度短而截面大的梁,腹板较薄的工字梁,载荷距支座较近的梁等,可能发生由弯曲切应力引起的破坏,由此需要计算弯曲时梁的切应力。这里介绍几种常用截面切应力的计算方法。

1. 矩形截面梁的切应力

图 6-27 所示为一受横向载荷的矩形截面梁,在求任意截面上的切应力时,对切应力的分布作如下假设:

(1)截面上任一点的切应力方向均平行于剪力;

(2)切应力沿矩形截面的宽度均匀分布,即切应力的大小只与 y 坐标有关。

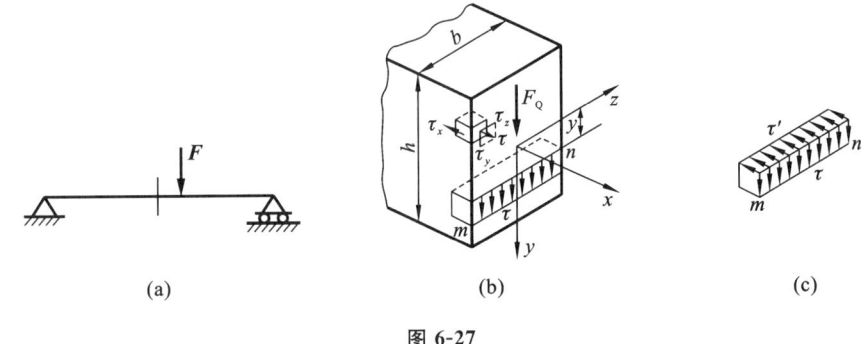

(a)　　　　　　　　　(b)　　　　　　　　　(c)

图 6-27

根据以上假设,沿矩形截面宽度切应力的分布如图 6-27(b)所示。

为了对上述假设的合理性作一简略的说明,我们在靠近梁侧面处取一单元体(图 6-27(b))。设横截面上在边界处切应力 τ 的方向与边界成一斜角,可把此切应力分解为平行于边界的 τ_y 和垂直于边界的 τ_z,由切应力互等定律可知在此单元体的侧面必有一 τ_x 与 τ_z 大小相等。但此侧面即为梁的侧表面,而侧表面为自由表面,不可能有切应力产生,故知 $\tau_x = \tau_z = 0$,即说明梁横截面上沿周界处切应力的方向必与周界相切。因此,左、右边界上切应力是平行于剪力 F_Q 的。又因对称关系,在 y 轴上切应力必平行于剪力 F_Q。因而可以设想整个截面上各点切应力均平行于剪力 F_Q。又当截面高度 h 大于 b 时,可近似地认为切应力沿截面宽度均匀分布。由弹性力学可以证明,在这两点假设基础上建立的切应力公式对长梁是足够精度的。

如从梁上两横截面之间并在距中性层为 y 处切取一单元体 mn,如图 6-27(b)、(c)所示,根据以上两条假设可知,在单元体的竖直面上具有均匀分布的垂直切应力 τ。又由切应力互等定理可知,单元体水平面上有水平切应力 τ',并且 $\tau' = \tau$。下面先求水平截面上的 τ'。

在梁上取长为 $\mathrm{d}x$ 的一小段,如图 6-28(a)所示,设左、右截面上的弯矩分别为 M 及 $M+\mathrm{d}M$,剪力为 F_Q。再在 1-1′,2-2′两截面间距离中性层为 y 处作一水平截面,研究此截面以下的部分,如图 6-28(b)、(c)所示。在六面体 31′2′4 上只画出左、右侧面上的正应力 σ 和水平截面上的切应力 τ'。在左侧截面上作用的正应力将构成一向左的水平力 F_{N1},在右侧面上作用的正应力将构成一向右的水平力 F_{N2},因为两截面上弯矩不同,故 F_{N1}、F_{N2} 亦不同,只有在存在水平切应力 τ' 的情况下,才能维持六面体在水平方向的平衡。因此,τ' 可由此六面体的水平方向的平衡而得到。

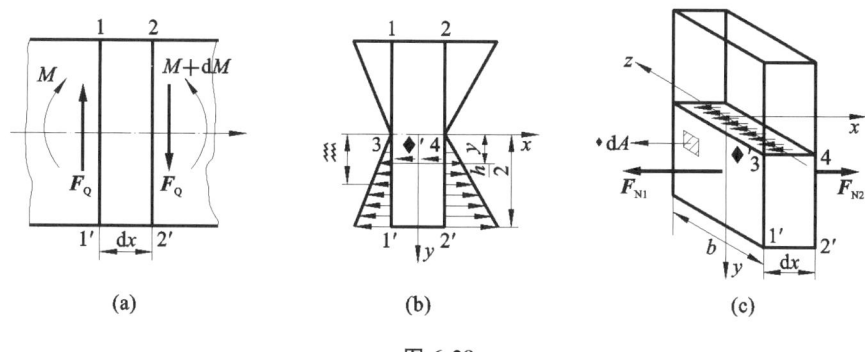

图 6-28

在图 6-28(c)所示六面体的左侧截面上,在距中性轴 z 为 η 处取一微面积 $\mathrm{d}A$,则 $\mathrm{d}A$ 上的正应力 $\sigma=\dfrac{M\eta}{I_z}$,故

$$F_{N1} = \int_{A_1} \sigma \mathrm{d}A = \int_{A_1} \frac{M\eta}{I_z}\mathrm{d}A = \frac{M}{I_z}\int_{A_1} \eta \mathrm{d}A$$

上式中 A_1 表示六面体 31′2′4 左侧截面的面积,$\displaystyle\int_{A_1} \eta \mathrm{d}A$ 即为这部分面积对中性轴的面积矩,面积矩 S 的值随水平截面的位置 y 而变化。上式可写为

$$F_{N1} = \frac{MS}{I_z} \tag{a}$$

同理可得
$$F_{N2} = \frac{M+\mathrm{d}M}{I_z}S \tag{b}$$

水平截面 34 上的切应力 τ' 沿截面的宽度 b 无变化,沿长度 $\mathrm{d}x$ 也无变化(如梁上有分布力时,τ' 沿长度 $\mathrm{d}x$ 的变化也可略去),故 τ' 所组成的水平力 T 为

$$T = \tau' b \mathrm{d}x \tag{c}$$

力 F_{N1}、F_{N2} 和 T 应满足平衡方程 $\sum F_x = 0$,即

$$F_{N2} - F_{N1} - T = 0 \tag{d}$$

将式(a)、(b)、(c)代入式(d),得

$$\frac{M+\mathrm{d}M}{I_z}S - \frac{M}{I_z} - \tau' b \mathrm{d}x = 0$$

整理得到 $\tau' b \mathrm{d}x = \dfrac{\mathrm{d}M}{I_z}S$,即

$$\tau' = \frac{\mathrm{d}M}{\mathrm{d}x} \frac{S}{I_z b}$$

由于 $\frac{\mathrm{d}M}{\mathrm{d}x} = F_Q$，所以上式可改写为

$$\tau' = \frac{F_Q S}{I_z b}$$

从切应力互等定理知 $\tau = \tau'$，故在横截面上距中性轴为 y 处的切应力为

$$\tau = \frac{F_Q S}{I_z b} \tag{6-11}$$

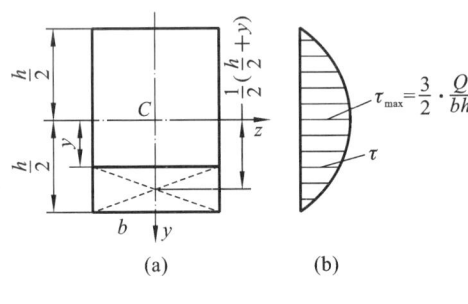

图 6-29

式中，F_Q 为横截面上的剪力，I_z 为横截面对中性轴的惯性矩，b 为截面宽度，S 为距中性轴为 y 的横线以外部分的横截面面积对中性轴的面积矩（参见图 6-29）。公式（6-11）称为儒拉夫斯基公式。

现在根据式（6-11）讨论切应力在横截面上的分布。在图 6-29 中，距中性轴为 y 处横线以下面积对中性轴的面矩 S 为

$$S = b\left(\frac{h}{2} - y\right) \times \left[y + \frac{\frac{h}{2} - y}{2}\right] = \frac{b}{2}\left(\frac{h^2}{4} - y^2\right)$$

由于 $I_z = \dfrac{bh^3}{12}$，故

$$\tau = \frac{F_Q S}{I_z b} = \frac{F_Q \dfrac{b}{2}\left(\dfrac{h^2}{4} - y^2\right)}{\dfrac{bh^3}{12} b} = \frac{6F_Q}{bh^3}\left(\frac{h^2}{4} - y^2\right)$$

上式表明，τ 沿矩形截面高度按二次抛物线规律变化，如图 6-29（b）所示。在横截面的上、下边缘 $y = \pm\dfrac{h}{2}$ 处，$\tau = 0$。在中性轴上，即 $y = 0$ 处，出现最大切应力

$$\tau_{max} = \frac{3}{2}\frac{F_Q}{bh} \tag{6-12}$$

式（6-12）说明矩形截面梁的最大切应力为平均切应力的 1.5 倍。

因为切应力 τ 与剪力 F_Q 平行、同向，故根据 F_Q 的方向即可判断 τ 的方向。

梁内的最大切应力发生在剪力 F_Q 最大的截面的中性轴上。中性轴一侧的面积对中性轴的面积矩如用 S_{max} 表示，则梁的切应力强度条件为

$$\tau_{max} = \frac{F_{Qmax} S_{max}}{I_z b} \leqslant [\tau] \tag{6-13}$$

对矩形截面，由公式（6-12）有

$$\tau_{max} = \frac{3}{2} \frac{F_{Qmax}}{bh} \leqslant [\tau] \tag{6-14}$$

2. 圆形截面梁的切应力

当梁的横截面为圆形时,已经不能再假设截面上各点的切应力都平行于剪力 F_Q。容易证明截面边缘上各点的切应力不平行于剪力 F_Q,而是与圆周相切。这是因为如果在边缘上切应力不与圆周相切,就可以把它分解成一个与边缘相切的分量 τ_t 和另一个在边缘法线方向的分量 τ_r。根据切应力互等定理,对 τ_r 来说应与梁自由表面上的 τ'_r 相等,如图 6-30(a)所示。但自由表面上不可能有切应力 τ'_r,即 $\tau_r = \tau'_r = 0$。故在边缘各点上只可能有切于边缘的切应力 τ_t。

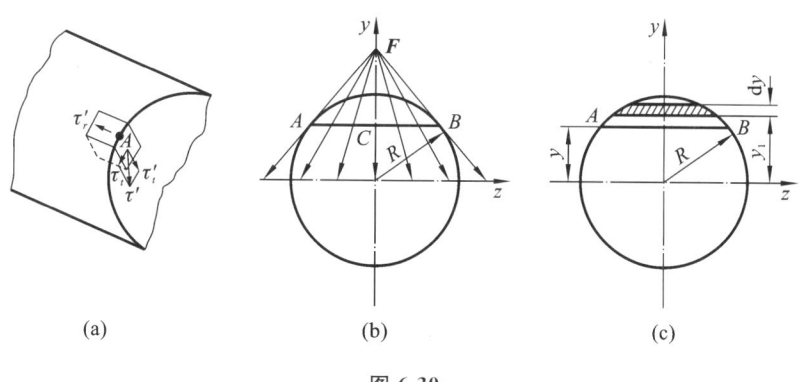

图 6-30

这样,在圆截面某一水平弦 AB 的两端,如图 6-30(b)所示切应力与圆周相切,相交于 y 轴上的 F 点。由于对称的原因,AB 中点 C 的切应力必然是垂直的,因而也过 F 点。由此,假设 AB 弦上任一点的切应力都通过 F 点。若再假设 AB 弦上各点切应力的垂直分量 τ_y 是相等的,亦即假设沿 AB 弦切应力的垂直分量 τ_y 是均匀分布的。这样,对 τ_y 来说与关于矩形截面所作的假设完全相同,因而也就可以由公式(6-11)来计算。即

$$\tau_y = \frac{F_Q S}{I_z b} \tag{a}$$

式中,$b = 2\sqrt{R^2 - y^2}$,为 AB 弦的长度;S 是 AB 弦以外的部分截面面积对中性轴的面积矩,由图 6-30(c)可知

$$S = \int_A y_1 \mathrm{d}A - \int_y^R 2y_1 \sqrt{R^2 - y_1^2} \mathrm{d}y_1 = \frac{2}{3}(R^2 - y^2)^{\frac{3}{2}} \tag{b}$$

将式(b)代入(a)式得

$$\tau_y = \frac{F_Q(R^2 - y^2)}{3I_z} \tag{6-15}$$

求得切应力的垂直分量 τ_y 后,根据 AB 弦上每一点的切应力都通过 F 点的假设,不难求得每一点的总切应力。例如在 AB 弦的端点 A 或 B,切应力为

$$\tau = \frac{r}{\sqrt{R^2 - y^2}} \tau_y = \frac{F_Q R \sqrt{R^2 - y^2}}{3I_z} \tag{c}$$

这也是 AB 弦上的最大切应力。

从式(c)可看出,在中性轴上,$y=0$,切应力达到最大值。对比式(6-15)可知,在中性轴上各点的 τ_y 也就是各点的总切应力。注意到 $I_z=\dfrac{\pi R^4}{4}$,从式(c)得到

$$\tau_{max} = \frac{F_Q S}{b I_z} = \frac{4F_Q}{3\pi R^2} = \frac{4F_Q}{3A} \tag{6-16}$$

可见圆形截面上的最大切应力 τ_{max} 为平均切应力 $\dfrac{F_Q}{A}$ 的 $1\dfrac{1}{3}$ 倍。

3. 薄壁截面梁的切应力

在工程上常遇到工字形、槽形和其他形状的薄壁截面(图 6-31),它们的壁厚与截面的其他尺寸相比小很多。图中的点画线是截面各处壁厚中点的连线,称为薄壁截面的中线。

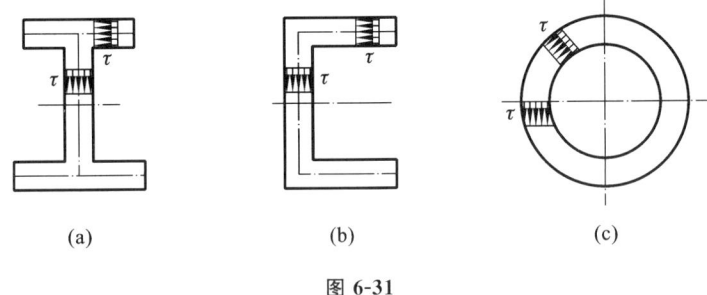

(a) (b) (c)

图 6-31

根据切应力互等定理可知,截面周界上各点切应力的方向必须平行于周界。由于薄壁截面的壁厚非常小,可以认为截面上各点切应力的方向平行于截面中线;此外,还可以认为沿壁厚方向切应力大小不变化,即沿任何一条与中线垂直的横线上各点切应力相同。根据上述假定,可知薄壁截面上切应力分布如图 6-31 所示。

薄壁杆件横截面上的切应力,可按照与矩形截面相同的方法来确定。在横向弯曲梁中取出 dx 小段(图 6-32(a)),欲求横截面上 a-a 处的切应力,则自 a-a 处截开(图 6-32(b)),保留 a-a 以右部分(A 部分)。A 部分前、后两面上正应力合力 F_{N1} 与 F_{N2} 之差,被切应力 τ' 的合力所平衡(图 6-32(c));求出 τ' 后,由切应力互等定理知,横截面内产生与 τ' 互等的切应力 τ。这样推导的薄壁截面切应力公式,仍可用式(6-11)表示,只是该式中的 b 应换为 t,得

$$\tau = \frac{F_Q S}{I_z t} \tag{6-17}$$

式中,S 是部分面积(指从欲求切应力处所作垂直于截面中线的横线的一侧截面面积)对中性轴 z 的面积矩(绝对值);I_z 仍为整个截面对中性轴 z 的惯性矩;t 为欲求切应力处的截面厚度。

下面研究图 6-32(a)所示工字形截面上的切应力分布。首先讨论横截面下翼缘右边部分的切应力,距离 η 是从翼缘端点向 a-a 线度量的,如图 6-32(b)所示,此时

$$S = t\eta\left(\frac{h}{2} - \frac{t}{2}\right)$$

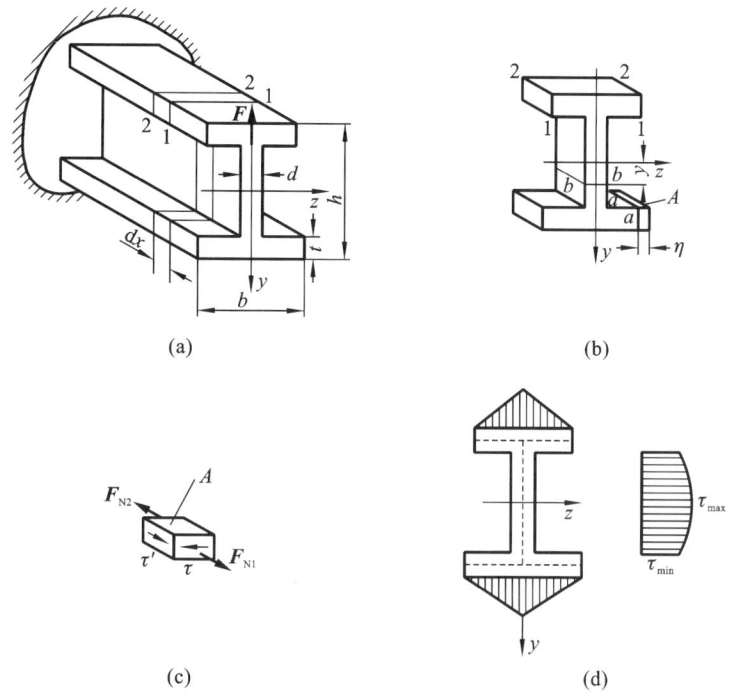

图 6-32

$$\tau = \frac{F_Q}{I_z t} t\eta \left(\frac{h}{2} - \frac{t}{2} \right) = \frac{F_Q}{I_z} \left(\frac{h}{2} - \frac{t}{2} \right) \eta \tag{6-18}$$

式(6-18)表明翼缘上水平切应力的大小是与至端点距离 η 成正比的,其分布如图 6-32(d)所示。此处切应力的方向可由 A 部分上的力来确定,如图 6-32(c)所示,因为 2-2 截面上的弯矩比 1-1 截面上的大,故 F_{N2} 必大于 F_{N1},因此,为了满足平衡,A 部分左侧上的切应力 τ' 必定指向读者。由此可知此工字形截面梁下翼缘右侧的切应力的指向向左。

当求下翼缘左侧部分的切应力时,可仿照上面的方法,其切应力大小仍可用式(6-18)来表达,但切应力的指向向右。同理,可得出上翼缘切应力的大小和指向。

下面求腹板上距中性轴为 y 处的切应力,自图 6-32(b)的 $b\text{-}b$ 处切开,此时面积矩

$$S = bt \cdot \left(\frac{h}{2} - \frac{t}{2} \right) + d\left(\frac{h}{2} - t - y \right) \cdot \left[y + \frac{\frac{h}{2} - y - t}{2} \right]$$

$$= bt\left(\frac{h}{2} - \frac{t}{2} \right) + \frac{d}{2}\left[\left(\frac{h}{2} - t \right)^2 - y^2 \right]$$

切应力

$$\tau = \frac{F_Q S}{I_z d} = \frac{F_Q}{I_z} \left\{ \frac{bt}{d}\left(\frac{h}{2} - \frac{t}{2} \right) + \frac{1}{2}\left[\left(\frac{h}{2} - t \right)^2 - y^2 \right] \right\} \tag{6-19}$$

上式表明腹板上的切应力按抛物线规律变化,如图 6-32(d)所示。最大切应力发生在中性轴上,即 $y=0$ 处,故

$$\tau_{max} = \frac{F_Q}{I_z}\left[\frac{bt}{d}\left(\frac{h}{2}-\frac{t}{2}\right)+\frac{1}{2}\left(\frac{h}{2}-t\right)^2\right]$$

腹板上最大切应力 τ_{max} 与最小切应力 τ_{max} 相差不大,即工字形截面梁腹板上的切应力接近均匀分布。由于工字钢腹板上切应力的合力与截面剪力 F_Q 十分接近(如18号工字钢腹板上切应力合力为 $0.945F_Q$)。故常将剪力除以腹板面积来近似地计算工字形截面梁的最大切应力。即

$$\tau_{max} \approx \frac{F_Q}{d(h-2t)} = \frac{F_Q}{A_{腹}}$$

因此,可以认为工字形截面梁的翼缘和腹板是这样分工的:弯矩主要由翼缘上的正应力组成,而剪力基本上由腹板上的切应力组成。由剪力的方向可知,此梁腹板上的切应力方向向上。

4. 切应力强度条件

综合上述各种截面形状梁的最大切应力,写成一般公式为

$$\tau_{max} = K\frac{F_Q}{A} \tag{6-20}$$

式中,A 为横截面面积。上式表明最大切应力为截面的平均切应力乘以系数 K。不同截面形状 K 值不同。矩形截面 $K=3/2$,工字钢截面 $K=1$,圆形截面 $K=4/3$,环形截面 $K=2$。

对等直梁而言,最大工作应力 τ_{max} 发生在最大剪力 $|F_Q|_{max}$ 的截面内。

切应力强度条件为梁的最大工作应力 τ_{max} 不超过构件的许用切应力 $[\tau]$,即

$$\tau_{max} = K\frac{|F_Q|_{max}}{A} \leqslant [\tau] \tag{6-21}$$

在进行强度计算时,必须同时满足正应力和切应力强度条件。通常是先按正应力强度条件选择截面的尺寸、形状或确定许可载荷,必要时再用切应力强度条件校核。一般在下列几种情况才需进行切应力强度校核:

(1)小跨度梁或载荷作用在支座附近的情况,此时,梁的 $|M|_{max}$ 可能较小而 $|F_Q|_{max}$ 较大;

(2)焊接的组合截面(如工字形)钢梁,当截面的腹板厚度与梁高之比小于型钢截面的相应比值时,横截面上可能产生较大的 τ_{max};

(3)对于木梁,它在顺纹方向的抗剪能力差,可能沿中性层发生剪切破坏。

【例6-11】 某工字钢梁承受如图6-33(a)所示的载荷作用,已知型钢的许用应力 $[\sigma]$ $=160$ MPa,试选择钢梁的型号。并绘出危险截面上腹板的剪力分布图。

解:(1)作内力图。为了确定所受剪力、弯矩最大的截面,可作出梁的内力图,如图6-33(b)、(c)所示。有

$$F_{Qmax} = 50 \text{ kN}, \quad M_{max} = 20 \text{ kN} \cdot \text{m}$$

(2)按正应力强度条件选择截面。

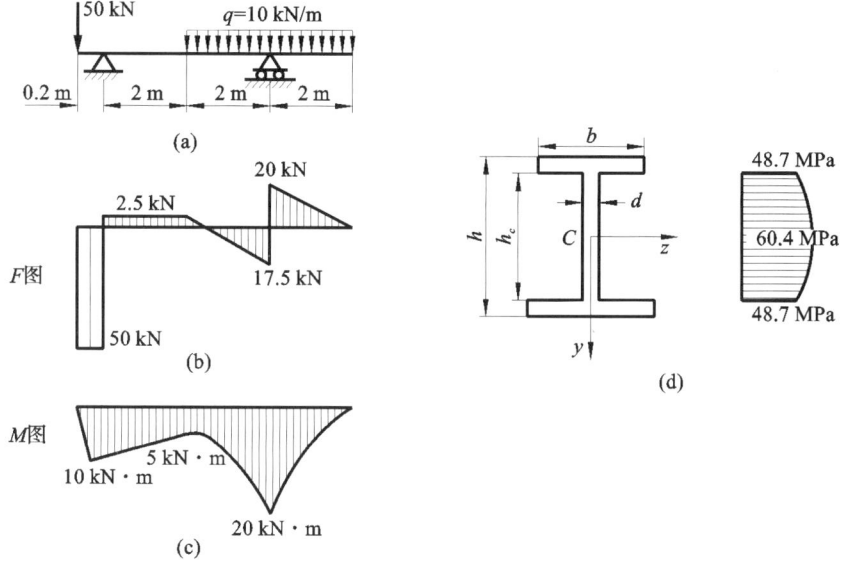

图 6-33

$$W \geqslant \frac{M_{\max}}{[\sigma]} = \frac{20 \times 10^3}{160 \times 10^6} \text{ m}^3 = 125 \text{ cm}^3$$

查型钢表,选 16 号工字钢,它的抗弯截面系数 $W=141\text{cm}^3$,它的自重为 205 kN/m。由自重引起的附加弯矩,使梁的最大弯矩值增加到 20.41 kN·m。所需抗弯截面系数增加到 128 cm^3。所以选择 16 号工字钢还是安全的。

（3）校核切应力。

由型钢表查得,16 号工字钢腹板得宽度 $d=0.006$ m,$\dfrac{I_z}{S_{\max}}=0.138$ m,腹板高度 $h_0=0.140$ m,$I_z=1130$ cm^4。

$$\tau_{\max} = \frac{F_{Q\max} S_{\max}}{d I_z} = \frac{50 \times 10^3}{0.006 \times 0.138} \text{ Pa} = 60.4 \text{ MPa} < [\tau]$$

所选 16 号工字钢截面能满足切应力强度条件。

如果按近似公式 $\tau_{\max}=\dfrac{F_{Q\max}}{A_\text{腹}}=\dfrac{F_{Q\max}}{d h_0}$ 计算,则

$$\tau_{\max} = \frac{F_{Q\max}}{A_\text{腹}} = \frac{F_{Q\max}}{d h_0} = \frac{50 \times 10^3}{0.006 \times 0.140} \text{ Pa} = 59.5 \text{ MPa}$$

其误差在本例中为 5%,这说明上式是比较好的近似公式。在翼板与腹板交界处的切应力 $\tau_{\min}$ 为

$$\tau_{\min} = \frac{F_{Q\max} S}{d I_z} = \frac{F_{Q\max} \cdot bt \left(\dfrac{h}{2} - \dfrac{t}{2} \right)}{d I_z}$$

$$= \frac{50 \times 10^3 \times \left[88 \times 9.9 \times \left(\dfrac{160}{2} - \dfrac{9.9}{2} \right) \times 10^{-9} \right]}{0.006 \times (1130 \times 10^{-8})} \text{ Pa} = 48.2 \text{ MPa}$$

沿腹板高度的切应力分布为抛物线变化,如图 6-33(d)所示。

6.7 提高梁弯曲强度的一些措施

在工程实际中,为使梁达到既经济又安全的要求,所采用的材料量应较少且价格便宜,同时梁又要具有较高的强度。由于弯曲正应力是控制梁强度的主要因素,所以,主要依据正应力强度条件来讨论提高梁强度的措施。计算弯曲正应力公式(6-9)为

$$\sigma_{\max} = \frac{|M|_{\max}}{W_z} \leqslant [\sigma]$$

从式中看出,提高梁的强度主要措施是:降低 $|M|_{\max}$ 的数值和增大抗弯截面系数 W_z 的数值,并充分发挥材料的力学性能。

1. 降低 $|M|_{\max}$ 的措施

(1)梁支承的合理安排。例如图 6-34(a)所示的简支梁,其最大弯矩 $M_{\max} = \frac{1}{8}ql^2 = 0.125ql^2$,若两端支承均向内移动 $0.2l$(图 6-34(b)),则最大弯矩 $M_{\max} = 0.025ql^2$,只为前者的 1/5。工程中门式起重机大梁的支座,锅炉筒体的支承,都向内移动一定距离,其原因就在于此。

(2)载荷的合理布置。比较图6-35(a)、(b)的最大弯矩 $M_{\max}$ 数值,可知后者大约为前者的 1/3。因此,在结构允许的条件下,应尽可能把载荷安排得靠近支座。

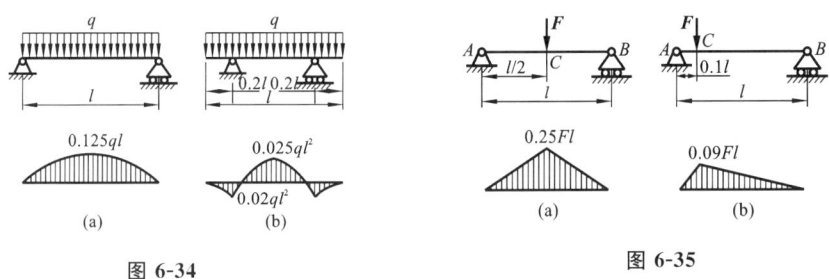

图 6-34　　　　　　　　　　　　　图 6-35

比较图 6-36(a)、(b)、(c)三种加载方式,可知前一种的弯矩最大值 $M_{\max} = Fl/4$ 后,后两种的弯矩最大值均为 $M_{\max} = Fl/8$。因此,在结构条件允许时,尽可能把集中载荷分散成较小的多个载荷或者改变为均布载荷。

2. 合理选择截面

合理的截面应该是,用最小的截面面积 A(即少用材料),得到大的抗弯截面系数 W_z。可采用下列措施。

(1)形状和面积相同的截面。放置方式不同,则 W_z 值有可能不同。例如,图 6-37 所示矩形截面梁($h > b$),竖放时承载能力大,不易弯曲;而平放时承载能力小,易弯曲。两者抗弯截面系数 W_z 之比为

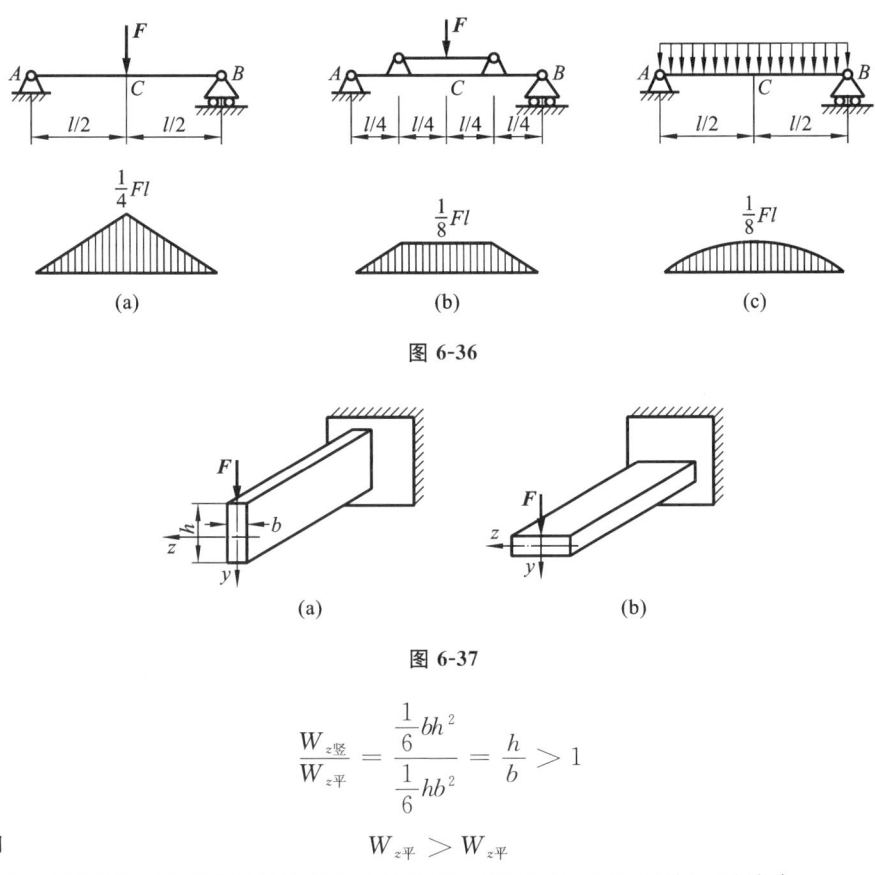

图 6-36

图 6-37

$$\frac{W_{z竖}}{W_{z平}} = \frac{\frac{1}{6}bh^2}{\frac{1}{6}hb^2} = \frac{h}{b} > 1$$

即
$$W_{z平} > W_{z平}$$

因此,对于静载荷作用下的梁的强度而言,矩形截面长边竖放比平放合理。

（2）面积相等而形状不同的截面。为了便于比较各种截面的经济程度,用抗弯截面系数 W_z 与截面面积 A 的比值（W_z/A）来衡量,比值愈大,经济性愈好。常用截面的比值 W_z/A 已列入表 6-4 中。

表 6-4　常用截面的比值 W_z/A

截面形状	（圆形）h	（矩形）b, h	（空心圆）内径 $d=0.8h$, h	（槽形）h	（工字形）h
$\dfrac{W_z}{A}$	$0.125h$	$0.167h$	$0.205h$	$(0.27\sim0.31)h$	$(0.27\sim0.31)h$

由表 6-4 可知,槽钢和工字钢最佳,圆形截面最差。所以工程结构中抗弯杆件的截面常为槽形、工字形或箱形截面等。实际上,从正应力分布规律可知,当离中性轴最远处的 σ_{max} 达到许用应力时,中性轴上及其附近处的正应力分别为零和很小值,材料没有充分发挥作用。为了充分利用材料,应尽可能地把材料放置到离中性轴较远处,如实心圆截面改成空心圆截面;对于矩形截面,则可把中性轴附近的材料移置到上、下边缘处而形成工字

形截面;采用槽形或箱形截面也是同样的道理。

（3）截面形状应与材料特性相适应。对抗拉和抗压强度相等的塑性材料,宜采用中性轴对称的截面,如圆形、矩形、工字形等。对抗拉强度小于抗拉强度的脆性材料,宜采用中性轴偏向受拉一侧的截面形状。例如,图 6-38 中的一些截面。如能使 y_1 和 y_2 之比接近下列关系

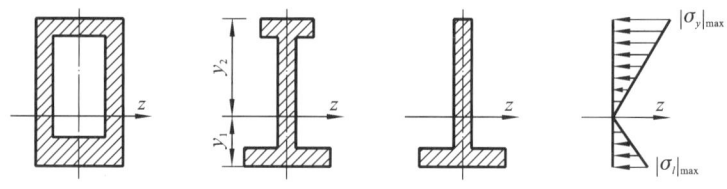

图 6-38

$$\frac{\sigma_{\max}^{+}}{\sigma_{\max}^{-}} = \frac{y_1}{y_2} = \frac{[\sigma^{+}]}{[\sigma^{-}]}$$

则最大拉应力和最大压应力便可同时接近许用应力。

3. 变截面梁

一般情况下,梁上各个截面上的弯矩并不相等。而截面尺寸是由最大弯矩来确定的。因此,对于等截面梁而言,除了危险截面以外,其余截面上的最大应力都未达到许用应力,材料未得到充分利用。为了节省材料,就应按各个截面上的弯矩来设计各个截面的尺寸,使截面几何尺寸随弯矩的变化而变化,即变截面梁。如果变截面梁各个横截面上的最大正应力都相等,并等于许用应力,则该梁称为等强度梁。设梁在任一截面上的弯矩为 $M(x)$,截面的抗弯截面系数为 $W(x)$。按等强度梁的要求,应有

$$\sigma_{\max} = \frac{M(x)}{W(x)} = [\sigma]$$

或
$$W(x) = \frac{M(x)}{[\sigma]} \tag{6-22}$$

由式(6-22)即可根据弯矩的变化规律确定等强度梁的截面变化规律。

习　　题

【6-1】　（1）写出图 6-39 所示各梁的剪力方程和弯矩方程,并作出剪力图和弯矩图;

（2）试利用荷载集度、剪力和弯矩和微分积分关系作出图 6-39 所示各梁的剪力图和弯矩图。

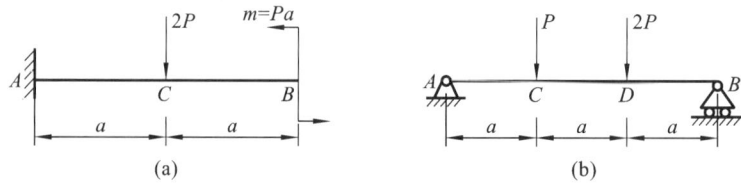

图 6-39

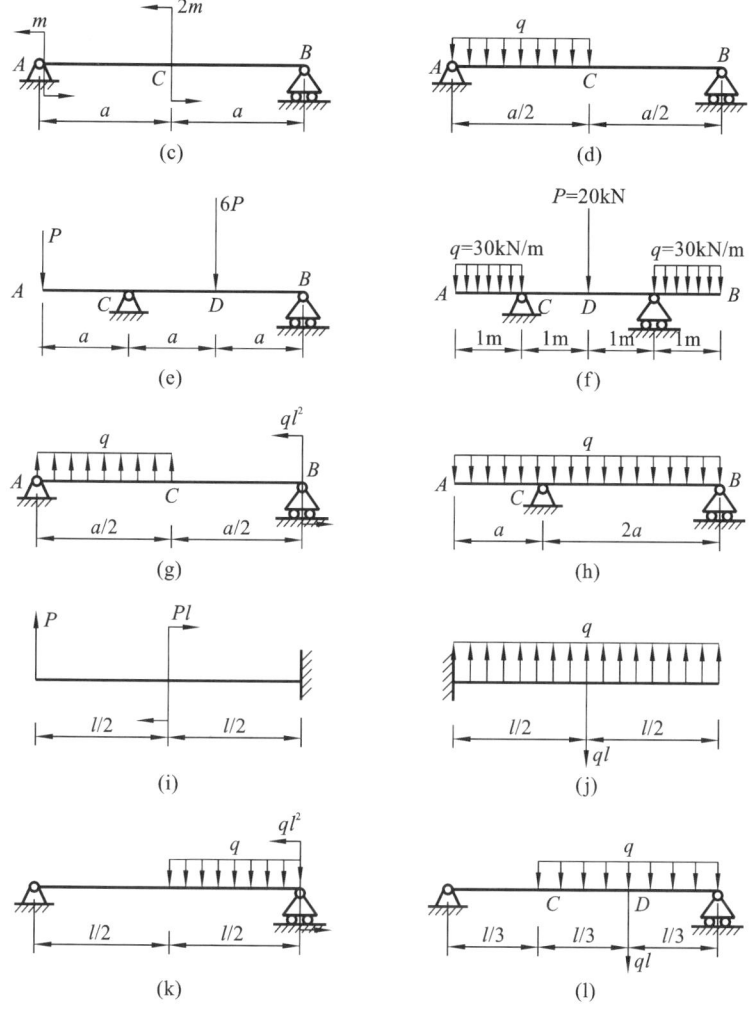

续图 **6-39**

【6-2】　如图 6-40 所示,在桥式起重机大梁上行走的小车其每个轮子对大梁的压力均为 P ,试问小车在什么位置时梁内弯矩为最大值? 并求出这一最大弯矩。

【6-3】　均布载荷作用下的简支梁如图 6-41 所示。若分别采用截面面积相等的实心和空心圆截面,且 $D_1 = 40$ mm , $d_2/D_2 = 3/5$,试分别计算它们的最大正应力。并问空心截面比实心截面的最大正应力减小了百分之几?

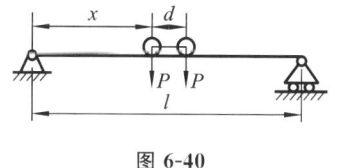

图 **6-40**

【6-4】　求图 6-42 所示 T 形铸铁梁的最大拉应力和最大压应力。

【6-5】　T 字形截面铸铁梁尺寸及载荷如图 6-43 所示,若梁材料的拉伸许用应力为 $[\sigma]_{拉} = 40$ MPa,压缩许用应力为 $[\sigma]_{压} = 160$ MPa, z 轴通过截面的形心,已知截面对形心轴 z 的惯性矩 $I_z = 10180$ cm^4 , $h = 9.64$ cm,试计算该梁的许可载荷 F 。

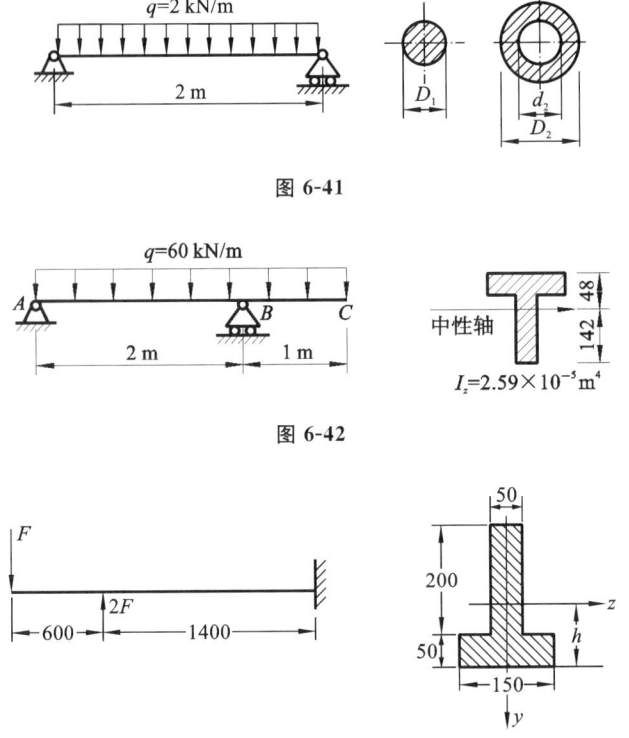

图 6-41

图 6-42

图 6-43

【6-6】 由两根 28a 号槽钢组成的简支梁受三个集中力作用,如图 6-44 所示,已知该梁材料为低碳钢,其许用弯曲正应力 $[\sigma]= 170$ MPa 。试求梁的许可荷载。

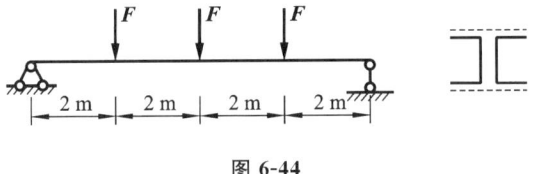

图 6-44

【6-7】 一矩形截面木梁,其截面尺寸及荷载如图 6-45 所示, $q = 1.3$ kN/m 。已知许用弯曲正应力 $[\sigma]= 10$ MPa ,许用切应力 $[\tau]= 2$ MPa 。试校核梁的正应力和切应力强度。

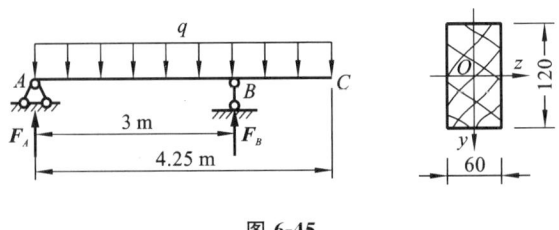

图 6-45

【6-8】　图 6-46 所示木梁受一移动的荷载 $F = 40$ kN 作用。已知许用弯曲正应力 $[\sigma] = 10$ MPa，许用切应力 $[\tau] = 3$ MPa。木梁的横截面为矩形，其高宽比 $\dfrac{h}{b} = \dfrac{3}{2}$。试选择梁的横截面尺寸。

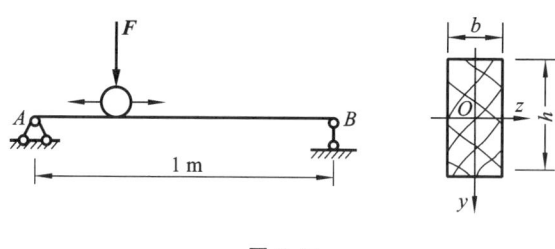

图 6-46

【6-9】　图 6-47 所示结构承受均布载荷，AC 为 10 号工字钢梁，B 处用直径 $d = 20$ mm的钢杆 BD 悬吊，梁和杆的许用应力 $[\sigma] = 160$ MPa。不考虑切应力，试计算结构的许可载荷 $[q]$。

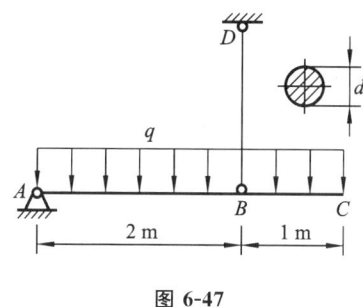

图 6-47

【6-10】　图 6-48 所示槽形截面悬臂梁，$F = 10$ kN，$M_e = 70$ kN·m，许用拉应力 $[\sigma_t] = 35$ MPa，许用压应力 $[\sigma_c] = 120$ MPa，$I_z = 1.02 \times 10^8$ mm⁴，试校核梁的强度。

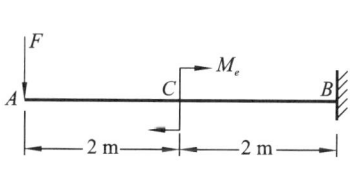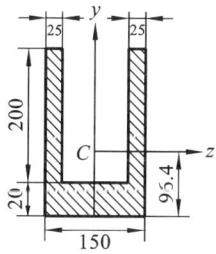

图 6-48

第7章 梁的弯曲变形

7.1 工程中的弯曲变形

上一章讨论了梁的内力和梁的应力,并对梁进行强度计算,目的是保证梁在载荷作用下不致破坏。但是,只考虑这一方面还是不够的。因为梁在载荷作用下还会发生变形。如果变形过大,就会影响梁的正常使用。例如屋架上的檩条变形过大会引起屋面漏水;机床主轴的变形过大,将会影响齿轮的正常啮合以及轴与轴承的正常配合,造成不均匀磨损和振动,不但缩短了机床的使用寿命,还将影响机床的加工精度。因此,在工程中进行梁的设计时,除了必须满足强度条件,还必须限制梁的变形,使其不超过许用的变形值。此外,研究梁的变形还是求解静不定梁时不可缺少的内容。

为表示一具有纵向对称面的梁,取直角坐标系,如图 7-1 所示,以梁左端为坐标原点,x 轴和梁变形前的轴线重合,xAy 坐标系在梁的纵向对称面内。

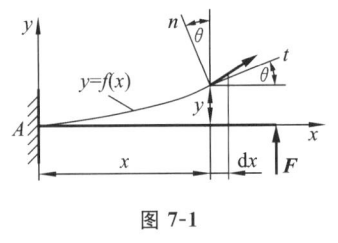

图 7-1

在载荷 F 作用下,梁产生弹性弯曲变形,轴线在 xAy 平面内变成一条光滑连续的平面曲线,此曲线称为梁的挠曲线。与此同时,梁的横截面将产生两种位移——线位移和角位移(即挠度和转角)。工程中用挠度和转角来度量梁的变形。

(1)挠度。挠度即梁的某一截面(x 截面)形心沿垂直于梁轴线方向的线位移。实际上,截面形心还有 x 方向的线位移。但 x 方向的线位移极小,可略去不计。挠度用 y 表示。若挠度与坐标轴 y 的正向一致则为正,反之为负。

(2)转角。梁变形时,横截面还将绕其中性轴转过一定的角度,即角位移。梁任意一个横截面绕其中性轴转过的角度称为该截面的转角,用符号 θ 表示。规定逆时针转向的转角为正,顺时针转向的转角为负。根据平面假设,变形后梁的横截面仍正交于梁的轴线。因此,转角 θ 就是曲线的法线 n 与 y 轴的夹角,它等于挠曲线在该点的切线 t 与 x 轴的夹角。

(3)挠度与转角的关系。由图 7-1 可知,挠度 y 与转角 θ 的数值随截面的位置 x 而变,y 为 x 的函数:

$$y = f(x)$$

此为挠曲线方程的一般形式。由微分学知,挠曲线上任一点的切线斜率 $\tan\theta$,等于曲线函数 $y = f(x)$ 在该点的一阶导数,即

$$\tan\theta = \frac{dy}{dx} = y' = f'(x)$$

工程中梁的变形很小,转角 θ 角也很小,则 $\tan\theta \approx \theta$,代入上式得

$$\theta \approx f'(x) \tag{7-1}$$

即梁上任一截面的转角等于该截面的挠度 y 对 x 的一阶导数。

7.2 挠曲线近似微分方程

为了得到挠度方程和转角方程,首先需推导出一个描述弯曲变形的基本方程——挠曲线近似微分方程。

在通常情况下,由于剪力对弯曲变形的影响很小,可以忽略不计,故梁的弯曲变形主要与弯矩有关。引用纯弯曲时梁变形的基本公式 $\dfrac{1}{\rho} = \dfrac{M}{EI_z}$ 来建立梁的挠曲线方程。此时,$\dfrac{1}{\rho}$ 和 M 分别代表挠曲线上任一点的曲率和该点截面上的弯矩,它们都是 x 的函数,这样梁的挠曲线方程为

$$\frac{1}{\rho(x)} = \frac{M(x)}{EI} \tag{a}$$

由高等数学知识

$$\frac{1}{\rho(x)} = \pm \frac{y''}{[1 + y'^2]^{\frac{3}{2}}} \tag{b}$$

将式(b)代入式(a),得

$$\pm \frac{y''}{[1 + y'^2]^{\frac{3}{2}}} = \frac{M(x)}{EI}$$

在小变形的情况下,$y'(=\theta)$ 很小,y'^2 可忽略不计,于是上式简化为

$$\pm y'' = \frac{M(x)}{EI} \tag{c}$$

由于弯矩 $M(x)$ 的正负已有规定,而 y'' 的正负决定于 y 轴方向,所以当规定了 y 轴的正向后,上式的正负号即可确定。由图 7-2 可知,当 y 轴的正向向上时,y'' 与 $M(x)$ 始终取相同的正负号。于是式(c)可写成

$$y'' = \frac{M(x)}{EI} \tag{7-2}$$

式(7-2)称为挠曲线近似微分方程。解此方程,便可求得转角 θ 和挠度 y。

对于同一材料的等截面梁,其抗弯刚度 EI 为常量。将式(7-2)两边乘以 dx,积分一次得

$$\theta = \frac{dy}{dx} = \frac{1}{EI}\int M(x)dx + C \tag{7-3}$$

再积分一次得

$$y = \frac{1}{EI}\iint M(x)dxdx + Cx + D \tag{7-4}$$

式(7-3)和式(7-4)中的积分常数 C 和 D，可由梁的边界条件或连续光滑条件来确定。如图 7-3(a)所示的悬臂梁，在固定端有 $y = 0$，$\theta = 0$。如图 7-4 所示的简支梁，在 C 截面上，$y_{C左} = y_{C右}$，$\theta_{C左} = \theta_{C右}$。

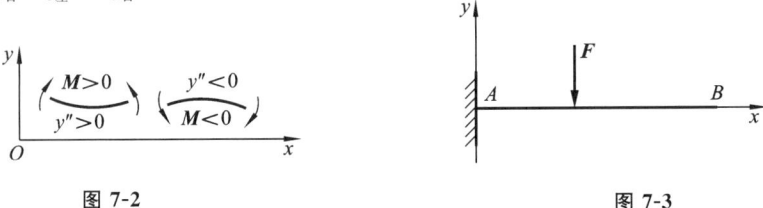

图 7-2　　　　　　　　　　　　　　　图 7-3

积分常数 C、D 确定后，分别代入式(7-3)和式(7-4)，即得转角方程和挠曲线方程。下面举例说明。

【例 7-1】　图 7-5 所示悬臂梁受集中力作用，已知 $F = 100$ N，$l = 200$ mm，$d = 20$ mm，$E = 200$ GPa。试求其转角方程和挠曲线方程，以及最大挠度和最大转角。

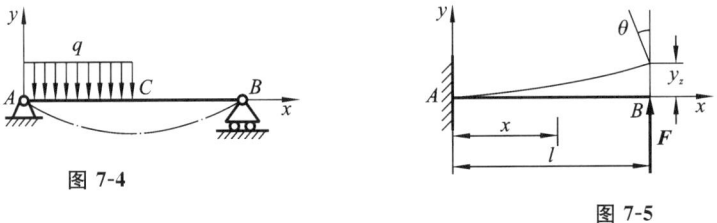

图 7-4

图 7-5

解：建立图 7-5 所示的坐标系。

（1）弯矩方程。

$$M(x) = F(l - x)$$

（2）挠曲线微分方程。

$$y'' = \frac{F(l - x)}{EI}$$

积分得

$$EIy' = Flx - \frac{1}{2}Fx^2 + C \tag{a}$$

再次积分得

$$EIy = \frac{1}{2}Flx^2 - \frac{1}{6}Fx^3 + Cx + D \tag{b}$$

（3）积分常数。

当 $x = 0$ 时，$\theta_A = 0$，$y_A = 0$，将此边界条件代入式(a)、(b)得

$$C = 0, \quad D = 0$$

（4）转角方程和挠曲线方程。

将 $C=0,D=0,y'=\theta$，代入式（a）、（b），整理得到

$$\theta = \frac{Fx}{2EI}(2l-x) \tag{c}$$

$$y = \frac{Fx^2}{6EI}(3l-x) \tag{d}$$

（5）最大挠度和最大转角。

将 $x=l$ 代入式（c）、（d）得

$$\theta_A = y'_B = \frac{Fl^2}{2EI}, \quad y_B = \frac{Fl^3}{3EI}$$

【例 7-2】　桥式起重机大梁的自重为均匀分布载荷，其集度为 q，计算简图如图 7-6 所示，试讨论大梁自重引起的变形。

解：（1）弯矩方程。

由于大梁受对称载荷作用，故支反力 $F_A = F_B = \frac{ql}{2}$。取坐标系如图 7-6 所示，坐标为 x 的截面上的弯矩为

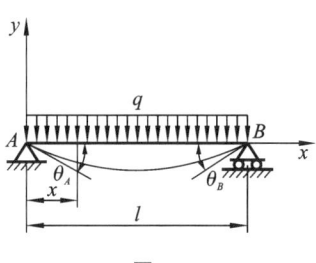

图 7-6

$$M(x) = \frac{ql}{2}x - \frac{1}{2}qx^2$$

（2）挠曲线微分方程并积分。

$$EIy'' = M(x) = \frac{ql}{2}x - \frac{q}{2}x^2$$

$$EIy' = \frac{ql}{4}x^2 - \frac{q}{6}x^3 + C$$

$$EIy = \frac{ql}{12}x^3 - \frac{q}{24}x^4 + Cx + D$$

（3）积分常数。

梁在两端铰支座上的挠度都等于零，故得边界条件

$$x=0 \text{ 处}, \quad y_A = 0$$

$$x=l \text{ 处}, \quad y_B = 0$$

将以上边界条件代入挠度 y 的表达式，得

$$\begin{cases} D = 0 \\ \dfrac{ql^4}{12} - \dfrac{ql^4}{24} + Cl = 0 \end{cases}$$

由此解出积分常数 C 和 D 分别为

$$C = -\frac{ql^3}{24}, \quad D = 0$$

（4）转角方程和挠曲线方程。

$$\theta = \frac{ql}{4EI}x^2 - \frac{q}{6EI}x^3 - \frac{ql^3}{24EI}$$

$$y = \frac{ql}{12EI}x^3 - \frac{q}{24EI}x^4 - \frac{ql^3}{24EI}x$$

（5）最大挠度和最大转角。

因为梁上的外力和边界条件都对跨度中点对称，所以挠度曲线也对跨度中点对称。在跨度中点挠曲线切线的斜率等于零，挠度为极大值。

$$y_{max} = -\frac{5ql^4}{384EI}$$

负号表示挠度向下。在 A、B 两端，截面转角的数值相等，符号相反，且绝对值最大。于是在转角公式中分别令 $x=0$、$x=l$，得

$$\theta_{max} = -\theta_A = \theta_B = \frac{ql^3}{24EI}$$

【例 7-3】 图 7-7 所示的简支梁受集中力 F 作用（$a>b$），试求此梁的挠曲线方程和转角方程，并确定其最大挠度和最大转角。

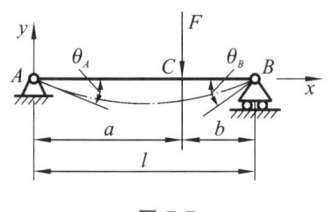

图 7-7

解：（1）求支反力。由静力平衡条件可求得

$$F_A = \frac{Fb}{l}, \quad F_B = \frac{Fa}{l}$$

（2）列弯矩方程。因为集中载荷 F 将梁分为 AC 和 CB 两段，各段弯矩方程不同，分别为：

$$AC \text{ 段 } M(x_1) = F_A x_1 = \frac{Fb}{l}x_1 \quad (0 \leqslant x_1 \leqslant a)$$

$$CB \text{ 段 } M(x_2) = F_A x_2 - F(x_2 - a) = \frac{Fb}{l}x_2 - F(x_2 - a) \quad (a \leqslant x_2 \leqslant l)$$

（3）列挠曲线微分方程。令 AC 段和 CB 段的微分方程分别为 $y_1 = f_1(x)$ 和 $y_2 = f_2(x)$，积分后可得表 7-1 所示结果。

表 7-1 挠曲线微分方程的积分结果

AC 段 $(0 \leqslant x_1 \leqslant a)$	CB 段 $(a \leqslant x_2 \leqslant 1)$
$EIy_1'' = M(x_1) = \frac{Fb}{l}x_1$	$EIy_2'' = M(x_2) = \frac{Fb}{l}x_2 - F(x_2 - a)$
$EIy_1' = \frac{Fb}{l}\frac{x_1^2}{2} + C_1 \quad (1)$	$EIy_2' = \frac{Fb}{l}\frac{x_2^2}{2} - \frac{F(x_2-a)^2}{2} + C_2 \quad (2)$
$EIy_1 = \frac{Fb}{l}\frac{x_1^3}{6} + C_1 x + D_1 \quad (3)$	$EIy_2 = \frac{Fb}{l}\frac{x_2^3}{6} - \frac{F(x_2-a)^3}{6} + C_2 x + D_2 \quad (4)$

在对 CB 段进行积分运算时，对含有 (x_2-a) 的项是以 (x_2-a) 作为自变量的，这样可使下面确定积分常数的工作得到简化。

在转角方程和挠曲线方程中共有四个积分常数 C_1、D_1、C_2、D_2，为了确定这四个常数，除需要利用边界条件

$$\text{当 } x_1 = 0 \text{ 时}, \quad y_1 = 0$$
$$\text{当 } x_2 = l \text{ 时}, \quad y_2 = 0$$

以外，还要根据整个梁的挠曲线为一条光滑而连续的曲线这一特征，利用相邻两段梁在交接处变形的连续条件，即在交接处 C 点，左右两段应有相等的挠度和相等的转角，即

$$x_1 = x_2 = a \text{ 时}, \quad \theta_1 = \theta_2, \quad y_1 = y_2$$

由以上四个条件即可求得四个积分常数：

$$D_1 = D_2 = 0, \quad C_1 = C_2 = -\frac{Fb}{6l}(l^2 - b^2)$$

将它们代入式(1)、(2)、(3)、(4),得到两段梁的转角方程和挠曲线方程,如表 7-2 所示。

表 7-2　两段梁的转角方程和挠曲线方程

AC 段$(0 \leqslant x_1 \leqslant a)$		CB 段$(a \leqslant x_2 \leqslant l)$	
$\theta_1 = -\dfrac{Fb}{2lEI}\left[\dfrac{1}{3}(l^2 - b^2) - x_1^2\right]$	(5)	$\theta_2 = -\dfrac{Fb}{6lEI}\left[\dfrac{3l}{b}(x_2 - a)^2 + (l^2 - b^2 - 3x_2^2)\right]$	(6)
$y_1 = -\dfrac{Fbx_1}{6lEI}\left[l^2 - b^2 - x_1^2\right]$	(7)	$y_2 = -\dfrac{Fb}{6lEI}\left[\dfrac{1}{b}(x_2 - a)^3 + (l^2 - b^2 - x_2^2)x_2\right]$	(8)

将 $x_1 = 0$ 和 $x_2 = l$ 分别代入式(5)和式(6),即得左右支座处的转角为

$$\theta_A = -\frac{Fb(l^2 - b^2)}{6lEI} = -\frac{Fab(l + b)}{6lEI}$$

$$\theta_B = \frac{Fab(l + a)}{6lEI}$$

现在来确定梁的最大挠度。简支梁的最大挠度发生在 $\theta = 0$ 处。本题设 $a > b$,,当 $x_1 = 0$ 时,$\theta_A < 0$;当 $x_1 = a$ 时,则 $\theta_C > 0$。故知 $\theta = 0$ 处的位置(即最大挠度 f 所在截面位置)必定发生在 AC 段内。为此令 $\dfrac{\mathrm{d}y_1}{\mathrm{d}x_1} = 0$,求得的 x_1 值就是挠度为极值处的坐标。

$$\frac{\mathrm{d}y_1}{\mathrm{d}x_1} = \theta_1 = -\frac{Fb}{2lEI}\left(\frac{1}{3}(l^2 - b^2) - x_1^2\right) = 0$$

可求得

$$x_1 = \sqrt{\frac{l^2 - b^2}{3}}$$

将这 x_1 值代入式(7),经简化后得最大挠度为

$$y_{\max} = -\frac{Fb}{9\sqrt{3}lEI}\sqrt{(l^2 - b^2)^3}$$

最大挠度的截面位置将随力 F 的改变而改变。当 $b \to 0$ 时,$x_1 = \dfrac{l}{\sqrt{3}} = 0.577l$;当 $a = b = l/2$ 时,$x_1 = 0.5l$。

综上所述,集中载荷 F 的作用位置对于最大挠度位置的影响并不明显(图 7-8)。为了实用计算上的简便,可不论集中载荷 F 作用的位置如何,都认为最大挠度发生在梁跨度的中点。

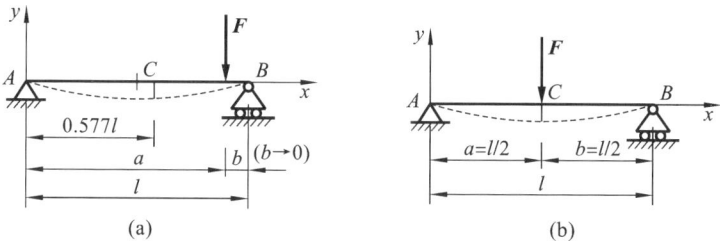

图 7-8

7.3 用叠加法求梁的变形

在前面计算梁的弯矩和建立挠曲线近似微分方程时,曾利用了梁的小变形假设,因此当梁上同时有几种载荷共同作用时,任意截面的弯矩,根据叠加原理,可以认为等于各个载荷分别作用时该截面上弯矩的代数和。即

$$M(x) = M_1 + M_2 + M_3 + \cdots + M_n$$

此处 M_1、M_2、$M_3 \cdots M_n$ 表示各个载荷分别作用时该截面的弯矩。于是

$$\theta = \theta_1 + \theta_2 + \theta_3 + \cdots + \theta_n$$

$$y = y_1 + y_2 + y_3 + \cdots + y_n$$

这就表明,梁上同时受有几种载荷同时作用时,任一截面的转角和挠度,等于各个载荷分别作用时该截面的转角和挠度的代数和。因此,当梁上同时作用几个载荷时,可分别算出每一个载荷单独作用时所引起的变形,然后将所求得的变形量代数相加,即为这些载荷共同作用时的变形,按叠加原理求得梁的变形的方法称为叠加法。

【例 7-4】 简支梁受载荷如图 7-9(a)所示,已知抗弯刚度 EI。试用叠加法求梁跨中点的挠度 y_C 和支座截面处的转角 θ_A、θ_B。

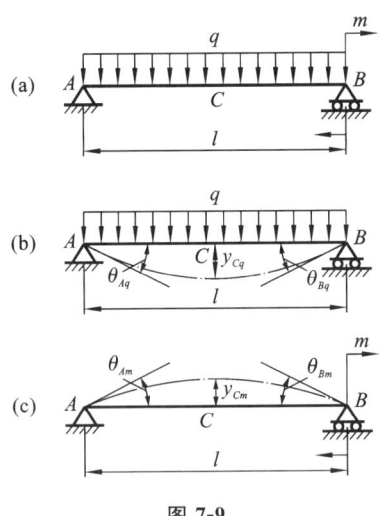

图 7-9

解:将作用在此梁上的载荷分为两种简单载荷,如图 7-9(b)、(c)所示。由附录表查得由 q、m 单独作用引起的梁跨中点 C 的挠度和支座 A、B 处的转角分别为

$$y_{Cq} = -\frac{5ql^4}{384EI}, \quad \theta_{Aq} = -\frac{ql^3}{24EI}, \quad \theta_{Bq} = \frac{ql^3}{24EI}$$

$$y_{Cm} = \frac{ml^2}{16EI}, \quad \theta_{Am} = \frac{ml}{6EI}, \quad \theta_{Bm} = -\frac{ml}{3EI}$$

于是 $y_C = y_{Cq} + y_{Cm} = -\dfrac{5ql^4}{384EI} + \dfrac{ml^2}{16EI}$

$$\theta_A = \theta_{Aq} + \theta_{Am} = -\frac{ql^3}{24EI} + \frac{ml}{6EI}$$

$$\theta_B = \theta_{Bq} + \theta_{Bm} = \frac{ql^3}{24EI} - \frac{ml}{3EI}$$

【例 7-5】 悬臂梁受力如图 7-10(a)所示。已知 q、l、EI,求梁自由端的挠度和转角。

解:将梁上的均布载荷由 BC 延长至 A;为了与原来的载荷情况相同,在 AC 段加反向的均布载荷 q,如图 7-10(b)所示。这样就可利用叠加法求两个均布载荷作用下梁的变形。将图 7-10(b)分解为图 7-10(c)、(d),得

$$y_B = y_{B1} + y_{B2}, \quad \theta_B = \theta_{B1} + \theta_{B2}$$

式中 y_{B1}、θ_{B1} 可直接查附录表得

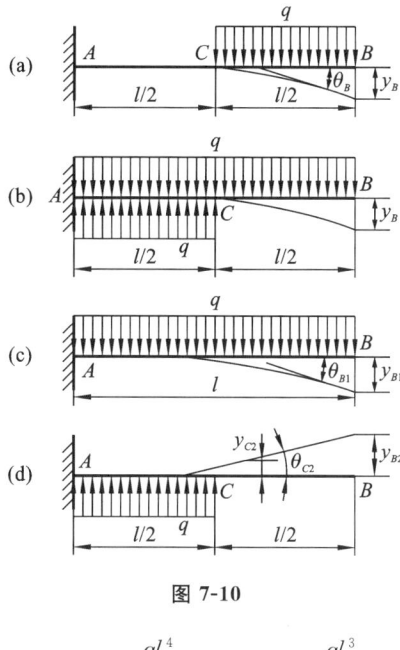

图 7-10

$$y_{B1} = -\frac{ql^4}{8EI}, \quad \theta_{B1} = -\frac{ql^3}{6EI}$$

由图 7-10(d)知, y_{B2} 是作用在 AC 段向上的均布载荷 q 在 B 点引起的挠度。由于 CB 段没有弯矩,故该段不产生变形,轴线保持为直线。可是 CB 段各截面的形心会因 AC 段的变形而产生位移。从图 7-10(d)可知, B 截面的挠度 y_{B2} 由两部分组成:一是 C 点的挠度 y_{C2} 引起的,二是 C 截面的转角 $\theta_{C2}(\theta_{C2}=\theta_{B2})$ 引起的,即

$$y_{B2} = y_{C2} + \theta_{C2}\,\frac{l}{2}$$

式中 y_{C2}、θ_{C2} 可直接由附录表得

$$y_{C2} = \frac{q\left(\frac{1}{2}\right)^4}{8EI} = \frac{ql^4}{128EI}, \quad \theta_{C2} = \frac{q\left(\frac{l}{2}\right)^3}{6EI} = \frac{ql^3}{48EI}$$

故

$$y_{B2} = \frac{ql^4}{128EI} + \frac{ql^3}{48EI}\,\frac{l}{2} = \frac{7ql^4}{384EI}$$

于是得到

$$y_B = y_{B1} + y_{B2} = -\frac{ql^4}{8EI} + \frac{7ql^4}{384EI} = -\frac{41ql^4}{384EI}$$

$$\theta_B = \theta_{B1} + \theta_{B2} = \theta_{B1} + \theta_{C2} = -\frac{ql^3}{6EI} + \frac{ql^3}{48EI} = -\frac{7ql^3}{48EI}$$

【例 7-6】 图 7-11(a)所示外伸梁 ABC,已知抗弯刚度 EI,自由端作用有集中力 F。试求 A 截面的挠度及转角。

解: 可将整个梁视为简支梁 BC 和固定端在 B 的悬臂梁 AB 所组成。由于视 AB 为悬臂梁, B 为固定端(即暂不考虑 B 截面有转角 θ_B),查表得 A 截面的挠度和转角为

$$y_1 = -\frac{Fa^3}{3EI}, \quad \theta_1 = \frac{Fa^2}{3EI}$$

  BC 段为简支梁,如图 7-11(c)所示。由于在图 7-11(a)中力 F 的作用下,在截开的 B 截面上有剪力 $F_{QB} = F$ 及弯矩 $M_B = Fa$,将 F_{QB}、M_B 看成作用在 BC 梁上的载荷(如图 7-11(c)所示)。在图 7-11(a)中由于 F 作用引起 BC 段的变形,与图 7-11(c)中由 F_{QB}、M_B 作用所引起的变形相同。因 F_{QB} 是支座截面 B 上的剪力,不会引起变形,只有力偶 m_B 使 BC 梁变形。查附录表得截面 B 的转角为

$$\theta_2 = \theta_B = \frac{m_B l}{3EI} = \frac{Fal}{3EI}$$

  由于 B 截面有转角 θ_B,使 AB 段发生刚体转动,如图 7-11(c)所示,从而使截面 A 产生变形为

$$y_2 = -a\theta_B = -\frac{Fa^2 l}{3EI}$$

$$\theta_2 = \theta_B = \frac{Fal}{3EI}$$

应用叠加法得截面 A 的总变形

$$y_A = y_1 + y_2 = -\frac{Fa^3}{3EI} - \frac{Fa^2 l}{3EI} = -\frac{Fa^2}{3EI}(a + l)$$

$$\theta_A = \theta_1 + \theta_2 = \frac{Fa^2}{2EI} + \frac{Fal}{3EI} = \frac{Fa}{6EI}(3a + 2l)$$

【例 7-7】 求图 7-12(a)所示阶梯形截面的转角 θ_C 和挠度 y_C。

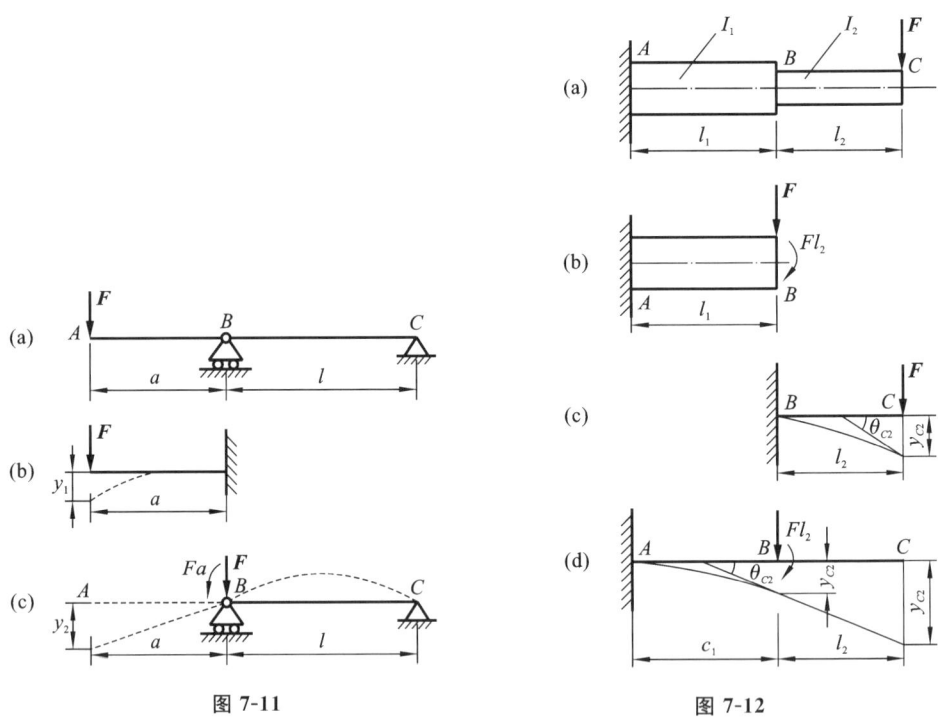

图 7-11   图 7-12

  解:由于梁 AB 段和 BC 段的截面惯性矩 I 不同,可将梁分两段来研究。在截面 B 上的内力,有集中力 F 产生的剪力 F_Q($F_Q = F$)和弯矩 M($M = Fl_2$),如图 7-12(b)所示。考虑 BC 段时,可将 AB 段视为刚体,这样梁 BC 段就相当于以截面 B 为固定端的悬臂梁(图

7-12(c))。查表得这时 C 点的转角和挠度为

$$\theta_{C2} = -\frac{Fl_2^2}{2EI_2}, \quad y_{C2} = -\frac{Fl_2^3}{3EI_2}$$

事实上，在被视为固定端的 B 截面上，存在 F 力作用引起的剪力 F 及力偶 Fl_2，这些力将使 AB 段变形，从而引起 B 截面转动和下移，B 截面处的转角和挠度分别为

$$\theta_B = -\frac{Fl_1^2}{2EI_1} - \frac{Fl_2 l_1}{EI_1}$$

$$y_B = -\frac{Fl_1^3}{3EI_1} - \frac{Fl_2 l_1^2}{2EI_1}$$

由于梁的挠曲线是一条连续光滑的曲线，因此在截面 B 上，AB 杆和 BC 杆的挠度和转角均应相等。当梁 AB 段变形时，BC 段保持直线，但转过一个角度 θ_{C1}，从而引起截面 C 处的转角和挠度分别为（图 7-12(d)）

$$\theta_{C1} = \theta_B = -\frac{Fl_1^2}{2EI_1} - \frac{Fl_2 l_1}{EI_1} = -\frac{Fl_1(l_1 + 2l_2)}{2EI_1}$$

$$y_{C_1} = y_B + \theta_B l_2 = -\frac{Fl_1^3}{3EI_1} - \frac{Fl_2 l_1^2}{2EI_1} - \frac{Fl_2 l_1^2}{2EI_1} - \frac{Fl_2^2 l_1}{EI_1} = -\frac{Fl_1\left[\frac{1}{3}l_1^2 + l_2(l_1+l_2)\right]}{EI_1}$$

根据叠加原理，可知阶梯形梁在截面 C 上的总转角和挠度为

$$\theta_C = \theta_{C1} + \theta_{C2} = -\frac{Fl_1(l_1+2l_2)}{2EI_1} - \frac{Fl_2^2}{2EI_2}$$

$$y_C = y_{C1} + y_{C2} = -\frac{Fl_1\left[\frac{1}{3}l_1^2 + l_2(l_1+l_2)\right]}{EI_1} - \frac{Fl_2^3}{3EI_2}$$

7.4　梁的刚度校核、提高梁弯曲刚度的措施

1. 梁的刚度条件

在按强度条件选择了梁的截面后，往往还需要进一步按梁的刚度条件检查梁的变形是否在设计条件所允许的范围内。因为当梁的变形超过一定限度时，梁的正常工作条件就会得不到保证，为此还应重新选择截面以满足刚度条件的要求。根据工程实际的需要，梁的最大挠度和最大转角不超过某一规定值。由此梁的刚度条件为

$$|y|_{\max} \leqslant [y] \tag{7-5}$$

$$|\theta|_{\max} \leqslant [\theta] \tag{7-6}$$

式中，$[y]$ 为许可挠度，$[\theta]$ 为许可转角。其数值可以从有关工程设计手册中查到。

【例 7-8】　图 7-13 所示为一吊车梁，跨长 $l=10$ m，最大起重量 $F_W=30$ kN，梁为工字钢截面，许用应力 $[\sigma]=140$ MPa，许可挠度 $[y]=\dfrac{l}{400}$，弹性模量 $E=200$ GPa。试选择工字钢型号。

解：(1) 按正应力强度条件设计截面，选择工字钢型号。

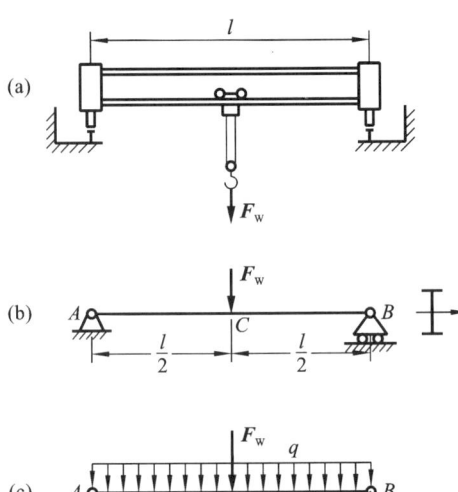

图 7-13

由于截面尺寸未定,暂不考虑梁的自重影响。当起吊重物在跨中点 C 时,C 截面将产生最大弯矩和最大挠度。最大弯矩为

$$(M_{max})_W = \frac{1}{4}F_W l = \frac{30 \times 10}{4} \text{ kN} \cdot \text{m} = 75 \text{ kN} \cdot \text{m}$$

根据强度条件得

$$W_z \geqslant \frac{(M_{max})_W}{[\sigma]} = \frac{75 \times 10^3}{140 \times 10^6} \text{ m}^3 = 535.7 \times 10^{-6} \text{ m}^3 = 535.7 \text{ cm}^3$$

查相关型钢表,初选 32a 号工字钢,$W_z = 602 \text{ cm}^3$,$I_z = 11100 \text{ cm}^4$。

(2)刚度校核。

$$|y|_{max} = \frac{F_W l^3}{48EI_z} = \frac{30 \times 10^3 \times 10^3}{48 \times 200 \times 10^9 \times 11100 \times 10^{-8}} = 28.2 \times 10^{-3} \text{ m} = 28.2 \text{ mm}$$

$$[y] = \frac{l}{400} = \frac{10000}{400} \text{ mm} = 25 \text{ mm}$$

由于 $|y|_{max} > [y]$,则 32a 号工字钢不能满足刚度要求,需根据刚度条件重新选择型号,由 $[y] = \frac{F_W l^3}{48EI_z}$ 得

$$I_z = \frac{F_W l^3}{48E[y]} = \frac{30 \times 10^3 \times 10^3}{48 \times 200 \times 10^9 \times 25 \times 10^{-8}} \text{ m}^4 = 1.25 \times 10^{-4} \text{ m}^4 = 12500 \text{ cm}^4$$

查型钢表得 36a 号工字钢

$$I_z = 15800 \text{ cm}^4, \quad W_z = 875 \text{ cm}^3, \quad \text{单位长度自重 } q \approx 588 \text{ N/m}$$

(3)按选得的工字钢考虑自重影响,对梁的强度和刚度进行校核,如图 7-13(c)所示,自重引起梁跨中最大弯矩

$$(M_{max})_q = \frac{1}{8}ql^2 = \frac{1}{8} \times 588 \times 10^2 \text{ kN} \cdot \text{m} = 7.35 \text{ kN} \cdot \text{m}$$

载荷和自重共同引起梁的最大弯矩为

$$M_{max} = (M_{max})_q + (M_{max})_w = (7.35 + 75)\ \text{kN} \cdot \text{m} \approx 82.4\ \text{kN} \cdot \text{m}$$

故最大正应力为

$$\sigma_{max} = \frac{M_{max}}{W_z} = \frac{82.4 \times 10^3}{875 \times 10^{-6}}\ \text{Pa} = 94.2 \times 10^6\ \text{Pa} = 94.2\text{MPa} < [\sigma]$$

梁的最大挠度查附录表,并用叠加法得

$$|y|_{max} = y_{C_w} + y_{C_q} = \frac{F_w l^3}{48EI_z} + \frac{5ql^4}{384EI_z}$$

$$= \left(\frac{30 \times 10^3 \times 10^3}{48 \times 200 \times 10^9 \times 15800 \times 10^{-8}} + \frac{5 \times 588 \times 10^4}{384 \times 200 \times 10^9 \times 15800 \times 10^{-8}} \right)\ \text{m}$$

$$= 22.2 \times 10^{-3}\ \text{m} = 22.2\ \text{mm} < [y]$$

故选用 36a 号工字钢。

2. 提高梁弯曲刚度的措施

梁的变形不仅与梁的支承和载荷情况有关,还与材料、截面形状和跨度有关。要提高弯曲刚度,就应该从以下几个因素入手。

(1) 提高梁的抗弯刚度 EI。

各类钢材的弹性模量 E 的数值非常接近,故采用高强度优质钢来提高弯曲刚度是不经济的。而增大截面的惯性矩 I 则是提高抗弯刚度的主要途径。与梁的强度问题一样,可以采用槽形、工字形和空心圆等合理的截面形状。

(2) 改变梁上的载荷作用位置、方向和作用形式。

改变载荷的这些因素,其目的是减小梁的弯矩,这与提高梁的强度措施相同。

(3) 减小梁的跨度或增加支承。

在前面的【例 7-3】中可以看到,梁受集中力 F 作用时,其挠度与跨度的三次方成正比,若跨度减小一半,则挠度减小到原来的 1/8。所以减小梁的跨度,是提高弯曲刚度的有效措施。另一方面,增加梁的支座也可以减小梁的挠度。例如在图 7-14(a)所示的简支梁的跨度中点增设一个支座 C,如图 7-14(b)所示,就能使梁的挠度显著减小。但采用这种措施后,原来的静定梁就变成静不定梁了。这种增加支承提高弯曲刚度的措施在实际中被广泛应用。例如,在车床上用卡盘夹住工件进行切削时,工件由于切削力而引起弯曲变形,造成加工锥度,这时在工件的自由段加装尾架顶针,则其锥度显著减小。

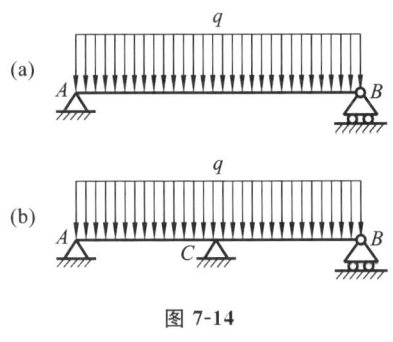

图 7-14

习　　题

【7-1】　用积分法求图 7-15 所示各梁的挠曲线方程及自由端的挠度和转角。设 EI

为常量。

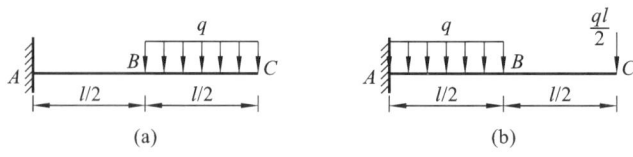

图 7-15

【7-2】 用叠加原理求出图 7-16 所示各梁中的最大挠度和转角。

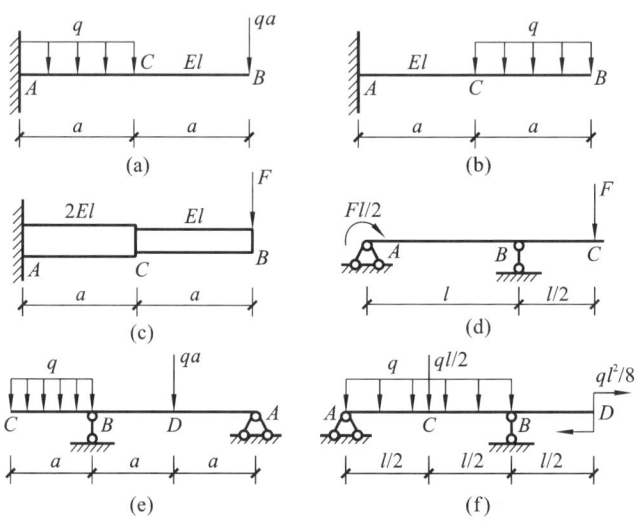

图 7-16

【7-3】 求图 7-17 所示变截面梁自由端的挠度和转角。

【7-4】 松木桁条的横截面为圆形，跨长为 4 m，两端可视为简支，全跨上作用有集度为 $q = 1.82$ kN/m 的均布荷载。已知松木的许用应力 $[\sigma] = 10$ MPa，弹性模量 $E = 10$ GPa。桁条的许可相对挠度为 $\left[\dfrac{W}{l}\right] = \dfrac{1}{200}$。试求桁条截面所需的直径。（桁条可视为等直圆木梁计算，直径以跨中为准。）

【7-5】 图 7-18 所示木梁的右端由钢拉杆支承。已知梁的横截面为边长等于 0.20 m 的正方形，$q = 15$ kN/m，$E_1 = 10$ GPa；钢拉杆的横截面面积 $A_2 = 250$ mm^2，$E_2 = 210$ GPa。试求拉杆的伸长 Δl 及梁中点沿铅垂方向的位移 Δ。

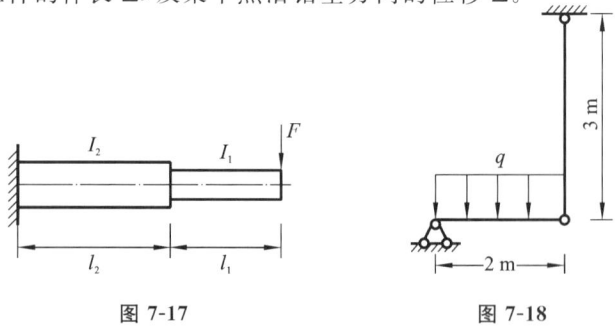

图 7-17　　　　　　　　图 7-18

第8章 复杂应力状态和强度理论

8.1 概　　述

1. 一点处的应力状态

对于轴向拉压和对称弯曲中的正应力，由于杆件危险点处横截面上的正应力是通过该点各方位截面上正应力的最大值，且处于单轴应力状态，故可将其与材料在单轴拉伸（压缩）时的许用应力相比较来建立强度条件。同样，对于圆杆扭转和对称弯曲中的切应力，由于杆件危险点处横截面上的切应力是通过该点各方位截面上切应力的最大值，且处于纯剪切应力状态，故可将其与材料在纯剪切下的许用应力相比较来建立强度条件。但是，在一般情况下，受力构件内截面上的一点处既有正应力，又有切应力（例如工字钢截面梁在受力弯曲时，其截面上翼缘与腹板交界的各点处，同时有较大的正应力和剪应力）。若需要对这类点的应力进行强度计算，则不能分别按正应力和切应力来建立强度条件，需综合考虑正应力和切应力的影响。这时要研究通过该点各不同方位截面上应力的变化规律，从而确定该点处的最大正应力和最大切应力及其所在截面的方位。受力构件内一点处不同方位截面上应力的集合（也即通过一点所有不同方位截面上应力的全部情况），称为一点处的应力状态。也就是说，需研究受力构件内一点处的应力状态，而该点处的应力状态较为复杂，应力的组合形式又有无限多的可能性，因此，不可能用直接试验的方法来确定每一种应力组合情况下材料的极限应力。于是，就需探求材料破坏（断裂或屈服）的规律。若能确定引起材料破坏的共同因素，则就可通过简单的应力状态（如单轴应力状态或纯剪切应力状态）下的试验结果，来确定该共同因素的极限值，从而建立相应的强度条件。关于材料破坏规律的假设，称为强度理论。

2. 一点处的应力状态的表示方法

为了研究受力构件内某点处的应力状态，可以围绕该点截取一个单元体来代表该点。这个单元体的边长为无穷小量，沿水平与铅垂方向，故单元体各个表面上的应力分布可以看成是均匀的，单元体任一对平行平面上的应力可视为相等的，这样的单元体称为原始单元体。原始单元体右侧面、上表面及前表面的应力分量称为这个原始单元体的应力分量。

例如图 8-1 所示的轴向拉伸的直杆，围绕 A 点用一对横截面和一对与杆轴线平行的纵向截面切出一个单元体,如图 8-1(b)所示。此单元体的左、右侧面的正应力为 $\sigma_0 = \dfrac{P}{A}$,其上、下侧面和前、后侧面均无应力,图 8-1(b)所示的应力单元体称为 A 点处的原始单元体。为了画法简便,此单元体可以用图 8-1(c)来表示。

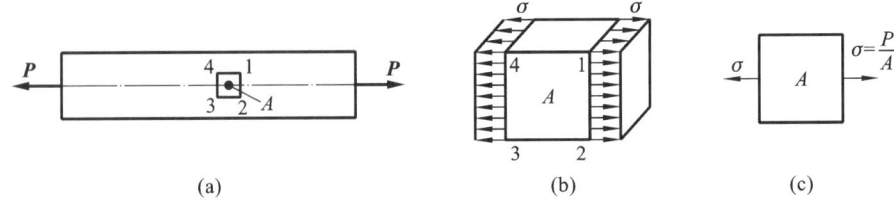

图 8-1

当圆杆扭转时(图 8-2(a)),对于其表面上的 B 点,可以围绕该点以杆的横截面和径向、周向纵截面截取代表它的单元体进行研究,如图 8-2(b)所示。横截面上在 B 点处的剪应力 $\tau_B = \tau_{\max} = \dfrac{M_T}{W_T} = \dfrac{T}{W_T}$,其中 M_T 为横截面上的扭矩,W_T 为抗扭截面模量,T 为外力矩,杆在周向截面上没有应力。又由剪应力互等定理可知,杆在径向截面上 B 点处应该有与 τ_B 相等的剪应力。于是此单元体各侧面上的应力如图 8-2(b)、(c)所示。

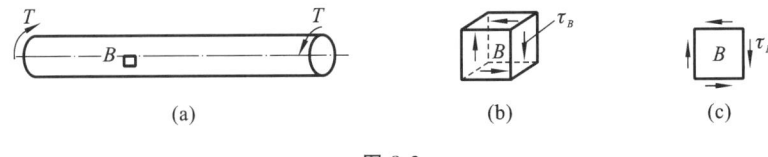

图 8-2

对于图 8-3(a)所示横力弯曲下的矩形截面梁,得到 m-m 截面正应力 $\sigma_x = \dfrac{M(x)}{I_z}y$ 和剪应力 $\tau_{xy} = \dfrac{Q(x)S}{bI_z}$,如图 8-3(b)所示。由剪应力互等定理可知 $\tau_y = -\tau_x$,得到应力单元体(图 8-3(c))。

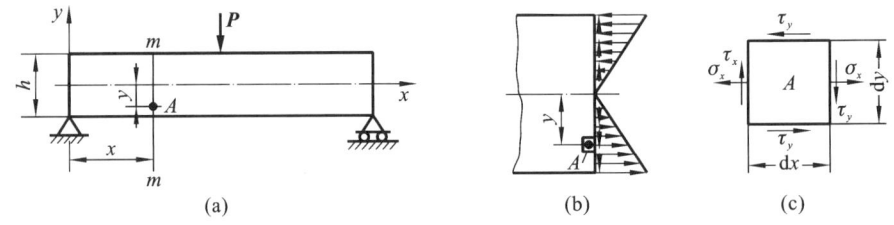

图 8-3

3. 主平面、主应力、应力状态的分类

在一般情况下,表示一点处应力状态的应力单元体在其各个表面上同时存在有正应力和剪应力。但是可以证明:在该点处以不同方式截取的各个单元体中,必有一个特殊的单元体,在这个单元体的侧面上只有正应力而没有剪应力。这样的单元体称为该点处的

主应力单元体或主单元体。图 8-1(c)所示的单元体就是主应力单元体。主单元体的侧面称为主平面。主平面上的正应力称为该点处的主应力。

一般情况下,过一点处所取的主单元体的六个侧面上有三对主应力,我们用 σ_1、σ_2、σ_3 表示,这三者的顺序按代数值大小排列,即 $\sigma_1 \geqslant \sigma_2 \geqslant \sigma_3$。

一点处的应力状态按照该点处的主应力有几个不为零而分为三类。

①只有一个主应力不等于零的称为单向应力状态。例如图 8-1 所示的拉杆内任意一点即为单向应力状态。

②两个主应力不等于零的称为二向应力状态。以后会看到,图 8-3 所示的横力弯曲 A 点属于二向应力状态。

③三个主应力都不等于零的称为三向应力状态。例如图 8-4(a)所示的地铁钢轨,在车轮压力作用下,钢轨受压部分的材料有向四外扩张的趋势,而周围的材料阻止其向外扩张,故受到周围材料的压力。在钢轨受压区域内可取出图 8-4(b)所示的单元体,这个单元体上有三个主应力 σ_1、σ_2、σ_3。这样钢轨与车轮的接触点处的应力状态为三向应力状态。

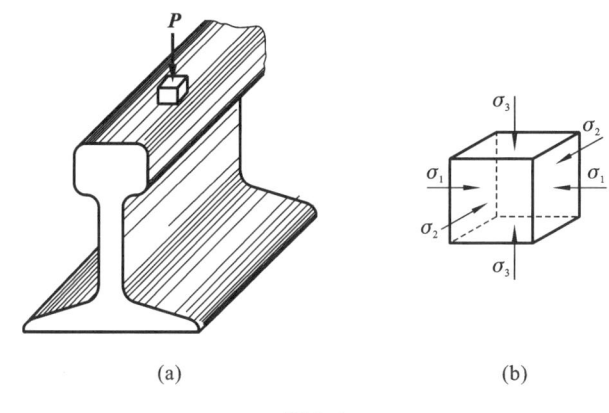

(a)　　　　　　　　　　(b)

图 8-4

通常将单向和二向应力状态统称为平面应力状态,二向和三向应力状态统称为复杂应力状态。

8.2　二向应力状态分析

1. 单元体截面上的应力

在平面应力状态下,图 8-5(a)表示最一般情况下的的应力单元体,为了简化,我们可以用图 8-5(b)来表示。在图 8-5(b)中已知正应力 σ_x、σ_y,剪应力 $\tau_x \backslash$、τ_y,下面将求垂直于纸面的任意斜截面 de 上的正应力和剪应力。首先规定如下:

正应力 σ:仍以拉压力为正,压应力为负。

剪应力 τ:当表示剪应力的矢量有绕单元体内任一点作顺时针转动趋势时为正,反之为负。

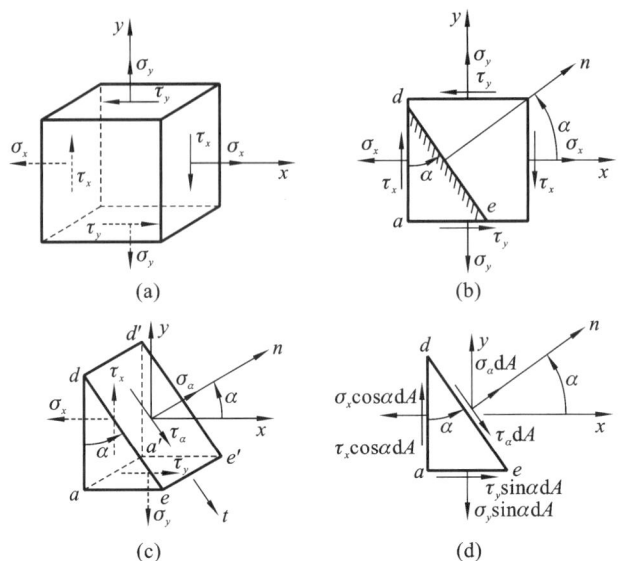

图 8-5

斜截面外法线与 x 轴所成角度 α：从 x 轴按逆时针转向转到外法线 n 时为正，反之为负。

根据上述规定，图 8-5(b)中的 τ_y 为负，其余各应力和 α 角均为正。

与 xy 平面垂直的任意一个斜截面 de，其外法线 n 与 x 轴的夹角为 α。采用截面法，用 de 截面将单元体截开，保留下半部 ade。在图 8-5(c)所示棱柱体 ade 的 ad 面上有已知的应力 σ_x、τ_x，在 ae 面上有已知应力 σ_y、τ_y，在 de 面上假设有未知的正应力 σ_a 和剪应力 τ_a。

设 de 斜截面面积为 dA，则 ae 面的面积为 $dA \cdot \sin\alpha$，ad 面的面积为 $dA \cdot \cos\alpha$。取 t 和 n 为参考轴，建立棱柱体 ade 的受力平衡方程，则对于参考轴 n 和 t 分别列写如下方程：

$$\sigma_a dA + (\tau_x dA\cos\alpha) \cdot \sin\alpha - (\sigma_x dA\cos\alpha) \cdot \cos\alpha + (\tau_y dA\sin\alpha) \cdot \cos\alpha$$
$$- (\sigma_y dA\sin\alpha) \cdot \sin\alpha = 0 \tag{a}$$

$$\tau_a dA - (\tau_x dA\cos\alpha) \cdot \cos\alpha - (\sigma_x dA\cos\alpha) \cdot \sin\alpha + (\tau_y dA\sin\alpha) \cdot \sin\alpha$$
$$+ (\sigma_y dA\sin\alpha) \cdot \cos\alpha = 0 \tag{b}$$

由剪应力互等定理有 $\tau_x = \tau_y$，考虑三角关系式 $\sin^2\alpha = \dfrac{1-\cos2\alpha}{2}$、$\cos^2\alpha = \dfrac{1+\cos2\alpha}{2}$ 以及 $2\sin\alpha\cos\alpha = \sin2\alpha$，对(a)、(b)二式进行整理得到：

$$\sigma_a = \frac{\sigma_x + \sigma_y}{2} + \frac{\sigma_x - \sigma_y}{2}\cos2\alpha - \tau_x \sin2\alpha \tag{8-1}$$

$$\tau_a = \frac{\sigma_x - \sigma_y}{2}\sin2\alpha + \tau_x \cos2\alpha \tag{8-2}$$

利用式(8-1)、式(8-2)可以求得 de 斜截面上的正应力 σ_a 和剪应力 τ_a。可以看出，斜截面上的应力是角度 α 的函数，正应力 σ_a 和剪应力 τ_a 随截面的方位改变而变化。若已知单元体上互相垂直面上的应力 σ_x、τ_x、σ_y、τ_y，则该点处的应力状态即可由公式(8-1)、公式(8-2)完全确定。

【例 8-1】 已知构件内某点处的应力单元体如图 8-6 所示，试求斜截面上的正应力 σ_α 和剪应力 τ_α。

解：按照前述正负号规定，$\sigma_x = +60$ MPa，$\tau_x = -120$ MPa，$\sigma_y = -80$ MPa，$\alpha = -30°$。由公式(8-1)得到

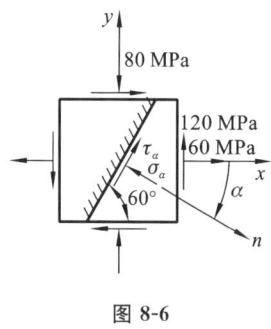

图 8-6

$$\sigma_\alpha = \frac{\sigma_x + \sigma_y}{2} + \frac{\sigma_x - \sigma_y}{2}\cos2\alpha - \tau_x\sin2\alpha$$

$$= \frac{60 + (-80)}{2} + \frac{60 - (-80)}{2} \times \cos(-60°) - (-120) \times \sin(-60°)$$

$$= -78.9 \text{(MPa)}$$

由公式(8-2)得到

$$\tau_\alpha = \frac{\sigma_x - \sigma_y}{2}\sin2\alpha + \tau_x\cos2\alpha$$

$$= \frac{60 - (-80)}{2} \times \sin(-60°) + (-120) \times \cos(-60°) = -121 \text{(MPa)}$$

按照前述正负号规定，将斜截面上的正应力 σ_α 和剪应力 τ_α 的方向表示在单元体上，如图所示。

2. 主应力和极限剪应力

将公式(8-1)对 α 求一次导数有 $\dfrac{\mathrm{d}\sigma_\alpha}{\mathrm{d}\alpha} = \dfrac{\sigma_x - \sigma_y}{2}(-2\sin2\alpha) - \tau_x(2\cos2\alpha)$，令 $\dfrac{\mathrm{d}\sigma_\alpha}{\mathrm{d}\alpha}\bigg|_{\alpha=\alpha_0} = 0$，即

$$\frac{\sigma_x - \sigma_y}{2}\sin2\alpha_0 + \tau_x\cos2\alpha_0 = 0 \qquad\qquad (c)$$

取 $\alpha = \alpha_0$，公式(8-2)的右边正好与(c)式等号的左边相等。这说明极值正应力所在的平面($\dfrac{\mathrm{d}\sigma_\alpha}{\mathrm{d}\alpha}\bigg|_{\alpha=\alpha_0} = 0$)，恰好是剪应力 τ_{α_0} 等于零的面，即主平面。由此可知，极值正应力就是主应力。由(c)式可得：

$$\tan2\alpha_0 = -\frac{2\tau_x}{\sigma_x - \sigma_y} \qquad\qquad (8\text{-}3)$$

因为正切函数的周期为 $180°$，即 $\tan2\alpha = \tan(2\alpha + 180°)$，所以满足公式(8-3)的斜截面有角度为 α_0 和 $\alpha_0 + 90°$ 两个，其中一个是最大正应力所在的平面，另一个是最小正应力所在的平面。α_0 和 $\alpha_0 + 90°$ 确定了两个相互垂直的主平面，如图 8-7 所示。再考虑到各应力均为零的平面也是主平面，这样平面应力状态下的三个主平面是互相垂直的。

由公式(8-3)求出 $\cos2\alpha_0$ 和 $\sin2\alpha_0$，代入公式(8-2)得到最大主应力和最小主应力：

$$\begin{matrix}\sigma_{\max}\\\sigma_{\min}\end{matrix} = \frac{\sigma_x + \sigma_y}{2} \pm \sqrt{\left(\frac{\sigma_x - \sigma_y}{2}\right)^2 + \tau_x^2} \qquad\qquad (8\text{-}4)$$

确定最大正应力 $\sigma_{\max}$ 和最小正应力 $\sigma_{\min}$ 所在平面方法如下：

(1) 如果 σ_x 表示两个正应力中代数值较大的一个，即 $\sigma_x > \sigma_y$，则公式(8-3)确定的两

个角度 α_0 和 $\alpha_0+90°$ 中,绝对值较小的一个确定 α_{max} 所在的平面;

（2）如果 σ_x 表示两个正应力中代数值较小的一个,即 $\sigma_x<\sigma_y$,则公式(8-3)确定的两个角度 α_0 和 $\alpha_0+90°$ 中,绝对值较小的一个确定 σ_{min} 所在的平面;

（3）当 $\sigma_x=\sigma_y$ 时,如果 τ_x 有使单元体顺时针转动趋势,则 σ_{max} 指向为从 σ_x 所在的 x 轴正向沿顺时针转过 $45°$,如图 8-8(a)所示;如果 τ_x 有使单元体逆时针转动趋势,则 σ_{max} 指向为从 σ_x 所在的 x 轴正向沿逆时针转过 $45°$,如图 8-8(b)所示。

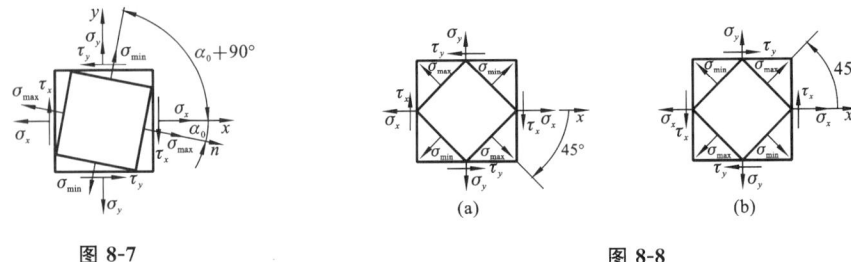

图 8-7   (a)   (b)   图 8-8

按照与上述完全类似的方法,可以求得最大和最小剪应力以及它们所在的平面。将公式(8-2)对角度 α 求导数,有 $\dfrac{d\tau_a}{d\alpha}=(\sigma_x-\sigma_y)\cos2\alpha-2\tau_x\sin2\alpha$,令 $\dfrac{d\tau_a}{d\alpha}\Big|_{a=\alpha_1}=0$,得到:

$$(\sigma_x-\sigma_y)\cos2\alpha_1-2\tau_x\sin\alpha_1=0$$

由此得到

$$\tan2\alpha_1=\frac{\sigma_x-\sigma_y}{2\tau_x} \tag{8-5}$$

满足公式(8-5)的 α_1 值同样有两个:α_1 和 $\alpha_1+90°$,从而可以确定两个互相垂直的平面,分别作用着最大和最小剪应力。

由公式(8-5)求出 $\cos2\alpha_1$ 和 $\sin2\alpha_1$,代入公式(8-4)得到最大剪应力和最小剪应力:

$$\begin{matrix}\tau_{max}\\\tau_{min}\end{matrix}=\pm\sqrt{\left(\frac{\sigma_x-\sigma_y}{2}\right)^2+\tau_x^2} \tag{8-6}$$

比较公式(8-3)和公式(8-5)可得

$$\tan2\alpha_1=-\cot2\alpha_0=\tan(2\alpha_0+90°)$$

所以有 $\alpha_1=\alpha_0+45°$,即两个极限剪应力所在平面与主平面各成 $45°$,如图 8-9 所示。

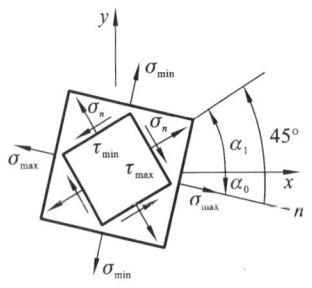

图 8-9

【例 8-2】 扭转试验破坏现象如下:低碳钢试件从表面开始沿横截面破坏,如图 8-10(a)所示;铸铁试件从表面开始沿与轴线成 $45°$ 倾角的螺旋曲面破坏,如图 8-10(b)所示。试分析并解释它们的破坏原因。

解:圆轴扭转时,试件横截面最外端剪应力最大,其数值为

$$\tau=\frac{T}{W_T}$$

所以低碳钢和铸铁两种试件均从表面开始破坏。

为了解释断口的不同,首先确定最大正应力和最大剪应力所发生的平面。我们从扭

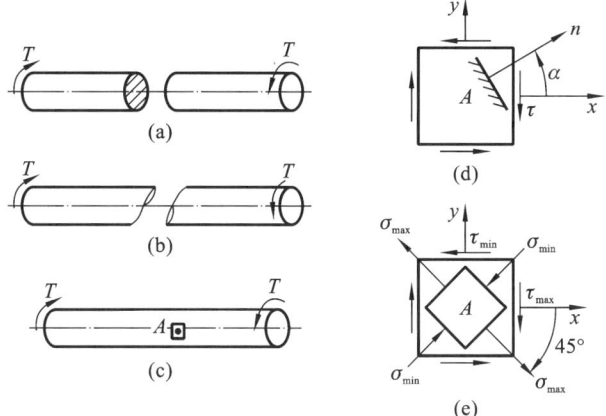

图 8-10

转试件表面任一点 A 处截取应力单元体(图 8-10(c)\、(d)),这时 $\sigma_x = \sigma_y = 0$,由公式(8-1)、公式(8-2)得到

$$\sigma_\alpha = -\tau \sin 2\alpha \qquad (a)$$

$$\tau_\alpha = \tau \cos 2\alpha \qquad (b)$$

由式(a)可见,当 $\alpha = -45°$ 时,正应力出现最大值,$\sigma_{\max} = \tau$;由式(b)可见,当 $\alpha = 0°$ 时,剪应力出现最大值,$\tau_{\max} = \tau$。最大正应力 $\sigma_{\max}$ 和最大剪应力 $\tau_{\max}$ 的表示如图 8-10(e)所示。

由于一点处的应力状态与试件材料无关,故图 8-10(e)所示的最大应力对低碳钢和铸铁试件分析都适用。低碳钢试件沿横截面($\alpha = 0°$)破坏,对应剪应力出现最大值,$\tau_{\max} = \tau$,可见低碳钢试件扭转破坏是被剪断的。由于最大剪应力 $\tau_{\max} = \tau = \sigma_{\max}$,所以又说明了低碳钢的抗剪能力低于其抗拉能力。铸铁试件沿与轴线成 $45°$ 的螺旋曲面破坏,这正好是 $\alpha = -45°$ 时,正应力出现最大值 $\sigma_{\max} = \tau$ 所在的平面。最大正应力 $\sigma_{\max} = \tau$,说明了铸铁的抗拉能力低于其抗剪能力,可见扭转试验中铸铁试件是被拉断的。

【例 8-3】 图 8-11(a)所示单元体,$\sigma_x = 100$ MPa,$\tau_x = -20$ MPa,$\sigma_y = 30$ MPa,试求:

(1) $\alpha = 40°$ 的斜截面上的正应力 σ_α 和剪应力 τ_α;

(2) 确定 A 点处的最大正应力 $\sigma_{\max}$、最大剪应力 $\tau_{\max}$ 和它们所在的位置。

解:(1) 由公式(8-1)、公式(8-2)得到 $\alpha = 40°$ 的斜截面上的应力

$$\sigma_\alpha = \frac{\sigma_x + \sigma_y}{2} + \frac{\sigma_x - \sigma_y}{2}\cos 2\alpha - \tau_r \sin 2\alpha$$

$$= \left[\frac{100 + 30}{2} + \frac{100 - 30}{2}\cos 80° - (-20) \times \sin 80°\right] \text{MPa}$$

$$= 90.8 \text{ MPa}$$

$$\tau_\alpha = \frac{\sigma_x - \sigma_y}{2}\sin 2\alpha + \tau_x \cos 2\alpha$$

$$= \left[\frac{100 - 30}{2}\sin 80° + (-20) \times \cos 80°\right] \text{MPa} = 31.0 \text{ MPa}$$

(2) 由公式(8-4)可知,A 点处的最大正应力

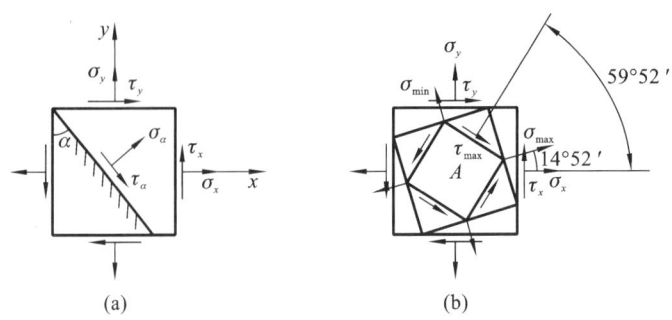

图 8-11

$$\sigma_{max} = \frac{\sigma_x + \sigma_y}{2} + \sqrt{\left(\frac{\sigma_x - \sigma_y}{2}\right)^2 + \tau_x^2}$$

$$= \left[\frac{100 + 30}{2} + \sqrt{\left(\frac{100 - 30}{2}\right)^2 + (-20)^2}\right] \text{MPa} = 105 \text{ MPa}$$

由公式(8-3)得到

$$\alpha_0 = \frac{1}{2}\tan^{-1}\left(-\frac{2\tau_x}{\sigma_x - \sigma_y}\right) = \frac{1}{2}\tan^{-1}\left[-\frac{2 \times (-20)}{100 - 30}\right] = 14°52'$$

$$\alpha_0 + 90° = 104°52'$$

因为 $\sigma_x > \sigma_y$，故最大正应力 σ_{max} 所在截面的方位角为 α_0 和 $\alpha_0 + 90°$ 中绝对值较小的一个，即为 $14°52'$。

由公式(8-5)可知，A 点处的最大剪应力

$$\tau_{max} = \sqrt{\left(\frac{\sigma_x - \sigma_y}{2}\right)^2 + \tau_x^2} = \sqrt{\left(\frac{100 - 30}{2}\right)^2 + (-20)^2} \text{ MPa} = 40.3 \text{ MPa}$$

最大正应力 τ_{max} 所在截面的方位角 $\alpha_1 = \alpha_0 + 45° = 59°52'$，如图 8-11(b)所示。

8.3　三向应力状态分析

设一点处的主应力单元体如图 8-12(a)所示，研究证明，当主应力按 $\sigma_1 \geqslant \sigma_2 \geqslant \sigma_3$ 排列时，σ_1 和 σ_3 既是一点处三个主平面上代数值最大和最小的主应力，也是该点处所有截面上代数值最大和最小的正应力。将最大和最小的正应力分别用 σ_{max} 和 σ_{min} 表示，则有

$$\sigma_{max} = \sigma_1, \quad \sigma_{min} = \sigma_3 \tag{8-7}$$

分析平行于一个主应力 σ_3 的任一斜截面 m-m 上的应力，如图 8-12(a)所示，用截面法研究其左边部分的平衡，建立图 8-12(b)所示坐标系。由于前后两个面上与 σ_3 相应的作用力 $\sigma_3 \cdot dA_z$ 自成平衡，所以平行于 σ_3 的任意斜截面 m-m 上的应力 σ_α、τ_α 与 σ_3 无关，我们可以按图 8-12(c)所示，运用公式(8-1)、(8-2)计算 σ_α、τ_α。

对于图 8-12 情形，$\sigma_x = \sigma_1$，$\sigma_y = \sigma_2$，$\tau_x = 0$，代入公式(8-2)得到剪应力表达式

$$\tau_\alpha = \frac{\sigma_1 - \sigma_2}{2}\sin 2\alpha$$

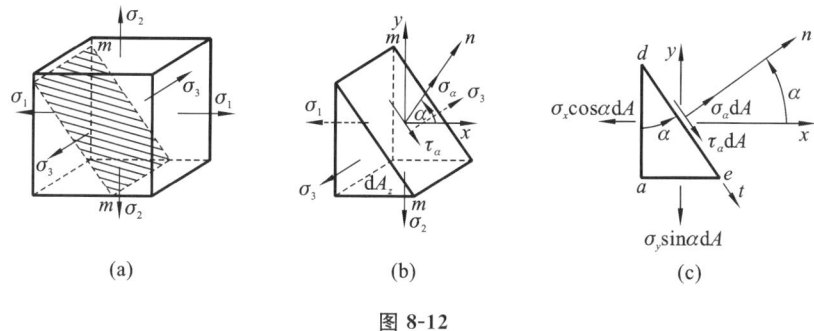

图 8-12

上式当 $\alpha = 45°$ 时,剪应力为最大,等于 $\dfrac{\sigma_1 - \sigma_2}{2}$。我们将平行于主应力 σ_3 的所有斜截面上的正号极值剪应力记为 τ_{12},则 $\tau_{12} = \dfrac{\sigma_1 - \sigma_2}{2}$。同样可以得到平行于 σ_1 和 σ_2 的两组截面上的正号极值剪应力分别为 $\tau_{23} = \dfrac{\sigma_2 - \sigma_3}{2}$ 和 $\tau_{31} = \left| \dfrac{\sigma_3 - \sigma_1}{2} \right| = \dfrac{\sigma_1 - \sigma_3}{2}$。

由于主应力 $\sigma_1 \geqslant \sigma_2 \geqslant \sigma_3$,所以在 τ_{12}、τ_{23}、τ_{31} 三个极值剪应力中,τ_{31} 为最大。进一步研究表明,τ_{31} 还是该点处所有截面上的最大剪应力。将此最大剪应力用 $\tau_{\max}$ 表示,则有

$$\tau_{\max} = \frac{\sigma_1 - \sigma_3}{2} \tag{8-8}$$

8.4　广义胡克定律

设从受力物体内一点取出一主单元体,其上的主应力分别为 σ_1、σ_2 和 σ_3,如图 8-13(a) 所示,沿三个主应力方向的三个线应变称为主应变,分别用 ε_1、ε_2 和 ε_3 表示。

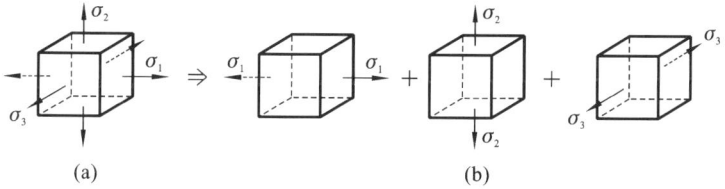

图 8-13

对于各向同性材料,在最大正应力不超过材料的比例极限条件下,可以应用胡克定律及叠加法来求主应变。为此将图 8-13(a) 所示的三向应力状态看作是三个单向应力状态的组合(图 8-13(b)),先讨论沿主应力 σ_1 的主应变 ε_1。对于 σ_1 单独作用,利用单向应力状态胡克定律可求得 σ_1 方向与 σ_1 相应的纵向线应变为 σ_1/E;对于 σ_2 单独作用,将引起 σ_2 方向变形,其变形量为 σ_2/E,令横向变形系数为 μ,则 σ_2 方向变形将引起 σ_1 方向相应的线应变为 $-\mu\dfrac{\sigma_2}{E}$;同样道理,σ_3 单独作用将引起 σ_1 方向相应的线应变 $-\mu\dfrac{\sigma_3}{E}$。将这三项叠

加,得

$$\varepsilon_1 = \frac{\sigma_1}{E} - \mu\frac{\sigma_2}{E} - \mu\frac{\sigma_3}{E}$$

同样可以得到

$$\varepsilon_2 = \frac{\sigma_2}{E} - \mu\frac{\sigma_3}{E} - \mu\frac{\sigma_1}{E}$$

$$\varepsilon_3 = \frac{\sigma_3}{E} - \mu\frac{\sigma_1}{E} - \mu\frac{\sigma_2}{E}$$

整理得到以主应力表示的广义胡克定律

$$\begin{cases} \varepsilon_1 = \frac{1}{E}\left[\sigma_1 - \mu(\sigma_2 + \sigma_3)\right] \\ \varepsilon_2 = \frac{1}{E}\left[\sigma_2 - \mu(\sigma_3 + \sigma_1)\right] \\ \varepsilon_3 = \frac{1}{E}\left[\sigma_3 - \mu(\sigma_1 + \sigma_2)\right] \end{cases} \quad (8\text{-}9)$$

上式建立了复杂应力状态下一点处的主应力与主应变之间的关系。

8.5 强 度 理 论

1. 强度理论概述

各种材料因强度不足而引起的失效现象是不同的。根据第 5 章的讨论,我们知道像普通碳钢这样的塑性材料,是以发生屈服现象、出现塑性变形为失效的标志;而对于铸铁这样的脆性材料,失效现象是突然断裂。第 4～7 章的强度条件可以概括为最大工作应力不超过许用应力,即 $\sigma_{max} \leqslant [\sigma]$ 或 $\tau_{max} \leqslant [\tau]$。这里的许用应力是从试验测得的极限应力除以安全系数得到的,这种直接根据试验结果来建立强度条件的方法,对于危险点处于复杂应力状态的情况不再适用。这是因为复杂应力状态下三个主应力的组合是各种各样的,$\sigma_1 \setminus \sigma_2$ 和 σ_3 之间的比值有多种情形,不可能对所有的组合都一一试验确定其相应的极限应力。

事实上,尽管失效现象比较复杂,但可以归纳为如下两点:

(1) 材料在外力作用下的破坏形式不外乎有几种类型;

(2) 同一类型材料的破坏是由某一个共同因素引起的。

人们在长期的实践中,综合多种材料的失效现象和资料,对强度失效提出各种假说。这些假说认为,材料按断裂或屈服失效,是应力、应变或变形能等其中某一因素引起的。按照这些假说,无论是简单还是复杂应力状态,引起失效的因素是相同的,造成失效的原因与应力状态无关。这些假说称为强度理论。利用强度理论,就可以利用简单应力状态下的试验(例如拉伸试验)结果,来推断材料在复杂应力状态下的强度,建立复杂应力状态的强度条件。

强度理论是推测材料强度失效原因的一些假说，它的正确与否以及适用范围，必须在工程实践中加以检验。经常是适用于某类材料的强度理论，并不适用于另一类材料。下面介绍的四种强度理论，都是在常温静载荷下，适用于均匀、连续、各向同性材料的强度理论。

2. 四种强度理论

（1）最大拉应力理论（第一强度理论）。

这一理论认为引起材料脆性断裂破坏的因素是最大拉压力，它是人们根据早期使用的脆性材料（天然石、砖和铸铁等）易于拉断而提出的。该理论认为无论什么应力状态下，只要构件内一点处的最大拉压力 σ_1 达到单向应力状态下的极限应力 σ_b，材料就要发生脆性断裂。于是危险点处于复杂应力状态的构件发生脆性断裂破坏的条件为

$$\sigma_1 = \sigma_b \tag{8-10}$$

将极限应力 σ_b 除以安全系数得到许用应力 $[\sigma]$，于是危险点处于复杂应力状态的构件，按第一强度理论建立的强度条件为

$$\sigma_1 \leqslant [\sigma] \tag{8-11}$$

铸铁等脆性材料在单向拉伸下，断裂发生于拉应力最大的横截面。脆性材料的扭转也是沿拉应力最大的斜面发生断裂。这些用第一强度理论都能很好地加以解释。但是对于一点处在任何截面上都没有拉应力的情况，第一强度理论就不再适用了，另外该理论没有考虑其他两个应力的影响，显然不够合理。

（2）最大伸长线应变理论（第二强度理论）。

这一理论认为最大伸长线应变是引起断裂的主要因素。即无论什么应力状态，只要最大伸长线应变 ε_1 达到单向应力状态下的极限值 ε_u，材料就要发生脆性断裂破坏。假设单向拉伸直到断裂仍可用胡克定律计算应变，则拉断时伸长线应变的极限值 $\varepsilon_u = \dfrac{\sigma_b}{E}$。于是危险点处于复杂应力状态的构件，发生脆性断裂破坏的条件为

$$\varepsilon_1 = \frac{\sigma_b}{E} \tag{a}$$

由广义胡克定律得 $\varepsilon_1 = \dfrac{1}{E}[\sigma_1 - \mu(\sigma_2 + \sigma_3)]$，代入（a）式得到断裂破坏条件

$$\sigma_1 - \mu(\sigma_2 + \sigma_3) = \sigma_b \tag{b}$$

将极限应力 σ_b 除以安全系数得到许用应力 $[\sigma]$，于是危险点处于复杂应力状态的构件，按第二强度理论建立的强度条件为

$$\sigma_1 - \mu(\sigma_2 + \sigma_3) \leqslant [\sigma] \tag{8-12}$$

最大伸长线应变理论能够很好地解释石料、混凝土等脆性材料的压缩试验结果，对于一般脆性材料这一理论也是适用的。铸铁在拉-压二向应力且压应力比较大的情况下，试验结果也与这一理论接近。但对于铸铁二向受拉伸（$\sigma_1 > \sigma_2 > 0$），试验结果并不象（b）式表明的那样，比单向拉伸安全。另外按照最大伸长线应变理论，二向受压与单向受压强度不同，但混凝土、花岗石和砂岩的试验表明，二向和单向受压强度没有明显差别。

最大拉应力理论和最大伸长线应变理论都是以脆性断裂作为破坏标志的，这对于砖、石、铸铁等脆性材料是十分适用的。但对于工程中大量使用的低碳钢这一类塑性材料，就

必须用以屈服(包含显著的塑性变形)作为破坏标志的另一类强度理论。

(3) 最大切应力理论(第三强度理论)。

这一理论认为最大切应力是引起屈服的主要因素。即无论什么应力状态,只要最大切应力 τ_{max} 达到单向应力状态下的极限切应力 τ_0,材料就要发生屈服破坏。于是危险点处于复杂应力状态的构件发生塑性屈服破坏的条件为

$$\tau_{max} = \tau_0 \tag{a}$$

根据轴向拉伸斜截面上的应力公式可知极限切应力 $\tau_0 = \dfrac{\sigma_s}{2}$(这时横截面上的正应力为 σ_s),由公式(8-8)得 $\tau_{max} = \tau_{13} = \dfrac{\sigma_1 - \sigma_3}{2}$,将这些结果代入(a)式,则破坏条件改写为

$$\sigma_1 - \sigma_3 = \sigma_s$$

考虑安全系数后得到强度条件为:

$$\sigma_1 - \sigma_3 \leqslant [\sigma] \tag{8-13}$$

式中,$[\sigma]$ 是由材料在轴向拉伸时的屈服极限 σ_s 确定的许用应力。

最大剪应力理论能很好地解释塑性材料的屈服现象。例如低碳钢试件拉伸时出现与轴线成 $45°$ 方向的滑移线,是材料内部沿这一方向滑移的痕迹。沿这一方向的斜面上切应力也恰为最大。另外最大切应力理论的计算也比较简便,所以应用相当广泛。但公式(8-13)中未计入 σ_2 的影响,这一点不够合理。

(4) 形状改变比能理论(第四强度理论)。

这一理论认为形状改变比能是引起材料屈服破坏的主要因素。即无论什么应力状态,只要构件内一点处的形状改变比能达到单向应力状态下的极限值,材料就要发生屈服破坏。

在这里我们略去详细的推导过程,直接给出按照这一理论建立起来的最后结果。即危险点处于复杂应力状态的构件发生塑性屈服破坏的条件为

$$\sqrt{\frac{1}{2}\left[(\sigma_1 - \sigma_2)^2 + (\sigma_2 - \sigma_3)^2 + (\sigma_3 - \sigma_1)^2\right]} = \sigma_s$$

引入安全系数后,得到第四强度理论的强度条件为

$$\sqrt{\frac{1}{2}\left[(\sigma_1 - \sigma_2)^2 + (\sigma_2 - \sigma_3)^2 + (\sigma_3 - \sigma_1)^2\right]} \leqslant [\sigma] \tag{8-14}$$

形状改变比能理论是从反映受力和变形的综合影响的应变能出发来研究材料的强度的,因此比较全面和完善。试验证明,根据这一理论建立的强度条件,对钢、铝、铜等金属塑性材料,比第三强度理论更符合实际,主要原因是它考虑了主应力 σ_2 对材料破坏的影响。

3. 强度理论的应用

强度理论的建立,为人们利用轴向拉伸的试验结果去建立复杂应力状态下的强度条件,提供了理论基础。但是,由于材料的破坏是一个非常复杂的问题,而上述四个强度理论都是在一定的历史阶段、一定的条件下,根据各自的观点建立起来的,所以都有一定的局限性,即每个强度理论只适合于某些材料。

在常温和静载荷条件下的脆性材料,破坏形式一般为断裂,所以通常采用第一或第二

强度理论。第三和第四强度理论都可以用来建立塑性材料的屈服破坏条件,其中第三强度理论虽然不如第四强度理论更适合于塑性材料,但其误差不大,所以对于塑性材料也经常采用。

把四种强度理论的强度条件写成统一的形式

$$\sigma_r \leqslant [\sigma] \qquad (8\text{-}15)$$

这里 σ_r 代表(8-11)~(8-14)各式的左端项,即

$$\sigma_{r1} = \sigma_1 \qquad \text{(第一强度理论)} \qquad (8\text{-}16)$$

$$\sigma_{r2} = \sigma_1 - \mu(\sigma_2 + \sigma_3) \qquad \text{(第二强度理论)} \qquad (8\text{-}17)$$

$$\sigma_{r3} = \sigma_1 - \sigma_3 \qquad \text{(第三强度理论)} \qquad (8\text{-}18)$$

$$\sigma_{r4} = \sqrt{\sigma_1^2 + \sigma_2^2 + \sigma_3^2 - \sigma_1\sigma_2 - \sigma_2\sigma_3 - \sigma_3\sigma_1} \qquad \text{(第四强度理论)} \qquad (8\text{-}19)$$

$[\sigma]$ 代表单向拉伸时材料的许用应力,式(8-15)意味着将一复杂应力状态转换为一强度相当的单向应力状态,故 σ_r 称为复杂应力状态下的相当应力。需要强调的是,σ_r 只是按不同强度理论得出的主应力的综合值,并不是真实存在的应力。

图 8-14 所示的二向应力状态在机械设计中常常遇到,例如圆轴扭转和弯曲的联合、圆轴扭转和拉伸的联合以及梁的弯曲等。这时相当应力的公式还可以进一步简化。为此,首先将 $\sigma_x = \sigma, \sigma_y = 0, \tau_x = \tau$ 代入公式(8-4),得到

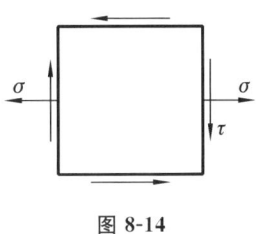

$$\begin{array}{c}\sigma_{\max} \\ \sigma_{\min}\end{array} = \frac{\sigma}{2} \pm \sqrt{\left(\frac{\sigma}{2}\right)^2 + \tau^2}$$

图 8-14

将主应力按其代数值顺序排列,可得此应力状态下的三个主应力为

$$\sigma_1 = \frac{\sigma}{2} + \sqrt{\left(\frac{\sigma}{2}\right)^2 + \tau^2}, \quad \sigma_2 = 0, \quad \sigma_3 = \frac{\sigma}{2} - \sqrt{\left(\frac{\sigma}{2}\right)^2 + \tau^2} \qquad (a)$$

采用最大切应力理论,将(a)式代入式(8-18),整理得到在此应力状态下的相当应力

$$\sigma_{r3} = \sqrt{\sigma^2 + 4\tau^2} \qquad (8\text{-}20)$$

同理采用形状改变比能理论,将(a)式代入式(8-19),整理得到在此应力状态下的相当应力

$$\sigma_{r4} = \sqrt{\sigma^2 + 3\tau^2} \qquad (8\text{-}21)$$

【例 8-4】 两端简支的工字形钢板梁,梁的尺寸及梁上荷载如图 8-15 所示,已知 $F = 750$ kN,材料的许用应力 $[\sigma] = 170$ MPa,$[\tau] = 100$ MPa。试对梁进行全面的强度校核。

解:

分析:由第 6 章可知,梁须同时满足正应力和切应力强度条件。在弯矩最大截面的上、下边缘处可进行正应力的强度校核,在剪力最大截面的中性轴处可进行切应力强度校核,而在危险截面上腹板与翼缘交界处 D 点的正应力和切应力都较大,该点处于二向应力状态,应按强度理论进行校核。

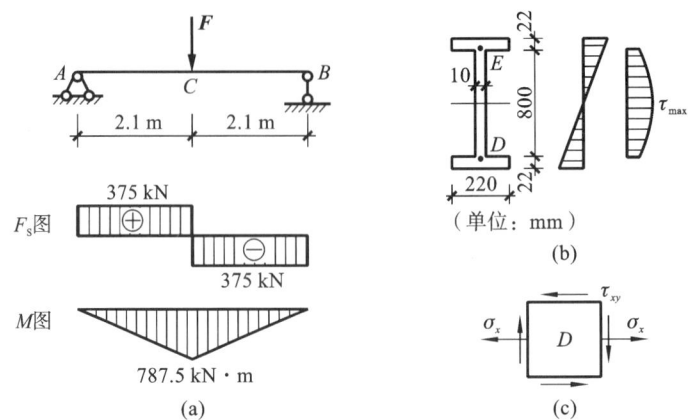

图 8-15

（1）正应力强度校核。

由全梁弯矩图可知，危险截面是跨中截面，$M_{\max} = 787.5 \text{ kN} \cdot \text{m}$，由梁的截面可知 $I_z = 2.06 \times 10^9 \text{ mm}^4$，$W_z = 4.88 \times 10^6 \text{ mm}^3$。

$$\sigma_{\max} = \frac{M_{\max}}{W_z} = \frac{787.5 \times 10^6 \text{ N} \cdot \text{mm}}{4.88 \times 10^6 \text{ mm}^3} = 161.37 \text{ MPa} < [\sigma]$$

满足正应力强度条件。

（2）切应力强度校核。

$$F_{S,\max} = 375 \text{ kN}, \quad S_{Z,\max} = 2.79 \times 10^6 \text{ mm}^3$$

$$\tau = \frac{F_{S,\max} S_{Z,\max}}{b I_z} = \frac{375 \times 10^3 \text{ N} \times 2.79 \times 10^6 \text{ mm}^3}{10 \text{ mm} \times 2.06 \times 10^9 \text{ mm}^4} = 50.79 \text{ MPa} < [\tau]$$

满足切应力强度条件。

（3）按第三强度理论对 D 点进行全面校核。

首先计算出在 D 点原始单元体的应力分量 σ_x 和 τ_{xy}。

$$\sigma_x = \frac{M_{\max}}{I_z} \cdot y_D = \frac{787.5 \times 10^6 \text{ N} \cdot \text{mm}}{2.06 \times 10^9 \text{ mm}^4} \times 400 \text{ mm} = 152.91 \text{ MPa}$$

$$\tau_{xy} = \frac{F_{S,\max} S_Z}{b I_z} = \frac{375 \times 10^3 \text{ N} \times 19.89 \times 10^5 \text{ mm}^3}{10 \text{ mm} \times 2.06 \times 10^9 \text{ mm}^4} = 36.21 \text{ MPa}$$

$$\sigma_{r3} = \sqrt{\sigma_x^2 + 4 \tau_{xy}^2} = 169.19 \text{ MPa} < [\sigma]$$

满足强度条件。

习　　题

【8-1】　单元体各面应力（单位为 MPa）如图 8-16 所示，试用解析法求解指定斜截面上的正应力和切应力。

【8-2】　已知应力状态如图 8-17 所示，应力单位为 MPa。试用解析法和应力圆分别求：①主应力大小，主平面位置；②在单元体上绘出主平面位置和主应力方向；③最大切应力。

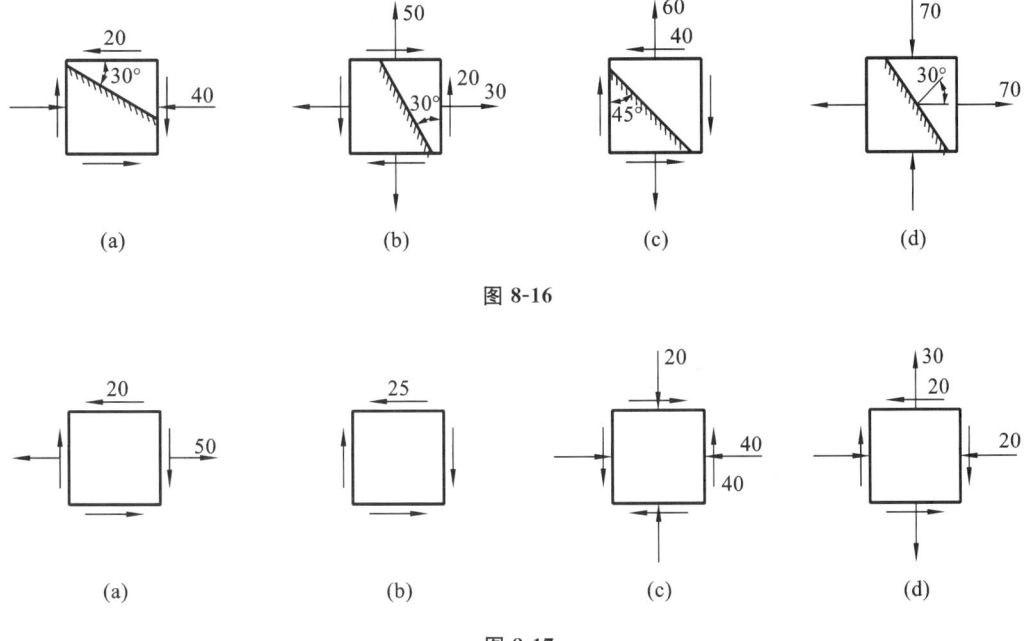

图 8-16

图 8-17

【8-3】　图 8-18 所示木制悬臂梁的横截面是高为 200 mm、宽为 60 mm 的矩形。在 A 点木材纤维与水平线的倾角为 20°。试求通过 A 点沿纤维方向的斜面上的正应力和切应力。

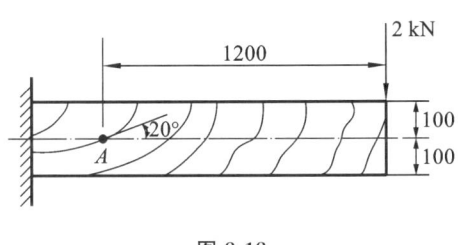

图 8-18

【8-4】　列车通过钢桥时，用变形仪测得钢桥横梁 A 点（图 8-19）的应变为 $\varepsilon_x = 0.0004$，$\varepsilon_y = -0.00012$。试求 A 点在 x 和 y 方向的正应力。设 $E = 200\ \text{GPa}$，$\mu = 0.3$。

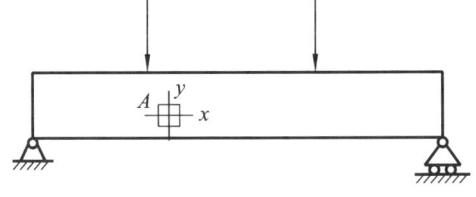

图 8-19

【8-5】　边长为 $a = 10\ \text{mm}$ 的立方体铝块紧密无隙地置于刚性模内，如图 8-20 所示，模的变形不计。铝的 $E = 70\ \text{GPa}$，$\mu = 0.33$。若 $P = 6\ \text{kN}$，试求铝块的三个主应力和主应变。

【8-6】 图 8-21 所示两端封闭的铸铁薄壁圆筒,其内径 $D = 100$ mm,壁厚 $\delta = 10$ mm,承受内压力 $p = 5$ MPa,且两端受轴向压力 $F = 100$ kN 作用。材料的许用拉应力 $[\sigma_t] = 40$ MPa,泊松比 $\nu = 0.25$。试按第二强度理论校核其强度($\sigma_{r2} = \sigma_1 - \nu(\sigma_2 + \sigma_3) < [\sigma_t]$)。

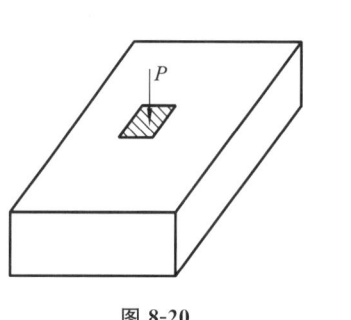

图 8-20

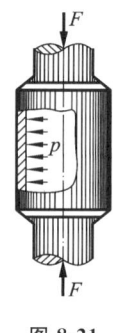

图 8-21

第9章 组合变形的强度计算

9.1 组合变形的概念

前面讨论了构件发生基本变形如轴向拉压、扭转及平面弯曲时的强度、刚度计算。但在工程实际中,有许多构件在荷载作用下,会同时产生两种或两种以上的基本变形,这种变形称为组合变形。例如钻机在力 P 和力矩 M 的作用下,产生压缩与扭转的组合变形(图 9-1);机架立柱在力 F 作用下,产生拉伸与弯曲的组合变形(图 9-2);车刀在切削力 P 的作用下,产生压缩与弯曲的组合变形(图 9-3);传动轴在皮带轮张力 T_1、T_2 的作用下,产生弯曲与扭转的组合变形(图 9-4)。

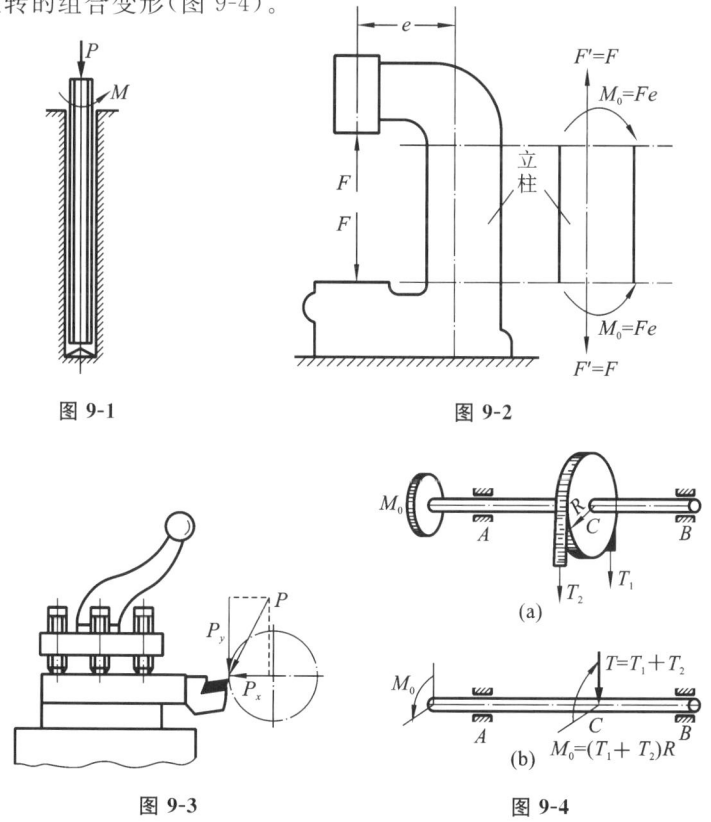

图 9-1

图 9-2

图 9-3

图 9-4

在小变形情况下,可认为组合变形中的每一种基本变形都是各自独立的,即各基本变形引起的应力互不影响,故在研究组合变形问题时,可运用叠加原理。

9.2 斜 弯 曲

在前面讨论的平面弯曲变形中,外荷载作用在梁的纵向对称面内,与形心主惯性轴之一相平行,弯曲变形后,梁的挠曲线位于该纵向对称面内。如图 9-5 所示的矩形截面梁,外力的作用线虽然通过截面的形心,但它与截面的形心主惯性轴斜交,此时,梁的挠曲线不再位于外荷载所在梁的纵向对称面内,这类弯曲称为斜弯曲。

将外力 F 沿横截面两个形心主轴方向分解为 F_y、F_z。

$$F_y = F\cos\varphi, \quad F_z = F\sin\varphi \tag{a}$$

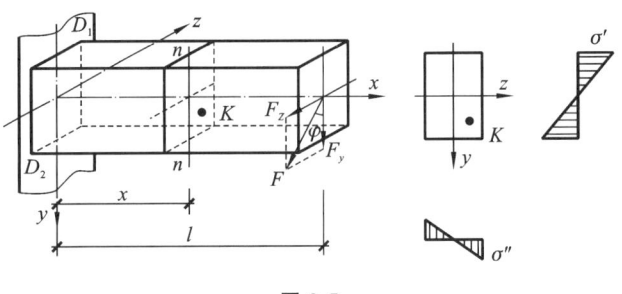

图 9-5

F_y 单独作用下,梁在 Oxy 平面内产生平面弯曲变形,中性轴为 z 轴,弯矩为 M_z。F_z 单独作用下,梁在 Oxz 平面内产生平面弯曲,中性轴为 y 轴,弯矩为 M_y。任意截面 n-n 内的弯矩值是

$$M_z = F_y(l-x) = F\cos\varphi(l-x) = M \cdot \cos\varphi$$
$$M_y = F_z(l-x) = F\sin\varphi(l-x) = M \cdot \sin\varphi \tag{b}$$

式中,$M = F(l-x)$ 是外力 F 引起的 n-n 截面上的总弯矩值,通常由 M_y、M_z 的矢量和求得

$$M = \sqrt{M_z^2 + M_y^2}$$

在横截面 n-n 上任意点 $K(y,z)$ 处,对应于 M_y、M_z 两平面弯曲的正应力分别为

$$\sigma' = -\frac{M_z}{I_z}y, \quad \sigma'' = \frac{M_y}{I_y}z \tag{c}$$

F_z 和 F_y 共同作用下,按叠加原理,因 K 点处 σ' 和 σ'' 具有相同的方位,可取代数和,故 K 点的正应力为

$$\sigma = \sigma' + \sigma'' = -\frac{M_z}{I_z}y + \frac{M_y}{I_y}z \tag{9-1}$$

即

$$\sigma = \sigma' + \sigma'' = M\left(\frac{\sin\varphi}{I_y}z - \frac{\cos\varphi}{I_z}y\right) \tag{9-2}$$

式(9-1)是斜弯曲时横截面上任一点的正应力计算公式。

式中，I_y 和 I_z 分别是横截面对形心主惯性轴 y、z 的惯性矩；y、z 分别是求应力的点的坐标。在上述分析中，已考虑到集中力 F 使第一象限内的点 $K(y,z)$ 产生的应力，应力的正负号是以拉应力为正，压应力为负，故在使用式(9-1)或式(9-2)时，直接代入横截面上任意点带正负号的坐标 (y,z) 值，就能够反映该点正应力的实际正负。

设横截面中性轴上各点的坐标为 (y_0,z_0)，因中性轴上各点的正应力等于零，把 (y_0,z_0) 代入式(9-1)中有

$$\frac{M_y}{I_y}z_0 - \frac{M_z}{I_z}y_0 = 0 \tag{9-3}$$

可见，斜弯曲的中性轴是一条通过截面形心，与形心主轴斜交的直线。将式(b)代入式(9-3)得

$$\frac{\sin\varphi}{I_y}z_0 - \frac{\cos\varphi}{I_z}y_0 = 0 \tag{d}$$

设中性轴与 z 轴的夹角为 α（图 9-5），由式(d)得

$$\tan\alpha = \frac{y_0}{z_0} = \frac{I_z}{I_y}\tan\varphi \tag{9-4}$$

上式即为确定中性轴位置的公式。

与平面弯曲类似，斜弯曲时，横截面上的正应力以中性轴为界，一侧为拉应力，另一侧为压应力，各点的正应力值与该点到中性轴的距离成正比，最大正应力位于距中性轴最远处（图 9-6、图 9-7 的 D_1 或 D_2 点）。横截面上正应力的分布规律如图 9-6 所示。

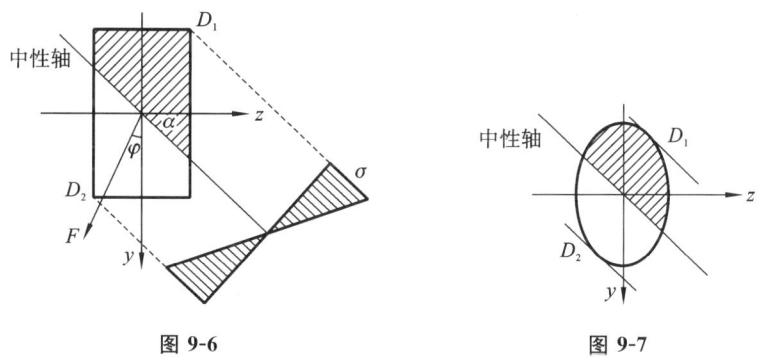

图 9-6　　　　　　　　　　　图 9-7

一般情况下，式(9-4)中的 I_y 和 I_z 值不相等，故 $\alpha \neq \varphi$，中性轴不垂直于荷载作用面，但总是偏向 $I_{\min}$ 主惯性轴。

中性轴确定后，对斜弯曲杆件来说，就可以算出危险截面上的最大拉应力和最大压应力。对于矩形截面、工字形截面等具有棱角的截面，常可以不预先确定中性轴的位置，直接由同一截面的 M_y 和 M_z 判定出点 D_1 或 D_2 为应力绝对值最大的点，将 $y_{\max}$、$z_{\max}$ 代入式(9-1)写出这两点的应力表达式。截面形状没有明显棱角时，可作出中性轴的平行线，使它与截面相切于 D_1 或 D_2，则 D_1 或 D_2 距中性轴最远，其正应力绝对值必为最大值（图 9-7）。

在梁的斜弯曲问题中，一般不考虑切应力的影响，直接对危险截面上的危险点进行正应力的强度计算，其强度条件为

$$\sigma_{\max} = \left| \frac{M_z}{I_z}y + \frac{M_y}{I_y}z \right|_{\max} \leqslant [\sigma]$$

对于矩形、工字形及槽形截面梁，则可写成

$$\sigma_{\max} = \left| \frac{M_z}{W_z} + \frac{M_y}{W_y} \right|_{\max} \leqslant [\sigma]$$

【例 9-1】 矩形截面简支梁受力如图 9-8 所示，F 的作用线通过截面形心且与 y 轴成 φ 角。已知 $F = 3.2$ kN，$\varphi = 10°$，$l = 4$ m，$b = 100$ mm，$h = 200$ mm，材料的许用正应力 $[\sigma] = 10$ MPa。试校核梁的强度。

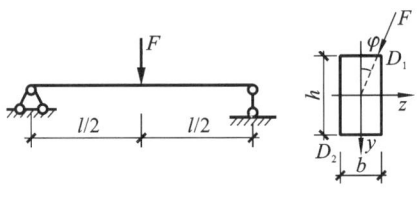

图 9-8

解：根据梁的受力，梁中的最大正应力发生跨中截面的棱点 D_1 或 D_2 处。将荷载沿截面的两对称面方向分解为 F_z、F_y，它们引起的跨中截面上的弯矩分别为

$$M_{z,\max} = \frac{1}{4}F_y l = \frac{1}{4}Fl\cos\varphi = 3.14 \text{ kN} \cdot \text{m}$$

$$M_{y,\max} = \frac{1}{4}F_z l = \frac{1}{4}Fl\sin\varphi = 0.54 \text{ kN} \cdot \text{m}$$

梁中的最大正应力为

$$\sigma_{t,\max} = \frac{3.14 \times 10^3 \text{ N} \cdot \text{m}}{0.00067 \text{ m}^3} + \frac{540 \text{ N} \cdot \text{m}}{0.00033 \text{ m}^3} = 6.32 \text{ MPa} < [\sigma]$$

满足强度条件。

9.3 拉伸(压缩)与弯曲的组合变形

当作用在构件对称面内的外力的作用线与轴线平行但不重合时(图 9-9)，或不与轴线垂直或平行而成某一角度时(图 9-10(a))，外力都将使杆件产生拉弯(或压弯)组合变形。

下面以矩形截面悬臂梁为例，来说明拉弯(或压弯)组合变形的强度计算方法。

如图 9-10(a)所示，在悬臂梁的自由端作用一力 P，力 P 位于梁的纵向对称面内，且与梁的轴线成夹角 ϕ。

(1) 外力计算。

将力 P 沿轴线和垂直轴线方向分解成两个力 P_1 和 P_2(图 9-10(b))，$P_1 = P\cos\phi$，P_2

$= P\sin\phi$。显然 P_1 使梁发生拉伸变形(图 9-10(c)),而 P_2 使梁发生弯曲变形(图 9-10(d)),故梁在力 P 的作用下发生拉伸与弯曲的组合变形。

(2) 内力分析,确定危险截面的位置。

轴向拉力 P_1 使梁发生拉伸变形,各横截面的轴力相同,均为 $N = P_1$。力 P_2 使梁发生弯曲变形,弯矩方程为 $M(x) = P_2(l-x)$,固定端横截面的弯矩最大,且 $M_{\max} = P_2 l$,所以固定端为危险截面。

(3) 应力分析,确定危险点的位置。

固定端(即危险截面)上由拉力 P_1 引起的正应力均匀

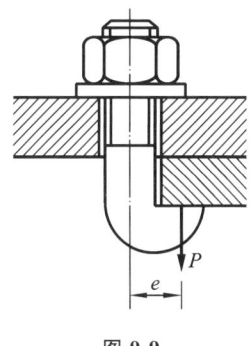

图 9-9

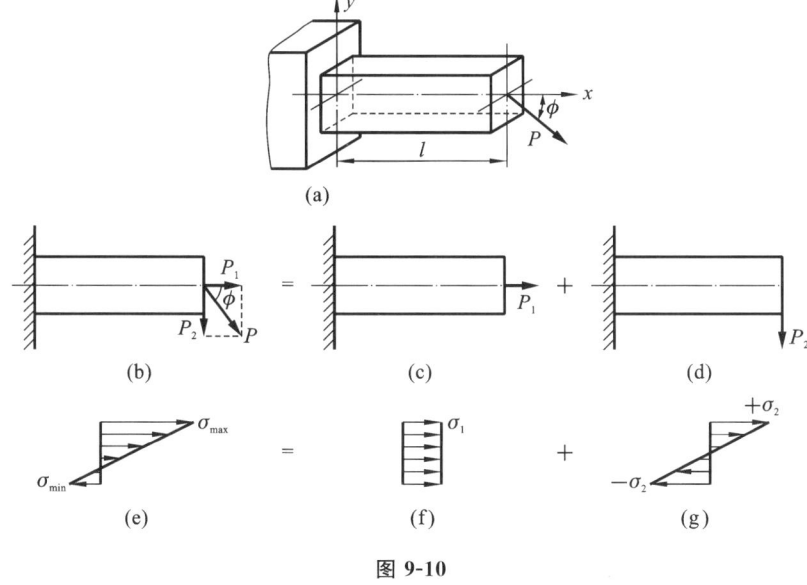

图 9-10

分布,如图 9-10(f)所示,其值为

$$\sigma_1 = \frac{P_1}{A}$$

在危险截面上下边缘处,弯曲正应力的绝对值最大,其应力分布规律如图 9-10(g)所示,最大的应力值为

$$\sigma_2 = \frac{M_{\max}}{W_z} = \frac{P_2 l}{W_z}$$

根据叠加原理,可将固定端横截面上的拉伸正应力和弯曲正应力进行叠加。当拉伸正应力小于弯曲正应力时,其应力分布规律如图 9-10(e)所示。固定端上下边缘的正应力分别为

$$\sigma_{\max} = \frac{P_1}{A} + \frac{M_{\max}}{W_z}, \quad \sigma_{\min} = \frac{P_1}{A} - \frac{M_{\max}}{W_z}$$

由上式可知,固定端上边缘各点是危险点。

(4) 强度计算。

因危险点的应力是单向应力状态,所以其强度条件为

$$\sigma_{\max} = \frac{P_1}{A} + \frac{M_{\max}}{W_z} \leqslant [\sigma]$$

若 P_1 为压力,则危险截面上下边缘处的正应力分别为

$$\sigma_{\max} = -\frac{P_1}{A} + \frac{M_{\max}}{W_z}, \quad \sigma_{\min} = -\frac{P_1}{A} - \frac{M_{\max}}{W_z}$$

此时,危险截面的下边缘上的各点是危险点,为压应力。它的强度条件为

$$|\sigma|_{\max} = |\sigma_{\min}| = \left| -\frac{P_1}{A} - \frac{M_{\max}}{W_z} \right| \leqslant [\sigma]$$

对于许用拉压应力不同的材料,例如铸铁,则应对危险截面上的最大拉应力和最大压应力分别按$[\sigma^+]$和$[\sigma^-]$进行强度校核。

【例 9-2】 夹具如图 9-11 所示,已知 $F = 2.0$ kN,$l = 0.060$ m,$b = 0.010$ m,$h = 0.022$ m。材料的许用正应力$[\sigma] = 160$ MPa。试校核夹具竖杆的强度。

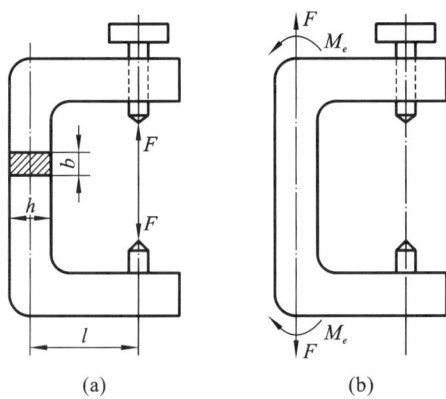

图 9-11

解:(1)外力计算。

夹具竖杆所示荷载是偏心荷载,将荷载平移到轴线上,得一力 F 和一力偶 $M_e = Fl$。力 F 将引起拉伸变形,而力偶 M_e 则引起弯曲变形,所以夹具竖杆在力 F 的作用下将发生拉弯组合变形。

(2)内力分析,确定危险截面的位置。

用截面法求夹具竖杆上任一截面 $m\text{-}n$ 的内力,其轴力 N 和弯矩 M_e 分别为

$$N = F = 2.0 \text{ kN}$$

$$M_e = 2.0 \times 10^3 \times 0.060 \text{ N} \cdot \text{m} = 120 \text{ N} \cdot \text{m}$$

因各横截面的轴力 N 和弯矩 M 是相同的,所以各横截面的危险程度是相同的,故可认为 $m\text{-}n$ 截面为危险截面。

(3)应力分析,确定危险点的位置。

夹具竖杆横截面上的最大拉应力发生在截面右边缘各点处,其值为 $\sigma_{\max} = \dfrac{F}{A} + \dfrac{M_e}{W_z}$,

其中抗弯截面系数 $W_z = \dfrac{bh^2}{6}$。

（4）强度校核。

因危险点的应力为单向应力状态，所以其强度条件为

$$\sigma_{\max} = \frac{F}{A} + \frac{M_{\max}}{W_z} = \left(\frac{2.0 \times 10^3}{0.010 \times 0.022} + \frac{120}{\frac{0.010 \times 0.022^2}{6}} \right) \text{Pa}$$

$$= 158 \text{ MPa} < [\sigma] = 160 \text{ MPa}$$

故此夹具竖杆的强度是足够的，可以安全工作。

【例 9-3】 图 9-12 所示为一起重支架。已知 $a = 3.0$ m，$b = 1.0$ m，$P = 36.0$ kN，AB 梁材料的许用应力$[\sigma] = 140$ MPa。试确定 AB 梁槽钢的型号。

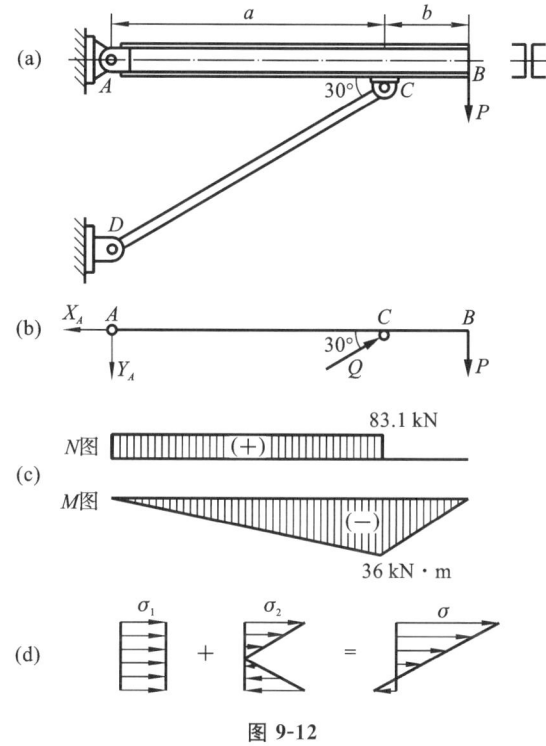

图 9-12

解：（1）外力计算。

作 AB 梁的受力图，如图 9-12(b)所示。由平衡方程

$$\sum M_A = 0, \quad Q\sin 30°a - P(a+b) = 0$$

$$\sum M_C = 0, \quad Y_A a - Pb = 0$$

$$\sum X = 0, \quad Q\cos 30° - X_A = 0$$

可解得

$$Q = \frac{2(a+b)}{a} P = 96.0 \text{ kN}$$

$$Y_A = \frac{b}{a} P = 12.0 \text{ kN}$$

$$X_A = Q\cos 30° = 83.1 \text{ kN}$$

由受力图可知，梁的 AC 段为拉伸与弯曲的组合变形，而 CB 段为弯曲变形。

（2）内力分析，确定危险截面的位置。

作出轴力图和弯矩如图 9-12(c)所示，故危险截面是 C^- 截面。危险截面上的轴力 N 和弯矩 M 分别为

$$N = 83.1 \text{ kN}, \quad M = 36 \text{ kN} \cdot \text{m}$$

（3）应力分析，确定危险点的位置。

根据危险截面上的应力分布规律(图 9-12(d))，可知危险点在危险截面的上侧边缘。其最大应力值为

$$\sigma_{\max} = \frac{N}{A} + \frac{M_{\max}}{W_z}$$

（4）强度计算。

因危险点的应力为单向应力状态，所以其强度条件为

$$\sigma_{\max} = \frac{N}{A} + \frac{M_{\max}}{W_z} = \left(\frac{83.1 \times 10^3}{A} + \frac{36 \times 10^3}{W_z} \right) \text{Pa} \leqslant [\sigma] = 140 \text{ MPa} \tag{a}$$

因上式中有两个未知量 A 和 W_z，故要用试凑法求解。用这种方法求解时，可先不考虑轴力 N 的影响，仅按弯曲强度条件初步选择槽钢的型号，然后再按式(a)进行校核。由

$$\sigma_{\max} = \frac{M_{\max}}{W_z} \leqslant [\sigma]$$

得

$$W_z \geqslant \frac{36.0 \times 10^3}{140 \times 10^6} \text{ m}^3 = 257 \text{ cm}^3$$

查型钢表，选两根 18a 槽钢，其抗弯截面系数 $W_z = 141 \text{ cm}^3 \times 2 = 282 \text{ cm}^3$，截面面积 $A = 25.699 \text{ cm}^2 \times 2 = 51.40 \text{ cm}^2$。将其数值代入式(a)得

$$\sigma_{\max} = \left(\frac{83.1 \times 10^3}{51.40 \times 10^{-4}} + \frac{36 \times 10^3}{282 \times 10^{-6}} \right) \text{Pa} = 144 \text{ MPa} > [\sigma] = 140 \text{ MPa}$$

虽然最大应力大于许用应力，但其差值不超过许用应力的 5%，在工程上是允许的。若最大应力与许用应力的差值超过许用应力的 5%，则应重新选择抗弯截面模量较大的槽钢，并代入式(a)进行强度计算。

9.4　弯曲与扭转的组合变形

机械设备中的传动轴、曲拐等，有时既承受弯矩又承受扭矩，因此弯曲变形和扭转变形同时存在，即产生弯曲与扭转的组合变形。如图 9-13(a)所示曲拐，A 端固定，在曲拐的自由端 O 作用有铅垂向下的集中力 F。下面以此曲拐的 AB 杆为例，说明杆的弯曲与扭转这种组合变形时的强度计算方法和步骤。

将 O 端的集中荷载 F 向 AB 杆的截面 B 的形心平移，得到一个作用在 B 端与轴线垂直的力 $F'(=F)$ 和一个作用面垂直于轴线的力偶 $M_0(=Fa)$。

由图 9-13(b)可知力 F' 使轴 AB 产生弯曲变形，力偶 M_0 使轴 AB 产生扭转变形，轴的这种变形称为弯扭组合变形。

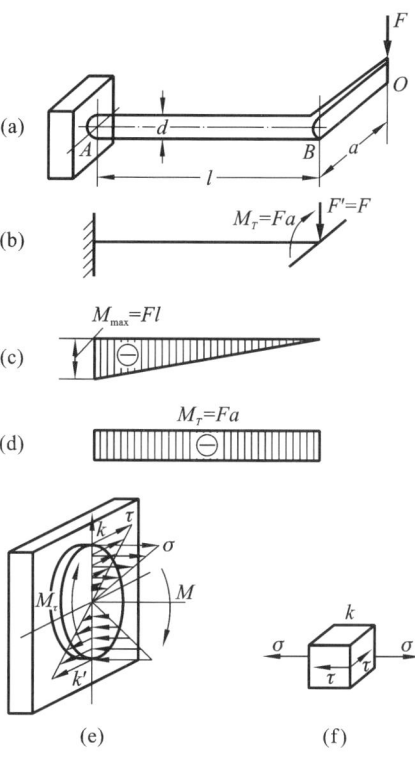

图 9-13

单独考虑力 F' 的作用,画出弯矩图 9-13(c);单独考虑力偶 M_0 的作用,画出扭矩图 9-13(d)。其危险截面 A 弯矩值和扭矩值分别为

$$M_{\max} = Fl, \quad M_T = M_0 = Fa \tag{a}$$

危险截面上的弯曲正应力和扭转切应力分布情况如图 9-13(e)所示。由于 k、k' 两点是危险截面边缘上的点,弯曲正应力和扭转切应力绝对值最大,故为危险点,其正应力和剪应力分别为

$$\sigma = \frac{M_{\max}}{W_z} \tag{b}$$

$$\tau = \frac{M_T}{W_P} \tag{c}$$

因危险点是二向应力状态(图 9-13(f)),所以需用强度理论求出,建立强度条件。为此可将 $\sigma_x = \sigma$,$\sigma_y = 0$,$\tau_x = \tau$ 代入主应力公式,得主应力为

$$\begin{matrix} \sigma_1 \\ \sigma_3 \end{matrix} = \frac{\sigma}{2} \pm \sqrt{\left(\frac{\sigma}{2}\right)^2 + \tau^2}$$

$$\sigma_2 = 0 \tag{9-5}$$

轴类零件一般都采用塑性材料——钢材,所以应选用第三或第四强度理论建立强度条件。

现将式(9-5)分别代入第三、第四强度理论的强度条件得

$$\sigma_{r3} = \sqrt{\sigma^2 + 4\tau^2} \leqslant [\sigma] \tag{9-6}$$

$$\sigma_{r4} = \sqrt{\sigma^2 + 3\tau^2} \leqslant [\sigma] \tag{9-7}$$

因为是圆截面轴，$W_z = \dfrac{\pi d^3}{32}, W_P = \dfrac{\pi d^3}{16}$，故

$$W_P = 2W_z \tag{d}$$

将式(b)～(d)代入式(9-6)和式(9-7)，可得

$$\sigma_{r3} = \frac{\sqrt{M^2 + M_T^2}}{W_z} \leqslant [\sigma] \tag{9-8}$$

$$\sigma_{r4} = \frac{\sqrt{M^2 + 0.75M_T^2}}{W_z} \leqslant [\sigma] \tag{9-9}$$

以上两式是圆轴弯扭组合变形时按第三和第四强度理论计算的强度条件，将危险截面 A 的弯矩值和扭矩值表达式(a)代入式(9-8)、式(9-9)。

按第三强度理论得到的强度条件

$$\sigma_{r3} = \frac{32F\sqrt{l^2 + a^2}}{\pi d^3} \leqslant [\sigma]$$

按第四强度理论得到的强度条件

$$\sigma_{r4} = \frac{32F\sqrt{l^2 + 0.75a^2}}{\pi d^3} \leqslant [\sigma]$$

【例 9-4】 卷扬机结构尺寸如图 9-14(a)所示，$l = 800$ mm，$R = 180$ mm，AB 轴径 $d = 30$ mm。已知电动机的功率 $P = 2.2$ kW，轴 AB 的转速 $n = 150$ r/min，轴材料的许用应力 $[\sigma] = 90$ MPa，试按第三强度理论、第四强度理论分别校核 AB 轴的强度。

解：(1) 外力分析。

由功率 P 和转速 n 可计算出电动机输入的力偶矩

$$M_0 = 9550\frac{P}{n} = 9550 \times \frac{2.2}{150} \text{ N} \cdot \text{m} = 140 \text{ N} \cdot \text{m}$$

于是卷扬机的最大起重量为

$$W = \frac{M_0}{R} = \frac{140}{0.180} \text{ N} = 778 \text{ N}$$

将重力 W 向轴线简化，得一平移力 G 和一力偶矩为 GR 的力偶。轴的计算简图如图 9-14(b)所示。

(2) 内力分析，确定危险截面的位置。

作出轴的扭矩图和弯矩图，如图 9-14(c)、(d)所示，由内力图可以看出 C^- 截面为危险截面，其上的内力为

$$T = M_0 = 140 \text{ N} \cdot \text{m}$$

$$M = \frac{1}{4}Wl = \frac{1}{4} \times 778 \times 0.800 \text{ N} \cdot \text{m} = 156 \text{ N} \cdot \text{m}$$

(3) 强度计算。

按第三强度理论校核，由

$$\sigma_{r3} = \frac{\sqrt{M^2 + M_T^2}}{W_z} = \frac{\sqrt{140^2 + 156^2}}{\dfrac{3.14 \times 0.030^3}{32}} \text{ Pa} = 79.1 \text{ MPa} < [\sigma] = 90 \text{ MPa}$$

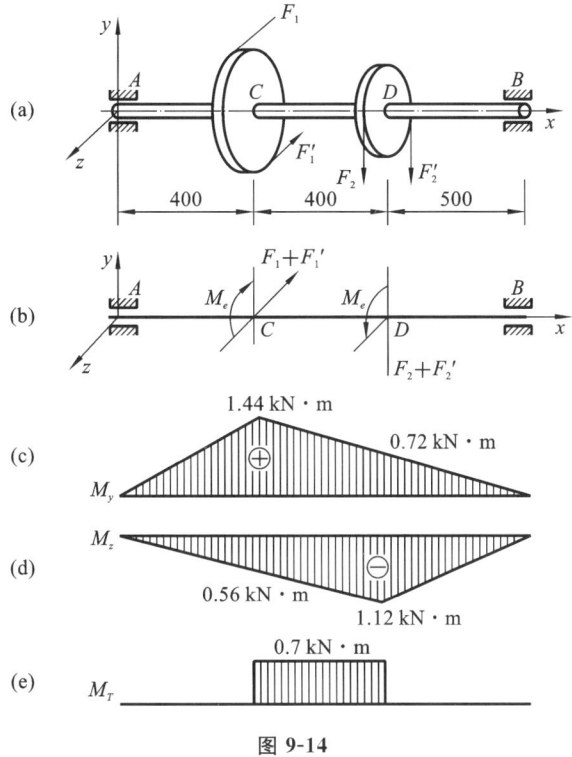

图 9-14

按第四强度理论校核，由

$$\sigma_{r4} = \frac{\sqrt{M^2 + 0.75M_T^2}}{W_z} = \frac{\sqrt{140^2 + 0.75 \times 156^2}}{\dfrac{3.14 \times 0.030^3}{32}} \text{ Pa} = 73.4 \text{ MPa} < [\sigma] = 90 \text{ MPa}$$

所以该轴满足强度要求。

9.5　连接件的实用计算

1. 剪切的实用计算

机器中的一些连接件常遇到剪切变形的情形，例如连接两钢板的螺栓（图 9-15）、连接齿轮与轴的键（图 9-16）等。在外力的作用下，将沿着 $m\text{-}n$ 截面发生剪切变形。同样在日常生活中，剪刀剪纸、剪布等，也是剪切的例子。

下面以剪床剪钢板为例来阐明剪切的概念。剪钢板时（图 9-17(a)），剪床的上下两个刀刃以大小相等、方向相反、作用线相距很近的两个力 F 作用于钢板上（图 9-17(b)），迫使钢板在 $m\text{-}n$ 截面的两侧部分沿 $m\text{-}n$ 截面发生相对错动，当 F 增加到某一极限值时，钢板将沿截面 $m\text{-}n$ 被剪断。构件在这样一对大小相等、方向相反、作用线相隔很近的外力作用下，截面沿着力的方向发生相对错动的变形，称为剪切变形。在变形过程中，产生相对

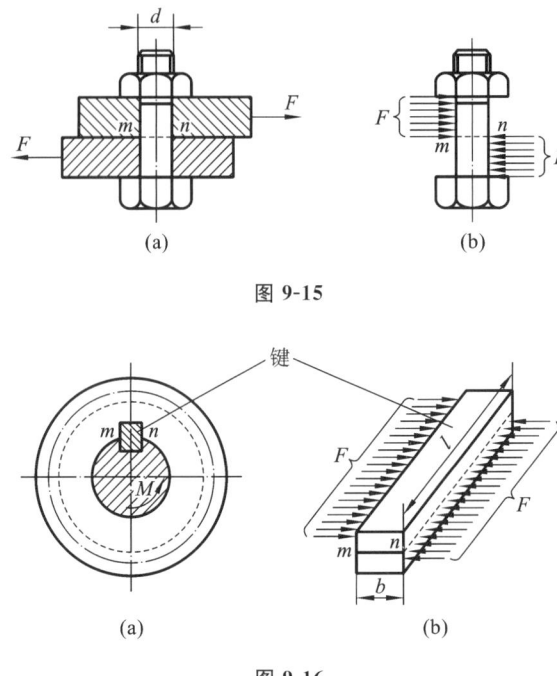

图 9-15

图 9-16

错动的截面(如 m-n)称为剪切面。它位于方向相反的两个外力之间,且与外力的作用线平行。图 9-15 中的螺栓、图 9-16 中的键、图 9-17 中的钢板各有一个剪切面,而有些连接件,如图 9-18(a)中的销钉、图 9-18(b)中的焊缝则均有两个剪切面 m-m 和 n-n。

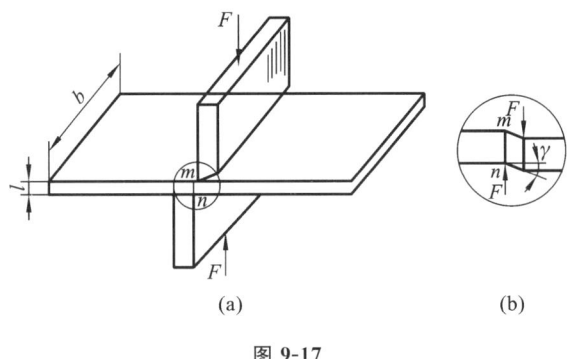

图 9-17

一般情况下,为了保证机器、结构正常工作,连接件必须具有足够的抵抗剪切的能力;但有时,例如机器超载、越过允许范围,安全销要自动被剪断。为此,需要对连接件进行剪切的实用计算。

为了对构件进行切应力计算,首先要计算剪切面上的内力。现以图 9-15 所示的连接螺栓为例,进行分析。

运用截面法,假想将螺栓沿剪切面(m-n)分成上下两部分,如图 9-19(a)所示,任取其中一部分为研究对象。根据力的平衡可知,剪切面上内力的合力 F_Q 必然与外力 F 平行、大小相等,即 $F_Q = F$。因 F_Q 与剪切面相切,故称为剪力。

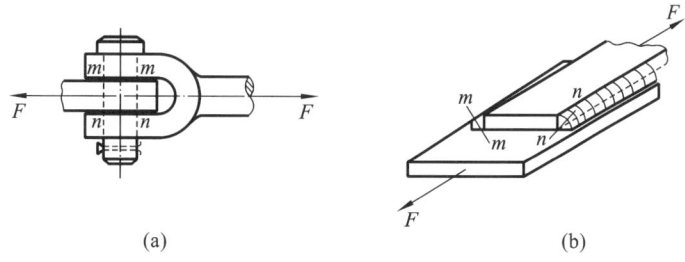

图 9-18

与求直杆拉伸、压缩时横截面上的应力一样，求得剪力以后，我们进一步确定剪切面上应力的数值（图 9-19（b））。由于剪力在剪切面上的分布情况比较复杂，用理论的方法计算切应力非常困难，工程上常以经验为基础，采用近似但切合实际的实用计算方法。在这种实用计算（或称假定计算）中，假定内力在剪切面内均匀分布，以 τ 代表切应力，A 代表剪切面的面积，则

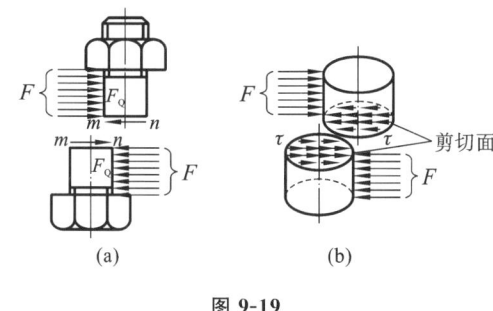

图 9-19

$$\tau = F_Q/A$$

为了保证构件在工作中不被剪断，必须使构件的实际剪应力不超过材料的许用切应力，这就是剪切的强度条件。其表达式为

$$\tau = \frac{F_Q}{A} \leqslant [\tau] \tag{9-10}$$

式中，$[\tau]$ 为许用切应力，可根据实验测出抗剪强度极限 τ_0，并考虑适当的安全储备，得出许用切应力为

$$[\tau] = \frac{\tau_0}{n}$$

n 是安全系数。许用切应力 $[\tau]$ 可以从有关设计手册中查得。此外对于钢材，根据试验结果常可以取

$$[\tau] = (0.6 \sim 0.8)[\sigma]$$

式中的 $[\sigma]$ 为其许用拉应力。

【例 9-5】　如图 9-20 所示，已知钢板厚度 $t = 10$ mm，其抗剪强度极限为 $\tau_0 = 300$ MPa。若用冲床将钢板冲出直径 $d = 32$ mm 的孔，问需要多大的冲剪力 P？

解：剪切面是钢板内被冲床冲出的圆饼体的柱形侧面，如图 9-20（b）所示，其面积为

$$A = \pi dt = \pi \times 32 \times 10 \ \text{mm}^2 = 1.01 \times 10^{-3} \ \text{m}^2$$

冲孔所需要的冲剪力应为

$$F \geqslant A\tau_0 = 1.01 \times 10^{-3} \times 300 \times 10^6 \ \text{N} = 3.03 \times 10^5 \ \text{N} = 303 \ \text{kN}$$

【例 9-6】　如图 9-21 所示，两块钢板焊接连接，作用在钢板上的拉力 $F = 282.8$ kN，

高度 $h=10$ mm,焊缝的许用切应力 $[\tau]=100$ MPa。试求所需焊缝的长度 l。

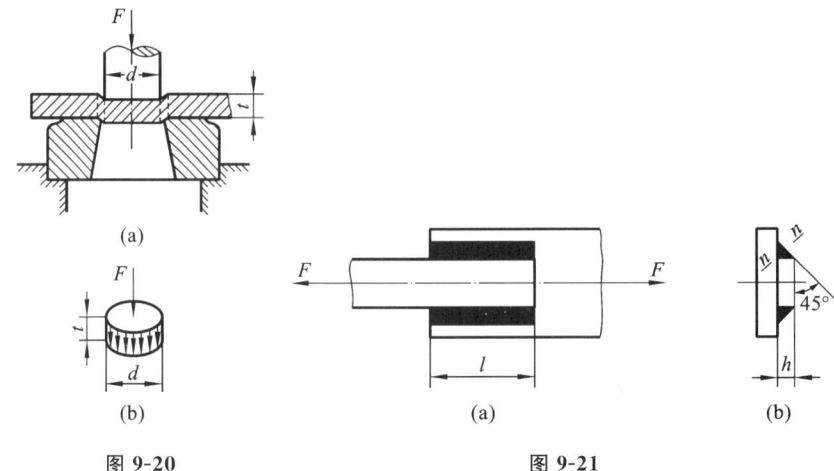

图 9-20 图 9-21

解:焊缝破坏时,沿焊缝最小宽度 n-n 的纵截面被剪断(图 9-21(b)),焊缝的横截面可认为是一个等腰三角形。

剪切面 n-n 上的剪力 $F_Q=\dfrac{F}{2}=141.4$ kN,剪切面积 $A=lh\cos45°=7.07\times10^{-3}l$。由抗剪强度条件得到

$$\tau=\frac{F_Q}{A}=\frac{141.4\times10^3}{7.07\times10^{-3}l}\leqslant[\tau]$$

故得到焊缝长度为

$$l\geqslant\frac{141.4\times10^3}{7.07\times10^{-3}[\tau]}=\frac{141.4\times10^3}{7.07\times10^{-3}\times100\times10^6}\text{ m}=200\text{ mm}$$

考虑到焊缝两端强度较差,在确定实际长度时,将每条焊缝长度加长 10 mm,取 $l=210$ mm。

2. 挤压的实用计算

机械中的连接件如螺栓、销钉、键、铆钉等,在承受剪切的同时,还将在连接件和被连接件的接触面上相互压紧,这种现象称为挤压。如图 9-15 所示的连接件中,螺栓的左侧圆柱面在上半部分与钢板相互压紧,而螺栓的右侧圆柱面在下半部分与钢板相互挤压。其中相互压紧的接触面称为挤压面,挤压面的面积用 A_{bs} 表示。

通常把作用于接触面上的压力称为挤压力,用 F_{bs} 表示。而挤压面上的压强称为挤压应力,用 σ_{bs} 表示。挤压应力与压缩应力不同,压缩应力分布在整个构件内部,且在横截面上均匀分布;而挤压应力则只分布于两构件相互接触的局部区域,在挤压面上的分布也比较复杂。像切应力的实用计算一样,在工程实际中也采用实用计算方法来计算挤压应力。即假定在挤压面上应力是均匀分布的,则:

$$\sigma_{bs}=\frac{F_{bs}}{A_{bs}}\tag{9-11}$$

挤压面面积 A_{bs} 的计算要根据接触面的情况而定。当接触面为平面时,如图 9-16 中所示的键连接,其接触面面积为挤压面面积,即 $A_{bs}=\dfrac{h}{2}l$(图 9-22(a)中带阴影部分的面

积);当接触面为近似半圆柱侧面时,如图 9-15 中所示的螺栓连接,钢板与螺栓之间挤压应力的分布情况如图 9-22(b)所示,圆柱形接触面中点的挤压应力最大。若以圆柱面的正投影作为挤压面面积(图 9-22(c)中带阴影部分的面积),计算而得的挤压应力,与接触面上的实际最大应力大致相等。故对于螺栓、销钉、铆钉等圆柱形连接件的挤压面面积计算公式为 $A_{bs}=dt$,d 为螺栓的直径,t 为钢板的厚度。

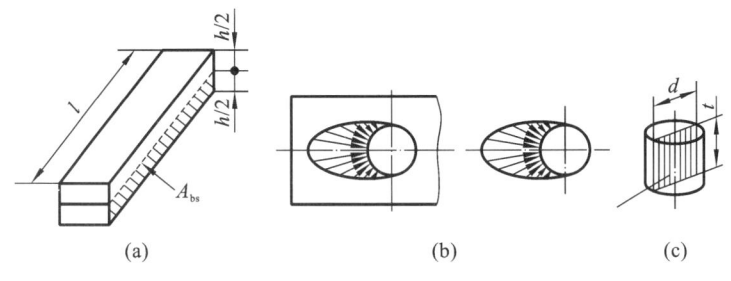

图 9-22

在工程实际中,往往由于挤压破坏使连接松动而不能正常工作,如图 9-23(a)所示的螺栓连接,钢板的圆孔可能被挤压成如图 9-23(b)所示的长圆孔,或螺栓的表面被压溃。

因此,除了进行剪切强度计算外,还要进行挤压强度计算。挤压强度条件为

$$\sigma_{bs} = \frac{F_{bs}}{A_{bs}} \leqslant [\sigma_{bs}] \qquad (9\text{-}12)$$

式中的 $[\sigma_{bs}]$ 为材料的许用挤压应力,可以从有关设计手册中查得。对于钢材,也可以按如下的经验公式确定

$$[\sigma_{bs}] = (1.7 \sim 2.0)[\sigma^-]$$

式中的 $[\sigma^-]$ 为材料的许用压应力。必须注意:如果两个相互挤压构件的材料不同,则必须对材料挤压强度小的构件进行计算。

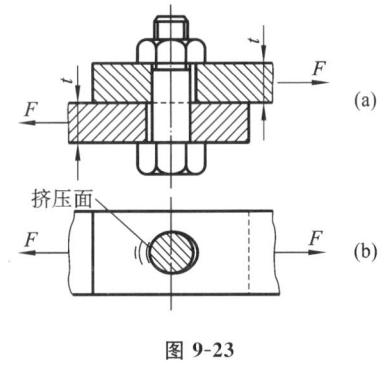

图 9-23

【例 9-7】　如图 9-24 所示,起重机吊钩用销钉连接。已知吊钩的钢板厚度 $t =$ 24 mm,吊起的最大重量为 $F=100$ kN,销钉材料的许用切应力 $[\tau]=60$ MPa,许用挤压应力 $[\sigma_{bs}]=180$ MPa,试设计销钉直径。

解:(1) 取销钉为研究对象,画出受力图如图 9-24(b)所示。用截面法求剪切面上的剪力,受力图如图 9-24(c)所示,根据力在垂直方向的平衡条件,得剪切面上剪力 F_Q 的大小为

$$F_Q = \frac{F}{2} = 50 \text{ kN}$$

(2) 按照剪切的强度条件即公式(9-10),得 $A \geqslant \dfrac{F_Q}{[\tau]}$。圆截面销钉的面积为 $A = \dfrac{\pi d^2}{4}$,所以

$$d = \sqrt{\frac{4A}{\pi}} \geqslant \sqrt{\frac{4F_Q}{\pi[\tau]}} = \sqrt{\frac{4 \times 50 \times 10^3}{3.14 \times 60 \times 10^6}} \text{ m} = 32.6 \text{ mm}$$

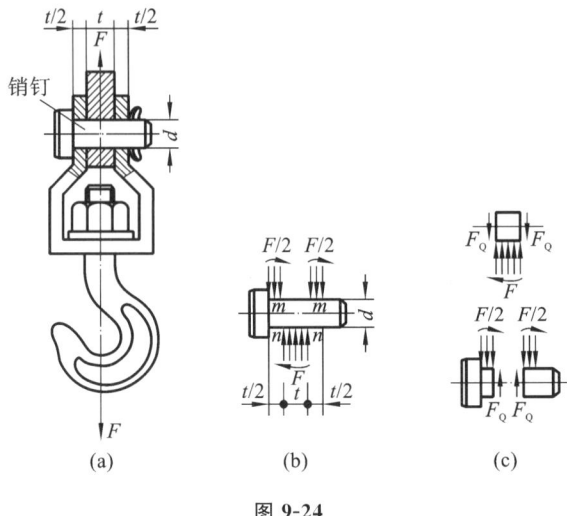

图 9-24

（3）销钉的挤压应力各处均相同,其中挤压力 $F_{bs} = F$,挤压面面积 $A_{bs} = A$,按挤压的强度条件公式(9-12)得

$$A_{bs} = dt \geqslant \frac{F_{bs}}{[\sigma_{bs}]}$$

所以

$$d \geqslant \frac{F}{[\sigma_{bs}]t} = \frac{100 \times 10^3}{180 \times 10^6 \times 24 \times 10^{-3}} \text{ m} = 23.1 \text{ mm}$$

为了保证销钉安全工作,必须同时满足剪切和挤压强度条件,应取 $d \geqslant 32.6 \text{ mm}$。

【例 9-8】 有一铆钉接头如图 9-25 所示,已知拉力 $F = 100 \text{ kN}$。铆钉直径 $d = 16 \text{ mm}$,钢板厚度 $t = 20 \text{ mm}$,$t_1 = 12 \text{ mm}$。铆钉和钢板的许用应力 $[\sigma] = 160 \text{ MPa}$,$[\tau] = 140 \text{ MPa}$,$[\sigma_{bs}] = 320 \text{ MPa}$。试确定所需铆钉的个数 n 及钢板的宽度 b。

解:(1)按剪切强度条件计算铆钉的个数 n。由于铆钉左右对称,故可取一边进行分析。现取左半边,假设左半边需要 n_1 个铆钉,则每个铆钉的受力图如图 9-25(b)所示,按剪切强度条件公式(9-10)可得

$$\tau = \frac{\dfrac{F}{n_1}}{2 \times \dfrac{\pi}{4} d^2} \leqslant [\tau]$$

$$n_1 \geqslant \frac{4F}{2\pi d^2 [\tau]} = \frac{4 \times 100 \times 10^3}{2\pi \times 0.016^2 \times 140 \times 10^6} = 1.78$$

取整得 $n_1 = 2$,故共需铆钉数 $n - 2n_1 - 4$。

（2）校核挤压强度。上下副板厚度之和为 $2t_1$,中间主板厚度 t,由于 $2t_1 > t$,故主板与铆钉间的挤压应力较大。按挤压强度公式(9-11)得

$$\sigma_{bs} = \frac{F_{bs}}{A_{bs}} = \frac{\dfrac{F}{n_1}}{d \cdot t} = \frac{100 \times 10^3 \div 2}{0.016 \times 0.020} \text{ Pa} = 156 \text{ MPa} < [\sigma_{bs}]$$

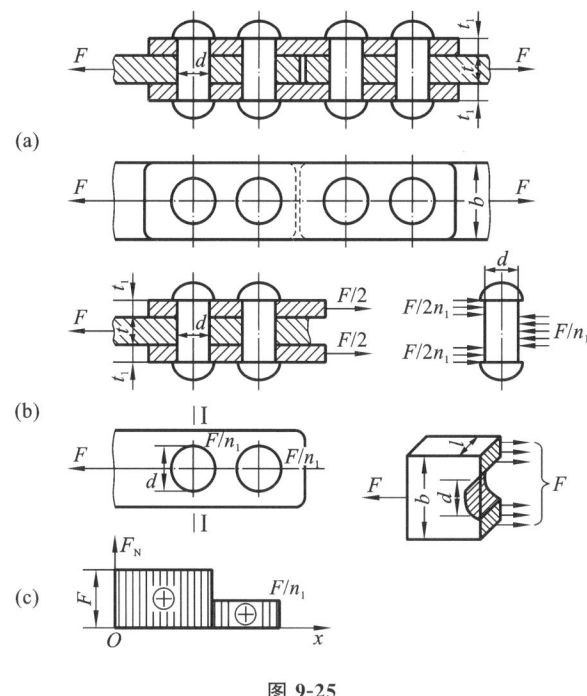

图 9-25

故挤压强度也足够。

（3）计算钢板宽度 b。钢板宽度要根据抗拉强度确定，由 $2t_1 > t$，可知主板抗拉强度较低，其轴力图如图 9-25(c)所示，由图可知截面 I-I 为危险截面。按拉伸强度条件公式得

$$\sigma = \frac{F_N}{A} = \frac{F}{(b-d)t} \leqslant [\sigma]$$

$$b \geqslant \frac{F}{t[\sigma]} + d = \frac{100 \times 10^3}{0.020 \times 160 \times 10^6} + 0.016 \text{ m} = 47.3 \text{ mm}$$

取 $b = 48$ mm。

习　题

【9-1】 14 号工字钢悬臂梁受力情况如图 9-26 所示。已知 $l = 0.8$ m，$F_1 = 2.5$ kN，$F_2 = 1.0$ kN，试求危险截面上的最大正应力（14 号工字钢，查型钢表得到 $W_z = 102$ cm^3，$W_y = 16.1$ cm^3）。

【9-2】 T 字形截面的悬臂梁如图 9-27 所示，承受与钢轴平行的力 F 的作用，试求图示杆内的最大正应力。力 F 与杆的轴线平行。

【9-3】 如图 9-28 所示钢质拐轴，AB 轴的直径 $d = 20$ mm，承受铅垂载荷 $F = 1$ kN 的作用，许用应力 $[\sigma] = 160$ MPa，$l = 150$ mm，$a = 140$ mm。试根据第三强度理论校核轴 AB 的强度。

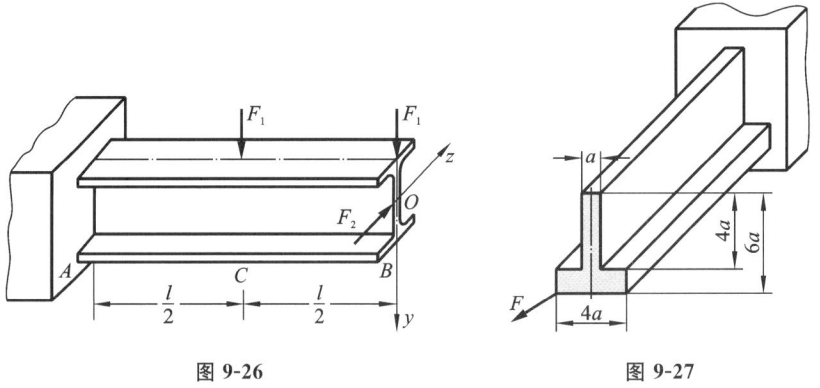

图 9-26   图 9-27

【9-4】 图 9-29 所示螺钉承受轴向拉力 F,已知许可切应力$[\tau]$和拉伸许可应力$[\sigma]$之间的关系为$[\tau]=0.6[\sigma]$,许可挤压应力$[\sigma_{bs}]$和拉伸许可应力$[\sigma]$之间的关系为$[\sigma_{bs}]=2[\sigma]$。试建立 D,d,t 三者间的合理比值。

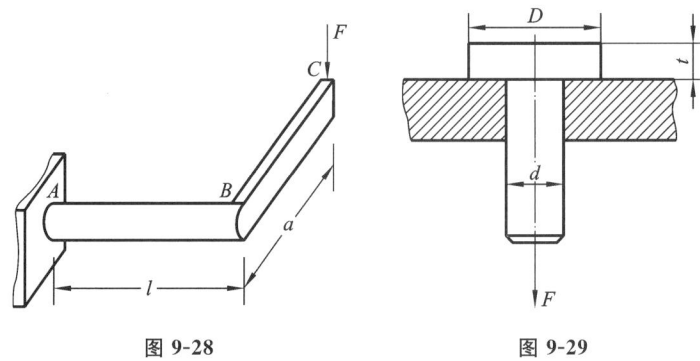

图 9-28   图 9-29

【9-5】 图 9-30 所示两块钢板,由一个螺栓联结。已知:螺栓直径 $d=24$ mm,每块板的厚度 $\delta=12$ mm,拉力 $F=27$ kN,螺栓许用应力$[\tau]=60$ MPa,$[\sigma_{bs}]=120$ MPa。试对螺栓作强度校核。

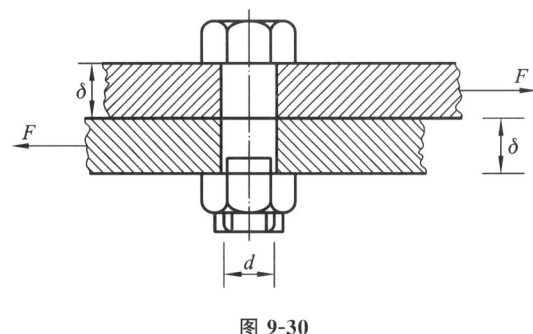

图 9-30

【9-6】 用夹剪剪断直径 $d_1=3$ mm 的铅丝,如图 9-31 所示。若铅丝的极限切应力约为 100 MPa,试问需多大的 P? 若销钉 B 的直径为$d_2=8$ mm,试求销钉内的切应力。

【9-7】 水轮发电机组的卡环尺寸如图 9-32 所示。已知轴向荷载 $F=1450$ kN,卡环材料的许用切应力$[\tau]=80$ MPa,许用挤压应力$[\sigma_{bs}]=150$ MPa。试校核卡环的强度。

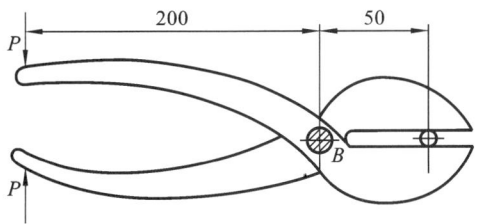

图 9-31（单位:mm）

【9-8】 正方形截面的混凝土柱,其横截面边长为 200 mm,其基底为边长 $a = 1\ \text{m}$ 的正方形混凝土板。柱承受轴向压力 $F = 100\ \text{kN}$,如图 9-33 所示。假设地基对混凝土板的支反力为均匀分布,混凝土的许用切应力为 $[\tau] = 1.5\ \text{MPa}$,试问为使柱不穿过板,混凝土板所需的最小厚度 δ 应为多少?

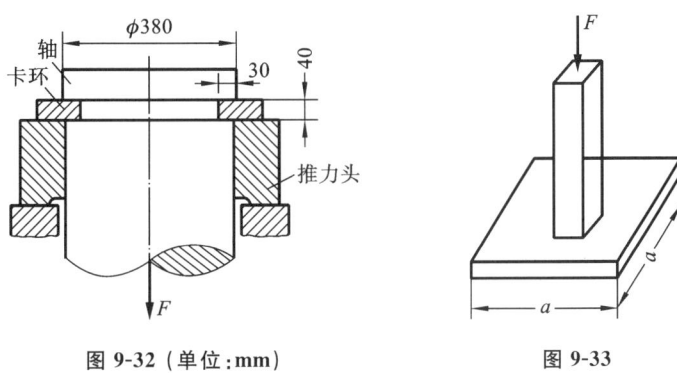

图 9-32（单位:mm）　　　　　　　　　图 9-33

第10章 压杆稳定

10.1 压杆稳定的概念

机器或机械中某些承受轴向压力的杆件,例如活塞连杆机构中的连杆,凸轮机构中的顶杆,支承机械的千斤顶等,当压力超过一定数值后,在外界扰动下,其直线平衡形式将转变为弯曲形式,从而使杆件或由其组成的机器丧失正常功能,情形严重者,会造成人员的生命与财产的重大损失,这是区别于强度失效和刚度失效的另一种失效形式,称为稳定失效。稳定问题和强度、刚度问题一样,在机械或其零部件的设计中占有重要地位。

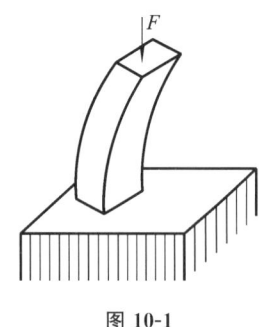

图 10-1

前面对受压杆件的研究,是从强度的观点出发的。即认为只要满足压缩强度条件,就可以保证压杆正常工作。这对短粗的压杆是正确的,但对于细长压杆来说就不适用了。如图 10-1 所示,一根宽 30 mm,厚 2 mm,长 400 mm 的钢板条,设其材料的许用应力 $[\sigma]=160$ MPa,按压缩强度条件计算,它的承载能力为

$$F \leqslant A[\sigma] = 30 \times 10^{-3} \times 2 \times 10^{-3} \times 160 \times 10^{6} \text{ N} = 9.6 \text{ kN}$$

但实验发现,压力还没有达到 70 N 时,钢板条已开始弯曲,若压力继续增大,则弯曲变形急剧增加而折断,此时的压力远小于 9.6 kN。钢板条丧失工作能力,是它不能保持原来的直线形状造成的。可见,细长压杆的承载能力不取决于它的压缩强度条件,而取决于它保持直线平衡状态的能力。

为了进一步介绍压杆稳定性的概念,现研究一根理想状态下的等直细长压杆(图 10-2),即弹性压杆的平衡稳定性及临界载荷的问题,杆的两端铰支,并受轴向力 F 作用,压杆处于直线形状的平衡状态,当压力 F 逐渐增加,但小于某一极限值时,压杆保持其直线形状的平衡,此时即使作用一微小的侧向干扰力 ΔQ,使其产生微小的弯曲变形(图 10-2(b)),在干扰力除去后,压杆会自行恢复到原来的直线形状的平衡状态(图 10-2(c)),故压杆原来直线平衡状态是稳定的。当压力逐渐增加到某一极限值时,如果再作用一微小的侧向干扰力,使其产生微小的侧向变形,在除去干扰力后,压杆将保持曲线形式平衡状态(图 10-2(d)所示虚线),而不能恢复其原来的直线平衡状态,这说明压

杆原来直线形状的平衡是不稳定的,上述压力的极限值称为临界压力或临界力,用 F_{cr} 表示。压杆丧失其直线形状平衡而过渡为曲线形状平衡的现象,称为丧失稳定(或简称失稳);如 F 力再稍微增加一点,杆的弯曲变形将显著增加,以致于压杆不能正常工作。所以临界载荷是弹性压杆的直线平衡状态由稳定转变为不稳定的临界值。

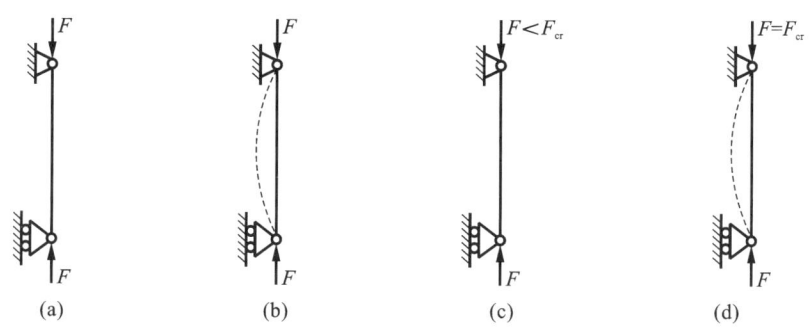

图 10-2

现将上述三种状态总结如下:

当 $F < F_{cr}$ 时,压杆处于稳定的直线形状的平衡状态;

当 $F > F_{cr}$ 时,压杆处于不稳定的直线形状的平衡状态,极易过渡到曲线形状的平衡状态或破坏状态;

当 $F = F_{cr}$ 时,压杆处于临界状态,压杆可能处于直线形状平衡状态,也可能处于很微小的曲线形状的平衡状态。

显然,解决压杆稳定问题的关键是确定其临界载荷。如果将压杆的工作压力控制在由临界载荷所确定的允许范围内,则压杆不致失稳。

10.2　细长压杆的临界载荷

1. 两端铰支细长压杆的欧拉公式

由上述分析可知,只有当轴向压力 F 等于临界载荷 F_{cr} 时,压杆才可能在微弯状态保持平衡。因此,使压杆在微弯状态保持平衡的最小轴力,即压杆的临界载荷。

所谓细长压杆,就是当压力等于临界载荷时,直杆横截面上的正应力不超过比例极限 σ_P 的压杆。约束不同,压杆的临界载荷也不同,现以两端铰支细长压杆为例,说明确定临界载荷的基本方法。

如图 10-3 所示,设细长压杆在轴向力 F 作用下处于微弯平衡状态,则当杆内应力不超过材料的比例极限时,压杆的挠曲线方程应满足下述关系式:

$$\frac{\mathrm{d}^2 y}{\mathrm{d}x^2} = \frac{M(x)}{EI}$$

由图 10-3 可知,压杆 x 截面的弯矩为

$$M = -Fy \tag{a}$$

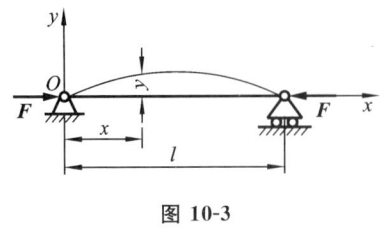

图 10-3

所以,压杆挠曲线的近似微分方程为

$$\frac{\mathrm{d}^2 y}{\mathrm{d}x^2} = \frac{M}{EI} \qquad (b)$$

由于两端是铰支座,允许杆件在任意纵向平面内发生弯曲变形,因而杆件的微小弯曲变形一定发生在抗弯能力最小的纵向平面内。故上式中的 I 应是横截面最小的惯性矩。将式(a)代入式(b)得

$$\frac{\mathrm{d}^2 y}{\mathrm{d}x^2} = -\frac{Fy}{EI} \qquad (c)$$

令

$$k^2 = \frac{F}{EI} \qquad (d)$$

将式(d)代入式(c),得

$$\frac{\mathrm{d}^2 y}{\mathrm{d}x^2} + k^2 y = 0 \qquad (e)$$

以上微分方程的通解为

$$y = A\sin kx + B\cos kx \qquad (f)$$

式中 A 和 B 是积分常数。

压杆的边界条件为:当 $x = 0$ 时,$y = 0$;当 $x = l$ 时,$y = 0$。将此边界条件代入式(f),解得

$$B = 0, \quad A\sin kl = 0$$

因为 $A\sin kl = 0$,这就要求 $A = 0$ 或 $\sin kl = 0$。但若 $A = 0$,则 $y = 0$,这表示杆件轴线任意点的挠度皆为零,即仍是直线。这与压杆有微小的弯曲变形这一前提假设相矛盾。因此必须是

$$\sin kl = 0$$

于是 kl 是数列 $0, \pi, 2\pi, 3\pi \cdots$ 中的任何一个数,即

$$kl = n\pi \quad (n = 0, 1, 2\cdots)$$

由此得

$$k = \frac{n\pi}{l}$$

把 k 值代入式(d),求出

$$F = \frac{n^2 \pi^2 EI}{l^2}$$

因为 n 是 $0, 1, 2\cdots$ 中的任一整数,故上式表明,使杆件保持为曲线形状平衡的压力,在理论上是多值的。在这些压力中,使杆件保持微小弯曲的最小压力,才是真正的临界载荷 F_{cr},如取 $n = 0$,则 $F = 0$,表示杆件上并无载荷,自然不是我们所需要的。这样只有取 $n = 1$,才使载荷为最小值。于是得临界载荷为

$$F_{\mathrm{cr}} = \frac{\pi^2 EI}{l^2} \qquad (10\text{-}1)$$

这是两端铰支细长压杆临界力的计算公式,也称为两端铰支细长压杆临界载荷的欧拉公式。

【例 10-1】　某柴油机的挺杆是钢制空心圆管，外径和内径分别为 12 mm 和 10 mm，杆长 0.383 m，钢材的弹性模量 $E=210$ GPa，假定挺杆为细长压杆，试求挺杆的临界载荷。

解：挺杆横截面的惯性矩为

$$I = \frac{\pi}{64}(D^4 - d^4) = \frac{\pi}{64}(0.012^4 - 0.010^4) = 5.27 \times 10^{-10} \text{ m}^4$$

因为挺杆可简化为两端铰支的压杆，故挺杆的临界载荷为

$$F_{cr} = \frac{\pi^2 EI}{I^2} = \frac{3.14^2 \times 210 \times 10^9 \times 5.27 \times 10^{-10}}{0.383^2} \text{ N} = 7.44 \text{ kN}$$

2. 其他支座条件下细长压杆的欧拉公式

在工程实际中，除了上述两端铰支压杆，还存在其他支承方式的压杆。例如一端自由、另一端固定的压杆；一端铰支、另一端固定的压杆；等等。这些压杆的临界载荷，同样可按上述方法确定，现将计算结果汇集在表 10-1 中。

从表中可以看出，上述几种细长压杆的临界载荷公式基本相似，只是分母中 l 前的系数不同。为了应用方便，将上述各式统一写成如下形式：

$$F_{cr} = \frac{\pi^2 EI}{(\mu l)^2} \tag{10-2}$$

这就是欧拉公式的普遍形式。式中 μl 表示把压杆折算成两端铰支压杆的长度，称为相当长度，μ 称为长度系数，表 10-1 中列出了常见细长压杆的长度系数。

表 10-1　压杆的长度系数

杆端支承情况	一端自由，一端固定	两端铰支	一端铰支，一端固定	两端固定
挠曲线形状				
F_{cr}	$F_{cr} = \dfrac{\pi^2 EI}{(2l)^2}$	$F_{cr} = \dfrac{\pi^2 EI}{l^2}$	$F_{cr} = \dfrac{\pi^2 EI}{(0.7l)^2}$	$F_{cr} = \dfrac{\pi^2 EI}{(0.51l)^2}$
长度系数 μ	2	1	0.7	0.5

【例 10-2】　图 10-4 所示的细长压杆，已知材料的弹性模量 $E=200$ GPa，压杆的长度 $l=2.50$ m。压杆的横截面为圆形，其直径 $d=40$ mm。求该压杆的临界载荷。

解：本题的压杆为两端固定的细长压杆，$\mu=0.5$。压杆横截面的惯性矩为

$$I = \frac{\pi d^4}{64} = \frac{\pi \times 0.040^4}{64} \text{ m}^4 = 1.26 \times 10^{-7} \text{ m}^4$$

由式（10-2）计算压杆的临界载荷为

$$F_{cr} = \frac{\pi^2 EI}{(\mu l)^2} = \frac{\pi^2 \times 200 \times 10^9 \times 1.26 \times 10^{-7}}{(0.5 \times 2.5)^2} \text{ N} = 159 \text{ kN}$$

【例 10-3】 有一矩形截面压杆如图 10-5 所示，一端固定，另一端自由，材料为钢，已知弹性模量 $E=200$ GPa，杆长 $l=2.0$ m。

（1）当截面尺寸为 $b=40$ mm，$h=90$ mm 时，试计算此压杆的临界载荷；

（2）若截面尺寸为 $b=h=60$ mm，此压杆的临界载荷又为多少？

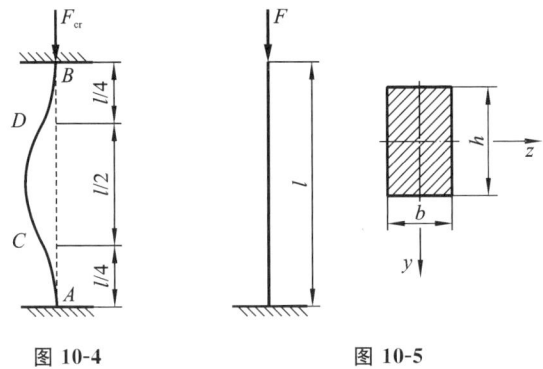

图 10-4   图 10-5

解：由于杆一端固定，一端自由，查表 10-1 得 $\mu=2$。

（1）截面对 y、z 轴的惯性矩分别为

$$I_y = \frac{hb^3}{12} = \frac{90 \times 40^3}{12} \text{ mm}^4 = 4.8 \times 10^{-7} \text{ m}^4$$

$$I_z = \frac{bh^3}{12} = \frac{40 \times 90^3}{12} \text{ mm}^4 = 2.43 \times 10^{-6} \text{ m}^4$$

因为 $I_y < I_z$，应按 I_y 计算临界载荷，于是将 I_y 代入欧拉公式得

$$F_{cr} = \frac{\pi^2 EI}{(\mu l)^2} = \frac{\pi^2 \times 200 \times 10^9 \times 4.8 \times 10^{-7}}{(2 \times 2.0)^2} \text{ N} = 59 \text{ kN}$$

（2）$b=h=60$ mm 时，截面的惯性矩为

$$I_y = I_z = \frac{bh^3}{12} = \frac{60^4}{12} \text{ mm}^4 = 1.08 \times 10^{-6} \text{ m}^4$$

代入欧拉公式得临界载荷为

$$F_{cr} = \frac{\pi^2 EI}{(\mu l)^2} = \frac{\pi^2 \times 200 \times 10^9 \times 1.08 \times 10^{-6}}{(2 \times 2.0)^2} \text{ N} = 133 \text{ kN}$$

比较上述计算结果，两杆所用材料相同，长度相同，截面面积相等，但临界压力后者是前者的 2.25 倍。

10.3　欧拉公式及经验公式

压杆处于临界状态时,将压杆的临界载荷除以横截面面积,得到横截面上的应力,称为临界应力,用 σ_{cr} 表示。

$$\sigma_{\text{cr}} = \frac{F_{\text{cr}}}{A} = \frac{\pi^2 EI}{(\mu l)^2 A}$$

式中,I 与 A 都是与压杆横截面的尺寸和形状有关的量,令 $\dfrac{I}{A} = i^2$,i 称为压杆截面的惯性半径,代入上式得:

$$\sigma_{\text{cr}} = \frac{\pi^2 E i^2}{(\mu l)^2} = \frac{\pi^2 E}{\left(\dfrac{\mu l}{i}\right)^2} \tag{a}$$

令

$$\lambda = \frac{\mu l}{i} \tag{10-3}$$

则式(a)可写成

$$\sigma_{\text{cr}} = \frac{\pi^2 E}{\lambda^2} \tag{10-4}$$

式(10-4)是临界应力形式的欧拉公式,式中 λ 称为压杆的柔度或长细比,是一个无量纲的量,它综合反映了压杆的长度、杆端的约束以及截面尺寸对临界应力的影响。对于一定材料的压杆,其临界应力仅与柔度 λ 有关,λ 值愈大,则压杆愈细长,临界应力 σ_{cr} 值也愈小,压杆愈容易失稳。所以柔度 λ 是压杆稳定计算中的一个重要参数。

欧拉公式是在材料符合胡克定律条件下,由挠曲线近似微分方程 $\dfrac{\mathrm{d}^2 y}{\mathrm{d} x^2} = \dfrac{M}{EI}$ 推导出来的。因此只有当压杆内的应力不超过材料的比例极限时,才能用欧拉公式来计算压杆的临界力。这说明欧拉公式的应用是有条件的,根据这一条件可以确定欧拉公式的适用范围。

当压杆的临界应力不超过材料的比例极限时,欧拉公式才能成立,因此由式(10-4)可得欧拉公式适用范围为

$$\sigma_{\text{cr}} = \frac{\pi^2 E}{\lambda^2} \leqslant \sigma_{\text{P}} \quad \text{或} \quad \lambda \geqslant \pi \sqrt{\frac{E}{\sigma_{\text{r}}}}$$

式中,$\pi \sqrt{\dfrac{E}{\sigma_{\text{r}}}}$ 是压杆的临界应力等于比例极限 σ_{P} 时的柔度值,以 λ_{P} 表示,即

$$\lambda_{\text{P}} = \pi \sqrt{\frac{E}{\sigma_{\text{P}}}} \tag{10-5}$$

所以,仅当 $\lambda \geqslant \lambda_{\text{P}}$ 时,欧拉公式才成立。柔度 $\lambda \geqslant \lambda_{\text{P}}$ 的压杆,称为大柔度杆。前面经常提到的细长杆,实际上即大柔度杆。

由式(10-5)可知,λ_{P} 值取决于材料的弹性模量 E 和比例极限 σ_{P},所以,λ_{P} 值仅随材

料不同而异。

工程中常用的压杆,其柔度往往小于 λ_P。这种压杆的临界力已不能再按欧拉公式来计算。对于此类压杆,通常采用建立在实验基础上的经验公式来计算其临界应力。

1. 直线型经验公式

直线公式把临界应力 σ_{cr} 与柔度 λ 表示为以下直线公式,即

$$\sigma_{cr} = a - b\lambda \tag{10-6}$$

式中 λ 为具体压杆的柔度,a、b 为与材料有关的常数,单位为 MPa。表 10-2 中列出了几种常用材料的 a、b 的值。

表 10-2　几种常用材料的 a、b 的值

材料(强度极限 σ_b/MPa,屈服极限 σ_s/MPa)	a/MPa	b/MPa
Q235A $\sigma_b \geqslant 372$,$\sigma_s = 235$	304	1.12
优质碳钢 $\sigma_b \geqslant 471$,$\sigma_s = 306$	461	2.568
硅钢 $\sigma_b \geqslant 510$,$\sigma_s = 353$	578	3.744
铬钼钢	980	5.296
铸铁	332.2	1.454
硬铝	373	2.15
松木	28.7	0.19

上述经验公式,也有其适用范围,使用式(10-6)计算的临界应力不允许超过压杆材料的极限应力 σ°(对于塑性材料 $\sigma^\circ = \sigma_s$;对于脆性材料 $\sigma^\circ = \sigma_b$)。因为当应力达到 σ° 时,压杆因强度不够而发生破坏,故应按强度问题来考虑,所以对于塑性材料制成的压杆,临界应力公式为

$$\sigma_{cr} = a - b\lambda \leqslant \sigma_s$$

由上式得到对应于屈服极限 σ_s 的柔度为

$$\lambda_s = \frac{a - \sigma_s}{b} \tag{10-7}$$

由此可知,只有当压杆的柔度 $\lambda \geqslant \lambda_P$ 时才能用公式(10-6)求解,所以公式(10-6)的适用范围为:$\lambda_s \leqslant \lambda < \lambda_P$。

综上所述,对于由合金钢、铝合金、铸铁等制作的压杆,根据其柔度可将压杆分为三类,并分别按不同方式处理:

① $\lambda \geqslant \lambda_P$ 的压杆属于细长杆或大柔度杆,按欧拉公式 $\sigma_{cr} = \dfrac{\pi^2 E}{\lambda^2}$ 计算其临界应力;

② $\lambda_s \leqslant \lambda \leqslant \lambda_P$ 的压杆,称为中柔度杆,按经验公式 $\sigma_{cr} = a - b\lambda$ 计算其临界应力;

③ $\lambda < \lambda_s$ 的压杆属于短粗杆,称为小柔度杆,应按强度问题处理 $\sigma_{cr} = \sigma_s$。

在上述三种情况下,临界应力随柔度变化的曲线如图 10-6 所示,称为临界应力总图。

2. 抛物线型经验公式

在工程实际中,对于中、小柔度压杆的临界应力计算,也有建议采用抛物线型经验公

式的,此公式为

$$\sigma_{cr} = a_1 - b_1\lambda^2 \tag{10-8}$$

式中,a_1 与 b_1 是与材料有关的常数,它们的单位是 MPa。

根据欧拉公式与上述抛物线经验公式,得低合金结构钢等压杆的临界应力总图(图 10-7)。

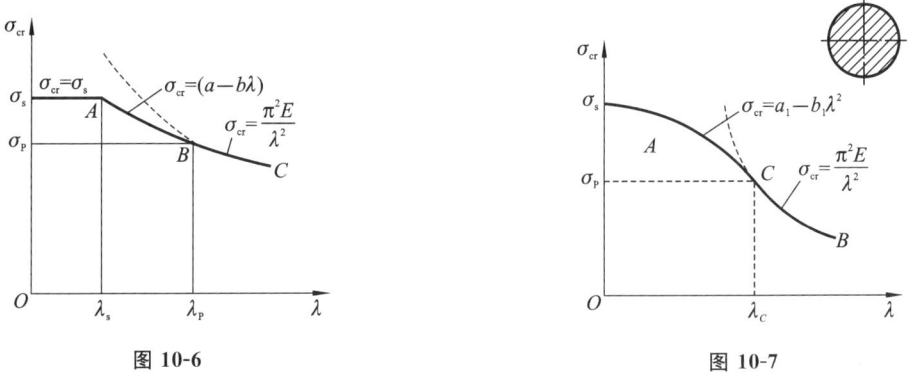

图 10-6　　　　　　　　　　　　　　图 10-7

【例 10-4】　三根材料相同的圆形截面压杆,皆由 Q235 钢制成,材料的 $E = 200$ GPa,$\sigma_P = 200$ MPa,$\sigma_s = 240$ MPa,$a = 304$ MPa,$b = 1.12$ MPa。三根压杆的两端均为铰支,直径均为 $d = 0.160$ m,第一根压杆长 $l_1 = 5.0$ m,第二根压杆长 $l_2 = 2.5$ m,第三根压杆长 $l_3 = 1.25$ m,试求各杆的临界载荷。

解:三根压杆的材料相同,杆的直径相同,约束条件也相同,所以三根杆相同的参数为

$$\lambda_P = \sqrt{\frac{\pi^2 E}{\sigma_P}} = \sqrt{\frac{3.14^2 \times 200 \times 10^9}{200 \times 10^6}} = 99.3$$

$$\lambda_s = \frac{a - \sigma_s}{b} = \frac{304 - 240}{1.12} = 57.1$$

$$A = \frac{\pi d^2}{4} = \frac{\pi \times 0.160^2}{4} \text{ m}^2 = 0.020 \text{ m}^2$$

$$i = \sqrt{\frac{I}{A}} = \frac{d}{4} = \frac{0.160}{4} \text{ m} = 0.040 \text{ m}$$

$$\mu = 1$$

(1) 求第一根压杆的临界载荷。

$$\lambda = \frac{\mu l_1}{i} = \frac{1 \times 5.0}{0.040} = 125 > \lambda_P = 99.3$$

$$\sigma_{cr} = \frac{\pi^2 E}{\lambda^2} = \frac{\pi^2 \times 200 \times 10^9}{125^2} \text{Pa} = 126 \text{ MPa}$$

$$F_{cr} = \sigma_{cr} A = 126 \times 10^6 \times 0.020 \text{ N} = 2.52 \times 10^3 \text{ kN}$$

(2) 求第二根压杆的临界载荷。

$$\lambda = \frac{\mu l_2}{i} = \frac{1 \times 2.5}{0.040} = 62.5$$

柔度 $\lambda_s \leqslant \lambda \leqslant \lambda_P$,故使用直线公式(10-6)求临界应力

$$\sigma_{cr} = a - b\lambda = (304 - 1.12 \times 62.5) \text{ MPa} = 234 \text{ MPa}$$

$$F_{cr} = \sigma_{cr}A = 234 \times 10^6 \times 0.020 \text{ N} = 4.68 \times 10^3 \text{ kN}$$

（3）求第三根压杆的临界载荷。

$$\lambda = \frac{\mu l_3}{i} = \frac{1 \times 1.25}{0.040} = 31.3 < \lambda_s = 57.1$$

该杆为小柔度压杆，临界应力应选取材料的屈服极限

$$\sigma_{cr} = \sigma_s = 240 \text{ MPa}$$

$$F_{cr} = \sigma_{cr}A = 240 \times 10^6 \times 0.020 \text{ N} = 4.80 \times 10^3 \text{ kN}$$

10.4 压杆稳定条件

在掌握了各种柔度压杆的临界载荷和临界应力的计算方法以后，就可以在此基础上建立压杆的稳定条件，进行压杆的稳定计算。

由临界载荷的定义可知，F_{cr} 相当于稳定性方面的破坏载荷，因此，为了保证压杆正常工作，不致发生失稳，必须使压杆所承受的工作压力 F 小于该杆的临界载荷。不仅如此，还应使压杆具有足够的稳定安全储备，用一个大于 1 的数（规定的稳定安全系数 $[n_w]$）去除临界载荷这一极限，得到一个工作载荷的许用值。据此，压杆的稳定条件可表示为

$$F \leqslant \frac{F_{cr}}{[n_w]} \tag{10-9}$$

式中，F 为压杆的工作压力。

在工程计算中，常把式（10-9）改写成

$$n = \frac{F_{cr}}{F} \geqslant [n_w] \tag{10-10}$$

若设压杆的工作应力为 $\sigma = \dfrac{F}{A}$，则由 $F = \sigma A$ 和 $F_{cr} = A\sigma_{cr}$，可得到压杆稳定条件的另一种形式：

$$n = \frac{\sigma_{cr}}{\sigma} \geqslant [n_w] \tag{10-11}$$

考虑到压杆的初曲率，以及加载偏心及材料的不均匀等因素，因此 $[n_w]$ 值一般比强度安全系数大，下面列出几种常用零件的 $[n_w]$ 的参考数值。

金属结构中的压杆　　$[n_w] = 1.8 \sim 3$　　　　机床进给丝杆　　　$[n_w] = 2.5 \sim 4$

高速发动机挺杆　　　$[n_w] = 2 \sim 5$　　　　低速发动机挺杆　　$[n_w] = 4 \sim 6$

磨床液压缸活塞杆　　$[n_w] = 4 \sim 6$　　　　起重螺旋　　　　　$[n_w] = 3.5 \sim 5$

必须指出，截面有局部削弱（如油孔、螺孔等）的压杆，除校核稳定外，还需作强度校核，在强度校核时，A 为考虑了削弱后的横截面净面积。而压杆的稳定，是对压杆的整体而言的，截面的局部削弱，对临界力数值的影响很小，可以不必考虑，所以在稳定计算中，A 为不考虑削弱的横截面面积。

【例 10-5】　已知千斤顶丝杆长度 $l=0.375$ m,内径 $d=0.040$ m,材料为 Q235 钢,最大顶起重量 $F=80$ kN,规定稳定安全系数 $[n_w]=3$,试校核丝杆的稳定性。

解:(1)计算压杆的柔度。

千斤顶的丝杆可简化为下端固定上端自由的压杆,其长度系数 $\mu=2$,$i=\sqrt{\dfrac{I}{A}}=\dfrac{d}{4}=$ 0.010。丝杆的柔度为

$$\lambda = \frac{\mu l}{i} = \frac{2 \times 0.375}{0.010} = 75$$

由【例 10-4】计算可知,Q235 钢的 $\lambda_P=99.34$,$\lambda_s=57.14$,故本题中 $\lambda_s \leqslant \lambda \leqslant \lambda_P$,丝杆为中柔度杆,采用直线型经验公式计算其临界应力。

(2)计算临界应力。

对 Q235 钢 $a=304$ MPa,$b=1.12$ MPa,故丝杆的临界应力为

$$\sigma_{cr} = a - b\lambda = (304 - 1.12 \times 75) \text{ MPa} = 220 \text{ MPa}$$

临界压力为

$$F_{cr} = \sigma_{cr}A = 220 \times 10^6 \times \frac{\pi \times (0.040)^2}{4} \text{N} = 276 \text{ kN}$$

(3)校核稳定性。

$$n = \frac{F_{cr}}{F} = \frac{276}{80} = 3.45 > [n_w]$$

故丝杆的稳定性是足够的。

【例 10-6】　图 10-8 所示结构的 AB 杆为刚性杆,CD 杆是可变形的受压杆件,A、C 两点为铰支座,D 点为固定端支座,结构尺寸及 CD 杆横截面尺寸如图所示。CD 杆的材料为 A3 钢,其 $E=200$ GPa,$\sigma_s=240$ MPa,$\sigma_P=200$ MPa,$a=304$ MPa,$b=1.12$ MPa,假设 CD 杆只能在图示平面内失稳,试按照只考虑 CD 杆的稳定性来确定结构的临界载荷 F_{cr}。若给定的稳定安全系数为 $[n_w]=8$,求结构的许用载荷 $[F]$。

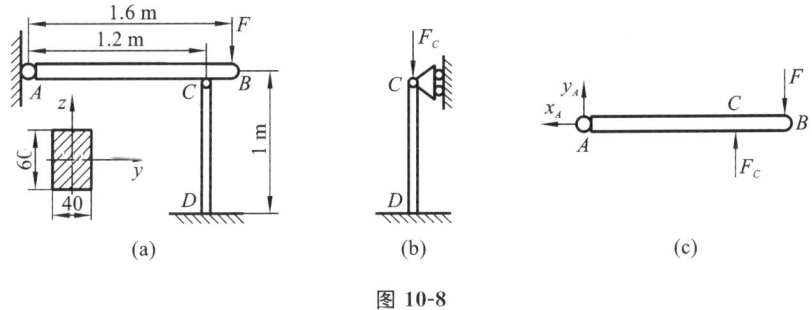

图 10-8

解:先求压杆的 λ_P 和 λ_s。

$$\lambda_P = \pi \sqrt{\frac{E}{\sigma_P}} = 3.14 \times \sqrt{\frac{200 \times 10^9}{200 \times 10^6}} = 99.3$$

$$\lambda_s = \frac{a - \sigma_s}{b} = \frac{304 - 240}{1.12} = 57.1$$

由于结构只能在图示的平面内失稳,所以只需求 λ_z。

压杆 CD 关于 z 轴的惯性矩为

$$I_z = \frac{60 \times 40^3}{12} \text{ mm}^4 = 320 \times 10^3 \text{ mm}^4$$

所以截面关于 z 轴的惯性半径为

$$i_z = \sqrt{\frac{I_z}{A}} = \sqrt{\frac{320 \times 10^3}{40 \times 60}} \text{ mm} = 11.6 \text{ mm}$$

CD 杆是上端为铰支,下端为固定的压杆,如图 10-8(b)所示。取 $\mu = 0.7$,压杆绕轴的柔度为

$$\lambda_z = \frac{\mu l}{i} = \frac{0.7 \times 1000}{11.6} = 60.3$$

可见,$57.1 = \lambda_s < \lambda_z < \lambda_P = 99.3$,所以用直线经验公式计算临界应力

$$\sigma_{cr} = a - b\lambda_z = (304 - 1.12 \times 60.3) \text{ MPa} = 236 \text{ MPa}$$

压杆 CD 的临界载荷为

$$F_{cr} = \sigma_{cr} A = 236 \times 10^6 \times 40 \times 10^{-3} \times 60 \times 10^{-3} \text{ N} = 566 \text{ kN}$$

根据稳定条件 $n = \dfrac{F_{cr}}{F_C} \geqslant [n_w]$,得到

$$F_C \leqslant \frac{F_{cr}}{[n_w]} = \frac{566}{8} \text{kN} = 70.8 \text{ kN}$$

下面,再考虑 AB 杆的平衡,AB 杆的受力如图 10-8(c)所示。当压杆 CD 所受载荷为临界载荷时,结构上作用的载荷 F 达到临界值。

由平衡方程 $\sum M_A = 0$,得

$$F_C \times 1.2 - F \times 1.6 = 0$$

$$F = \frac{1.2}{1.6} F_C \leqslant \frac{1.2}{1.6} \times 70.8 \text{ kN} = 53.1 \text{ kN}$$

所以结构许用载荷为 $[F] = 53.1 \text{ kN}$。

应指出:(1)和强度问题类似,稳定计算也存在三个方面的问题:进行稳定校核;求稳定时的许可载荷;设计压杆的横截面面积。

(2)由于临界应力的大小和柔度有关,或者说和横截面的惯性半径有关,即和横截面面积的大小和形状有关,因此设计截面时要用试凑法,需要经过反复多次的试凑才能得到合适的横截面面积。

(3)由于杆件丧失稳定是一种整体性行为,在进行稳定性计算时,横截面的局部削弱(如在杆上打小孔等)对临界应力影响较小。因此在稳定性计算中,采用横截面的毛面积计算,而不是用局部削弱处的净面积计算。

(4)在小变形的前提下进行强度计算时,横截面上的内力按未变形时的位置来计算,而计算临界载荷时是按变形以后的位置计算横截面上内力,这是强度问题和稳定问题一个很大的不同点。

10.5　提高压杆稳定性的措施

所谓提高压杆稳定性，就是在给定面积大小的条件下，提高压杆的临界力。临界力 $F_{cr}=A\sigma_{cr}$，当面积一定时，提高临界力的关键在于提高临界应力 σ_{cr}。由欧拉公式和经验公式可知，压杆的临界应力与材料的力学性能及压杆的柔度有关，所以要提高压杆的稳定性，就必须从这两方面考虑。

1. 合理选用材料

对于大柔度杆（$\lambda>\lambda_P$），其临界应力 $\sigma_{cr}=\dfrac{\pi^2 E}{\lambda^2}$ 与材料的弹性模量 E 成正比，由于钢材的 E 比其他材料（如铝合金）大，所以大柔度杆多用钢材制造，而各种钢材的 E 值差别不大，用高强度钢时 σ_{cr} 的提高不显著，所以细长压杆用普通钢制造，既合理又经济。

对于中、小柔度压杆，由经验公式看出，临界应力与材料的强度有关，σ_{cr} 随 σ_s 的提高而增大，因此，对于中、小柔度的压杆可用高强度钢制造以提高稳定性（对柔度很小的短粗压杆，本身就是强度问题，优质钢材强度高，其优越性自然是明显的）。

2. 减小压杆的柔度

由压杆的临界应力总图可知，压杆的柔度越大，临界应力就越小，稳定性越差，反之，压杆的柔度越小，临界应力就越大，稳定性越好。短粗杆（即小柔度杆）的临界应力最大，但是，结构中的压杆、柱或机器零件中的压杆不可能都是短粗型压杆，如发动机的挺杆，就不能制成短粗型的。所以要提高压杆的稳定性，即提高压杆的承载能力，可行的措施是使压杆的柔度尽可能地小。由于压杆的柔度为 $\lambda=\dfrac{\mu l}{i}$，所以应从增强约束（与 μ 有关），增大截面的惯性半径 i，减小压杆的长度 l 等方面来考虑。

（1）选择合理的截面形状，增大截面的惯性矩，减小 λ。

从欧拉公式看出，截面的惯性矩越大，临界载荷 F_{cr} 就越大。因为 $i=\sqrt{\dfrac{I}{A}}$，所以在横截面面积不变的情况下，增加惯性矩就是增大了惯性半径 i 的值，从而减小了柔度 λ，使压杆的临界应力增大。因此，增大惯性矩可提高压杆的稳定性。

在截面面积不变的情况下，增大惯性矩的办法是尽可能地把材料放在离形心较远的地方，现以圆形截面为例，图 10-9（a）所示为实心圆形截面，设截面面积为 A。按上述方法，若把离形心较近处的材料搬到离形心较远处，如图 10-9（b）所示，得到空心环形截面。下面比较一下截面的惯性半径和惯性矩。

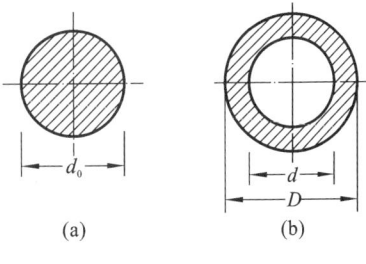

图 10-9

设横截面面积为 A，则实心圆直径 $d_0 = \sqrt{\dfrac{4A}{\pi}}$，其惯性矩 $I_1 = \dfrac{\pi d_0^4}{64} = \dfrac{A^2}{4\pi}$。

对相同横截面面积的空心环形截面，令外径为 D，内径 $d = \alpha D$，则 $D = \sqrt{\dfrac{4A}{\pi(1-\alpha)^2}}$，截面惯性矩

$$I_2 = \frac{\pi D^4}{64}(1-\alpha^4) = \frac{\pi}{64} \times \frac{16A^2}{\pi^2(1-\alpha^2)^2} \times (1-\alpha^4) = \frac{(1+\alpha^2)A^2}{4\pi(1-\alpha^2)}$$

于是，两个惯性矩之比为

$$\frac{I_2}{I_1} = \frac{1+\alpha^2}{1-\alpha^2} > 1$$

由此可见，截面惯性矩增大了。此时惯性半径的比为

$$\frac{i_2}{i_1} = \frac{\sqrt{\dfrac{I_2}{A}}}{\sqrt{\dfrac{I_1}{A}}} = \sqrt{\frac{I_2}{I_1}} = \sqrt{\frac{1+\alpha^2}{1-\alpha^2}}$$

当 $\alpha = 0.5$ 时，$\dfrac{i_2}{i_1} = 1.29$；当 $\alpha = 0.7$ 时，$\dfrac{i_2}{i_1} = 1.71$；当 $\alpha = 0.8$ 时，$\dfrac{i_2}{i_1} = 2.13$。也就是说，当 $\alpha > 0.5$ 时，截面的惯性半径有显著的增加。

（2）减小压杆的长度 l。

减小压杆的长度，可降低柔度 λ，从而提高稳定性，工程中常用增加中间支座的办法来减小压杆长度，如在压杆中间部分增加铰支座等。

（3）改变压杆的约束条件，改善杆端支承，降低长度系数 μ 的数值。

由表 10-1 可知，加固杆端支承，μ 值可以降低，使压杆柔度 λ 减小，从而使临界应力提高，即提高了压杆的稳定性，约束条件对压杆的临界载荷的影响较大，在其他条件不变的情况下，支座对压杆的约束越强，长度系数 μ 就越小，因而使压杆的柔度越小，临界载荷提高，如两端铰支细长压杆的临界载荷为 $F_{cr} = \dfrac{\pi^2 EI}{l^2}$，而两端固定细长压杆临界载荷为 $F_{cr} = \dfrac{\pi^2 EI}{l^2}$。在图 10-10 中，若把长度为 l、两端铰支的细长压杆的中点增加一个中间支座，则相当长度就变成 $\mu l = \dfrac{l}{2}$，其临界载荷变为：

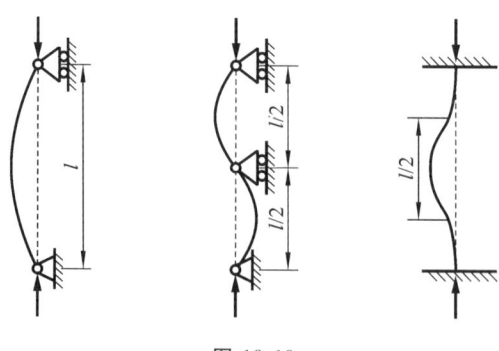

图 10-10

$$F_{cr} = \frac{\pi^2 EI}{\left(\dfrac{l}{2}\right)^2} = \frac{4\pi^2 EI}{l^2}$$

可见临界载荷变为原来的四倍。一般来说,增加压杆的约束,使其不容易发生弯曲变形,使压杆提高承载能力。

习 题

【10-1】 图 10-11 所示两端球形铰支细长压杆,弹性模量 $E = 200\text{GPa}$。试用欧拉公式计算其临界荷载。

(1) 圆形截面,$d = 25\text{ mm}$,$l = 1.0\text{ m}$;

(2) 矩形截面,$h = 2b = 40\text{ mm}$,$l = 1.0\text{ m}$。

【10-2】 图 10-12 所示铰链杆系结构中,①、②两杆截面和材料相同,为细长压杆。若杆系由于在 ABC 平面内失稳而失效,试确定使载荷 P 为最大值时的 θ 角(设 $0 < \theta < \pi/2$)。

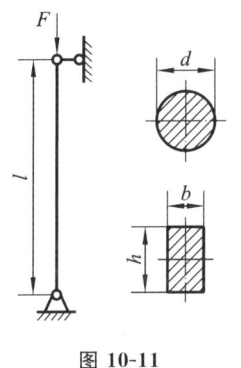

图 10-11

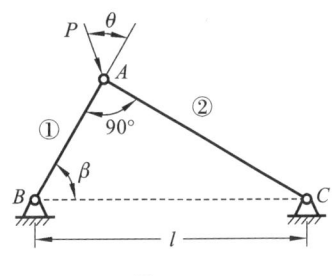

图 10-12

【10-3】 长 5 m 的 10 号工字钢,在温度为 0 ℃时安装在两个固定支座之间,这时杆不受力。已知钢的线膨胀系数 $\alpha_l = 125 \times 10^{-7}(\text{℃})^{-1}$,$E = 210\text{ GPa}$。试问当温度升高至多少度时,杆将丧失稳定?(10 号工字钢的最小惯性矩为 $33 \times 10^{-8}\text{ m}^4$,截面面积为 $14.3 \times 10^{-4}\text{ m}^2$)

【10-4】 有一根 $30 \times 50\text{ mm}^2$ 的矩形截面压杆,两端为活动铰支,试问压杆为多长时即可开始应用欧拉公式计算临界载荷 P,并计算 P 之值。已知材料的弹性模量 $E = 200$ GPa,比例极限 $\sigma_P = 200\text{ MPa}$。

【10-5】 图 10-13 所示结构 $ABCD$ 由三根直径均为 d 的圆截面钢杆组成,在点 B 铰支,而在点 A 和点 C 固定,D 为铰接点,$\dfrac{l}{d} = 10\pi$。若结构由于杆件在平面 $ABCD$ 内弹性失稳而丧失承载能力,试确定作用于节点 D 处的荷载 F 的临界值。(两端铰支长度因数 $\mu = 1$,一端铰支一端固定长度因数 $\mu = 0.7$)。

【10-6】 图 10-14 所示托架,实心圆截面杆 BD 的直径为 $d = 32\text{ mm}$,长度 $l = 1\text{ m}$,两端可视为球铰,材料为 Q235,$E = 200\text{ GPa}$,$\sigma_s = 240\text{ MPa}$,$\lambda_P = 100$,$\lambda_s = 60$,临界应力经验公式为 $\sigma_{cr} = a - b\lambda$,其中 $a = 310\text{ MPa}$,$b = 1.14\text{ MPa}$。

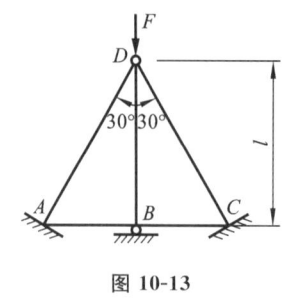

图 10-13

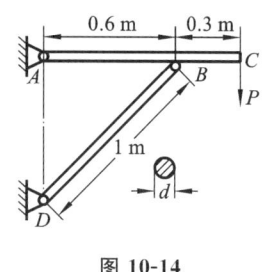

图 10-14

（1）试按杆 BD 的稳定性条件求托架的临界力 P_{cr}；

（2）若已知实际载荷 $P=30$ kN，稳定安全系数 $[n_{st}]=2$，问此托架在稳定性方面是否安全？

附录 A 热轧等边角钢（GB/T 706—2016）

符号意义：b——边宽度；
d——边厚度；
r——内圆弧半径；
r_1——边端内圆弧半径；

I——惯性矩；
i——惯性半径；
W——截面系数；
z_0——重心距离。

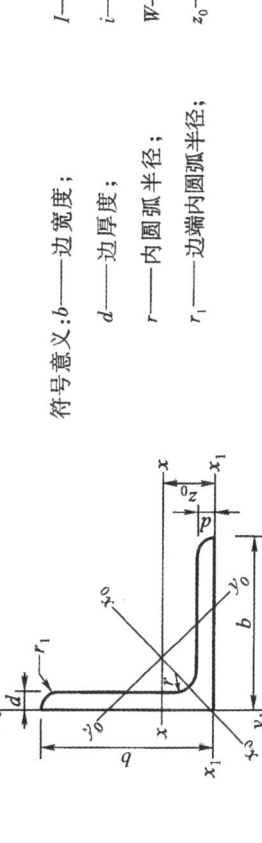

型号	尺寸/mm			截面面积/cm²	理论重量/(kg/m)	外表面积/(m²/m)	参考数值											
	b	d	r				$x-x$			x_0-x_0			y_0-y_0			x_1-x_1	z_0
							I_x/cm^4	i_x/cm	W_x/cm^3	I_{x_0}/cm^4	i_{x_0}/cm	W_{x_0}/cm^3	I_{y_0}/cm^4	i_{y_0}/cm	W_{y_0}/cm^3	I_{x_1}/cm^4	$/\text{cm}$
2	20	3	3.5	1.132	0.889	0.078	0.40	0.59	0.29	0.63	0.75	0.45	0.17	0.39	0.20	0.81	0.60
2	20	4	3.5	1.459	1.145	0.077	0.50	0.58	0.36	0.78	0.73	0.55	0.22	0.38	0.24	1.09	0.64
2.5	25	3	3.5	1.432	1.124	0.098	0.82	0.76	0.46	1.29	0.95	0.73	0.34	0.49	0.33	1.57	0.73
2.5	25	4	3.5	1.859	1.459	0.097	1.03	0.74	0.59	1.62	0.93	0.92	0.43	0.48	0.40	2.11	0.76

续表

型号	尺寸/mm			截面面积/cm²	理论重量/(kg/m)	外表面积/(m²/m)	参考数值										
	b	d	r				I_x/cm⁴	i_x/cm	W_x/cm³	I_{x_0}/cm⁴	i_{x_0}/cm	W_{x_0}/cm³	I_{y_0}/cm⁴	i_{y_0}/cm	W_{y_0}/cm³	I_{x_1}/cm⁴	z_0/cm
							x−x			$x_0−x_0$			$y_0−y_0$			$x_1−x_1$	
3.0	30	3	4.5	1.749	1.373	0.117	1.46	0.91	0.68	2.31	1.15	1.09	0.61	0.59	0.51	2.71	0.85
3.0	30	4		2.276	1.786	0.117	1.84	0.90	0.87	2.92	1.13	1.37	0.77	0.58	0.62	3.63	0.89
3.6	36	3	4.5	2.109	1.656	0.141	2.58	1.11	0.99	4.09	1.39	1.61	1.07	0.71	0.76	4.68	1.00
	36	4		2.756	2.163	0.141	3.29	1.09	1.28	5.22	1.38	2.05	1.37	0.70	0.93	6.25	1.04
		5		3.382	2.654	0.141	3.95	1.08	1.56	6.24	1.36	2.45	1.65	0.70	1.09	7.84	1.07
4.0	40	3	5	2.359	1.852	0.157	3.59	1.23	1.23	5.69	1.55	2.01	1.49	0.79	0.96	6.41	1.09
		4		3.086	2.422	0.157	4.60	1.22	1.60	7.29	1.54	2.58	1.91	0.79	1.19	8.56	1.13
		5		3.791	2.976	0.156	5.53	1.21	1.96	8.76	1.52	3.10	2.30	0.78	1.39	10.74	1.17
4.5	45	3	5	2.659	2.088	0.177	5.17	1.40	1.58	8.20	1.76	2.58	2.14	0.89	1.24	9.12	1.22
		4		3.486	2.736	0.177	6.65	1.38	2.05	10.56	1.74	3.32	2.75	0.89	1.54	12.18	1.26
		5		4.292	3.369	0.176	8.04	1.37	2.51	12.74	1.72	4.00	3.33	0.88	1.81	15.25	1.30
		6		5.076	3.985	0.176	9.33	1.36	2.95	14.76	1.70	4.64	3.89	0.88	2.06	18.36	1.33
5	50	3	5.5	2.971	2.332	0.197	7.18	1.55	1.96	11.37	1.96	3.22	2.98	1.00	1.57	12.50	1.34
		4		3.897	3.059	0.197	9.26	1.54	2.56	14.70	1.94	4.16	3.82	0.99	1.96	16.69	1.38
		5		4.803	3.770	0.196	11.21	1.53	3.13	17.79	1.92	5.03	4.64	0.98	2.31	20.90	1.42
		6		5.688	4.465	0.196	13.05	1.52	3.68	20.68	1.91	5.85	5.42	0.98	2.63	25.14	1.46

续表

| 型号 | 尺寸/mm | | | 截面面积 /cm² | 理论重量 /(kg/m) | 外表面积 /(m²/m) | 参考数值 | | | | | | | | | | |
| | b | d | r | | | | $x-x$ | | | x_0-x_0 | | | y_0-y_0 | | | x_1-x_1 | z_0 /cm |
							I_x/cm⁴	i_x/cm	W_x/cm³	I_{x_0}/cm⁴	i_{x_0}/cm	W_{x_0}/cm³	I_{y_0}/cm⁴	i_{y_0}/cm	W_{y_0}/cm³	I_{x_1}/cm⁴	
5.6	56	3	6	3.343	2.624	0.221	10.19	1.75	2.48	16.14	2.20	4.08	4.24	1.13	2.02	17.56	1.48
		4		4.390	3.446	0.220	13.18	1.73	3.24	20.92	2.18	5.28	5.46	1.11	2.52	23.43	1.53
		5		5.415	4.251	0.220	16.02	1.72	3.97	25.42	2.17	6.42	6.61	1.10	2.98	29.33	1.57
5.6	56	6	6	6.420	5.040	0.220	18.69	1.71	4.68	29.66	2.15	7.49	7.73	1.10	3.40	35.26	1.61
		7		7.404	5.812	0.219	21.23	1.69	5.36	33.63	2.13	8.49	8.82	1.09	3.80	41.23	1.64
		8		8.367	6.568	0.219	23.63	1.68	6.03	37.37	2.11	9.44	9.89	1.09	4.16	47.24	1.68
6	60	5	6.5	5.829	4.576	0.236	19.89	1.85	4.59	31.57	2.33	7.44	8.21	1.19	3.48	36.05	1.67
		6		6.914	5.427	0.235	23.25	1.83	5.41	36.89	2.31	8.70	9.60	1.18	3.98	43.33	1.70
		7		7.977	6.262	0.235	26.44	1.82	6.21	41.92	2.29	9.88	10.96	1.17	4.45	50.65	1.74
		8		9.020	7.081	0.235	29.47	1.81	6.98	46.66	2.27	11.00	12.28	1.17	4.88	58.02	1.78
6.3	63	4	7	4.978	3.907	0.248	19.03	1.96	4.13	30.17	2.46	6.78	7.89	1.26	3.29	33.35	1.70
		5		6.143	4.822	0.248	23.17	1.94	5.08	36.77	2.45	8.25	9.57	1.25	3.90	41.73	1.74
		6		7.288	5.721	0.247	27.12	1.93	6.00	43.03	2.43	9.66	11.20	1.24	4.46	50.14	1.78
		7		8.412	6.603	0.247	30.87	1.92	6.88	48.96	2.41	10.99	12.79	1.23	4.98	58.60	1.82
		8		9.515	7.469	0.247	34.46	1.90	7.75	54.56	2.40	12.25	14.33	1.23	5.47	67.11	1.85
		10		11.657	9.151	0.246	41.09	1.88	9.39	64.85	2.36	14.56	17.33	1.22	6.36	84.31	1.93
7	70	4	8	5.570	4.372	0.275	26.39	2.18	5.14	41.80	2.74	8.44	10.99	1.40	4.17	45.74	1.86

续表

型号	尺寸/mm			截面面积/cm²	理论重量/(kg/m)	外表面积/(m²/m)	参考数值										
	b	d	r				x-x			x0-x0			y0-y0			x1-x1	z0/cm
							I_x/cm⁴	i_x/cm	W_x/cm³	I_{x_0}/cm⁴	i_{x_0}/cm	W_{x_0}/cm³	I_{y_0}/cm⁴	i_{y_0}/cm	W_{y_0}/cm³	I_{x_1}/cm⁴	
7	70	5	8	6.875	5.397	0.275	32.21	2.16	6.32	51.08	2.73	10.32	13.34	1.39	4.95	57.21	1.91
		6		8.160	6.406	0.275	37.77	2.15	7.48	59.93	2.71	12.11	15.61	1.38	5.67	68.73	1.95
		7		9.424	7.398	0.275	43.09	2.14	8.59	68.35	2.69	13.81	17.82	1.38	6.34	80.29	1.99
		8		10.667	8.373	0.274	48.17	2.12	9.68	76.37	2.68	15.43	19.98	1.37	6.98	91.92	2.03
7.5	75	5	9	7.412	5.818	0.295	39.97	2.33	7.32	63.30	2.92	11.94	16.63	1.50	5.77	70.56	2.04
		6		8.797	6.905	0.294	46.95	2.31	8.64	74.38	2.90	14.02	19.51	1.49	6.67	84.55	2.07
		7		10.160	7.976	0.294	53.57	2.30	9.93	84.96	2.89	16.02	22.18	1.48	7.44	98.71	2.11
		8		11.503	9.030	0.294	59.96	2.28	11.20	95.07	2.88	17.93	24.86	1.47	8.19	112.97	2.15
		9		12.825	10.068	0.294	66.10	2.27	12.43	104.71	2.86	19.75	27.48	1.46	8.89	127.30	2.18
		10		14.126	11.089	0.293	71.98	2.26	13.64	113.92	2.84	21.48	30.05	1.46	9.56	141.71	2.22
8	80	5	9	7.912	6.211	0.315	48.79	2.48	8.34	77.33	3.13	13.67	20.25	1.60	6.66	85.36	2.15
		6		9.397	7.376	0.314	57.35	2.47	9.87	90.98	3.11	16.08	23.72	1.59	7.65	102.50	2.19
		7		10.860	8.525	0.314	65.58	2.46	11.37	104.07	3.10	18.40	27.09	1.58	8.58	119.70	2.23
		8		12.303	9.658	0.314	73.49	2.44	12.83	116.60	3.08	20.61	30.39	1.57	9.46	136.97	2.27
		9		13.725	10.774	0.314	81.11	2.43	14.25	128.60	3.06	22.73	33.61	1.56	10.29	154.31	2.31
		10		15.126	11.874	0.313	88.43	2.42	15.64	140.09	3.04	24.76	36.77	1.56	11.08	171.74	2.35

续表

型号	尺寸/mm			截面面积/cm²	理论重量/(kg/m)	外表面积/(m²/m)	参考数值											
	b	d	r				x-x			x0-x0			y0-y0			x1-x1	z0
							I_x/cm⁴	i_x/cm	W_x/cm³	I_{x_0}/cm⁴	i_{x_0}/cm	W_{x_0}/cm³	I_{y_0}/cm⁴	i_{y_0}/cm	W_{y_0}/cm³	I_{x_1}/cm⁴	/cm
9	90	6	10	10.637	8.350	0.354	82.77	2.79	12.61	131.26	3.51	20.63	34.28	1.80	9.95	145.87	2.44
		7		12.301	9.656	0.354	94.83	2.78	14.54	150.47	3.50	23.64	39.18	1.78	11.19	170.30	2.48
		8		13.944	10.945	0.353	106.47	2.76	16.42	168.97	3.48	26.55	43.97	1.78	12.35	194.80	2.52
		9		15.566	12.219	0.353	117.72	2.75	18.27	186.77	3.46	29.35	48.66	1.77	13.46	219.39	2.56
		10		17.167	13.476	0.353	128.58	2.74	20.07	203.90	3.45	32.04	53.26	1.76	14.52	244.07	2.59
		12		20.306	15.940	0.352	149.22	2.71	23.57	236.21	3.41	37.12	62.22	1.75	16.49	293.76	2.67
10	100	6	12	11.932	9.366	0.393	114.95	3.10	15.68	181.98	3.90	25.74	47.92	2.00	12.69	200.07	2.67
		7		13.796	10.830	0.393	131.86	3.09	18.10	208.97	3.89	29.55	54.74	1.99	14.26	233.54	2.71
		8		15.638	12.276	0.393	148.24	3.08	20.47	235.07	3.88	33.24	61.41	1.98	15.75	267.09	2.76
		9		17.462	13.708	0.392	164.12	3.07	22.79	260.30	3.86	36.81	67.95	1.97	17.18	300.73	2.80
		10		19.261	15.120	0.392	179.51	3.05	25.06	284.68	3.84	40.26	74.35	1.96	18.54	334.48	2.84
		12		22.800	17.898	0.391	208.90	3.03	29.48	330.95	3.81	46.80	86.84	1.95	21.08	402.34	2.91
		14		26.256	20.611	0.391	236.53	3.00	33.73	374.06	3.77	52.90	99.00	1.94	23.44	470.75	2.99
		16		29.627	23.257	0.390	262.53	2.98	37.82	414.16	3.74	58.57	110.89	1.94	25.63	539.80	3.06
11	110	7	12	15.196	11.928	0.433	177.16	3.41	22.05	280.94	4.30	36.12	73.38	2.20	17.51	310.64	2.96
		8		17.238	13.532	0.433	199.46	3.40	24.95	316.49	4.28	40.69	82.42	2.19	19.39	355.20	3.01

续表

型号	尺寸/mm			截面面积/cm²	理论重量/(kg/m)	外表面积/(m²/m)	参考数值												
	b	d	r				$x-x$			x_0-x_0			y_0-y_0			x_1-x_1	z_0/cm
							I_x/cm⁴	i_x/cm	W_x/cm³	I_{x_0}/cm⁴	i_{x_0}/cm	W_{x_0}/cm³	I_{y_0}/cm⁴	i_{y_0}/cm	W_{y_0}/cm³	I_{x_1}/cm⁴	
11	110	10	12	21.261	16.690	0.432	242.19	3.38	30.60	384.39	4.25	49.42	99.98	2.17	22.91	444.65	3.09
		12		25.200	19.782	0.431	282.55	3.35	36.05	448.17	4.22	57.62	116.93	2.15	26.15	534.60	3.16
		14		29.056	22.809	0.431	320.71	3.32	41.31	508.01	4.18	65.31	133.40	2.14	29.14	625.16	3.24
12.5	125	8	12	19.750	15.504	0.492	297.03	3.88	32.52	470.89	4.88	53.28	123.16	2.50	25.86	521.01	3.37
		10		24.373	19.133	0.491	361.67	3.85	39.97	573.89	4.85	64.93	149.46	2.48	30.62	651.93	3.45
		12		28.912	22.696	0.491	423.16	3.83	41.17	671.44	4.82	75.96	174.88	2.46	35.03	783.42	3.53
		14	14	33.367	26.193	0.490	481.65	3.80	54.16	763.73	4.78	86.41	199.57	2.45	39.13	915.61	3.61
		16		37.739	29.625	0.489	537.31	3.77	60.93	850.98	4.75	96.28	223.65	2.43	42.96	1 048.62	3.68
14	140	10	14	27.373	21.488	0.551	514.65	4.34	50.58	817.27	5.46	82.56	212.04	2.78	39.20	915.11	3.82
		12		32.512	25.522	0.551	603.68	4.31	59.80	958.79	5.43	96.85	248.57	2.76	45.02	1 099.28	3.90
		14		37.567	29.490	0.550	688.81	4.28	68.75	1 093.56	5.40	110.47	284.06	2.75	50.45	1 284.22	3.98
		16		42.539	33.393	0.549	770.24	4.26	77.46	1 221.81	5.36	123.42	318.67	2.74	55.55	1 470.07	4.06
15	150	8	14	23.750	18.644	0.592	521.37	4.69	47.36	827.49	5.90	78.02	215.25	3.01	38.14	899.55	3.99
		10		29.373	23.058	0.591	637.50	4.66	58.35	1 012.79	5.87	95.49	262.21	2.99	45.51	1 125.09	4.08
		12		34.912	27.406	0.591	748.85	4.63	69.04	1 189.97	5.84	112.19	307.73	2.97	52.38	1 351.26	4.15

续表

| 型号 | 尺寸/mm | | | 截面面积/cm² | 理论重量/(kg/m) | 外表面积/(m²/m) | 参考数值 | | | | | | | | | | |
| | b | d | r | | | | x-x | | | x0-x0 | | | y0-y0 | | | x1-x1 | z0/cm |
							I_x/cm⁴	i_x/cm	W_x/cm³	I_{x_0}/cm⁴	i_{x_0}/cm	W_{x_0}/cm³	I_{y_0}/cm⁴	i_{y_0}/cm	W_{y_0}/cm³	I_{x_1}/cm⁴	
15	150	14	14	40.367	31.688	0.590	855.64	4.60	79.45	1 359.30	5.80	128.16	351.98	2.95	58.83	1 578.25	4.23
		15		43.063	33.804	0.590	907.39	4.59	84.56	1 441.09	5.78	135.87	373.69	2.95	61.90	1 692.10	4.27
		16		45.739	35.905	0.589	958.08	4.58	89.59	1 521.02	5.77	143.40	395.14	2.94	64.89	1 806.21	4.31
16	160	10	16	31.502	24.729	0.630	779.53	4.98	66.70	1 237.30	6.27	109.36	321.76	3.20	52.76	1 365.33	4.31
		12		37.441	29.391	0.630	916.58	4.95	78.98	1 455.68	6.24	128.67	377.49	3.18	60.74	1 639.57	4.39
		14		43.296	33.987	0.629	1 048.36	4.92	90.05	1 665.02	6.20	147.17	431.70	3.16	68.24	1 914.68	4.47
		16		49.067	38.518	0.629	1 175.08	4.89	102.63	1 865.57	6.17	164.89	484.59	3.14	75.31	2 190.82	4.55
18	180	12	16	42.241	33.159	0.710	1 321.35	5.59	100.82	2 100.10	7.05	165.00	542.61	3.58	78.41	2 332.80	4.89
		14		48.896	38.383	0.709	1 514.48	5.56	116.25	2 407.42	7.02	189.14	621.53	3.56	88.38	2 723.48	4.97
		16		55.467	43.542	0.709	1 700.99	5.54	131.13	2 703.37	6.98	212.40	698.60	3.55	97.83	3 115.29	5.05
		18		61.955	48.634	0.708	1 875.12	5.50	145.64	2 988.24	6.94	234.78	762.01	3.51	105.14	3 502.43	5.13
20	200	14	18	54.642	42.894	0.788	2 103.55	6.20	144.70	3 343.26	7.82	236.40	863.83	3.98	111.82	3 734.10	5.46
		16		62.013	48.680	0.788	2 366.15	6.18	163.65	3 760.89	7.79	265.93	971.41	3.96	123.96	4 270.39	5.54
		18		69.301	54.401	0.787	2 620.64	6.15	182.22	4 164.54	7.75	294.48	1 076.74	3.94	135.52	4 808.13	5.62
		20		76.505	50.056	0.787	2 867.30	6.12	200.42	4 554.55	7.72	322.06	1 180.04	3.93	146.55	5 347.51	5.69
		24		90.661	71.168	0.785	3 338.25	6.07	236.17	5 294.97	7.64	374.41	1 381.53	3.90	166.65	6 457.16	5.87

续表

型号	尺寸/mm b	d	r	截面面积/cm²	理论重量/(kg/m)	外表面积/(m²/m)	参考数值 x-x I_x/cm⁴	i_x/cm	W_x/cm³	x_0-x_0 I_{x_0}/cm⁴	i_{x_0}/cm	W_{x_0}/cm³	y_0-y_0 I_{y_0}/cm⁴	i_{y_0}/cm	W_{y_0}/cm³	x_1-x_1 I_{x_1}/cm⁴	z_0/cm
22	220	16	21	68.664	53.901	0.866	3 187.36	6.81	199.55	5 063.73	8.59	325.51	1 310.99	4.37	153.81	5 681.62	6.03
		18		76.752	60.250	0.866	3 534.30	6.79	222.37	5 615.32	8.55	360.97	1 453.27	4.35	168.29	6 395.93	6.11
		20		84.756	66.533	0.865	3 871.49	6.76	244.77	6 150.08	8.52	395.34	1 592.90	4.34	182.16	7 112.04	6.18
		22		92.676	72.751	0.865	4 199.23	6.73	266.78	6 668.37	8.48	428.66	1 730.10	4.32	195.45	7 830.19	6.26
		24		100.512	78.902	0.864	4 517.83	6.70	288.39	7 170.55	8.45	460.94	1 865.11	4.31	208.21	8 550.57	6.33
		26		108.264	84.987	0.864	4 827.58	6.68	309.62	7 656.98	8.41	492.21	1 998.17	4.30	220.49	9 273.39	6.41
25	250	18	24	87.842	68.956	0.985	5 268.22	7.74	290.12	8 369.04	9.76	473.42	2 167.41	4.97	224.03	9 379.11	6.84
		20		97.045	76.180	0.984	5 779.34	7.72	319.66	9 181.94	9.73	519.41	2 376.74	4.95	242.85	10 426.97	6.92
		24		115.201	90.433	0.983	6 763.93	7.66	377.34	10 742.67	9.66	607.70	2 785.19	4.92	278.38	12 529.74	7.07
		26		124.154	97.461	0.982	7 238.08	7.63	405.50	11 491.33	9.62	650.05	2 984.84	4.90	295.19	13 585.18	7.15
		28		133.022	104.422	0.982	7 700.60	7.61	433.22	12 219.39	9.58	691.23	3 181.81	4.89	311.42	14 643.62	7.22
		30		141.807	111.318	0.981	8 151.80	7.58	460.51	12 927.26	9.55	731.28	3 376.34	4.88	327.12	15 705.30	7.30
		32		150.508	118.149	0.981	8 592.01	7.56	487.39	13 615.32	9.51	770.20	3 568.71	4.87	342.33	16 770.41	7.37
		35		163.402	128.271	0.980	9 232.01	7.52	526.97	14 611.16	9.46	826.53	3 853.72	4.86	364.30	18 374.95	7.48

注：截面图中的 $r_1 = 1/3d$ 及表中 r 值的数据用于孔型设计，不做交货条件。

附录 B　热轧不等边角钢(GB/T 706—2016)

符号意义:

B——长边宽度;　b——短边宽度;
d——边厚度;　r——内圆弧半径;
r_1——边端内圆弧半径;　I——惯性矩;
i——惯性半径;　W——截面系数;
x_0——重心距离;　y_0——重心距离。

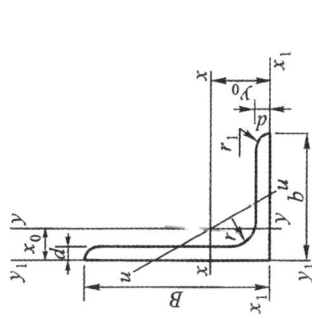

型号	尺寸/mm				截面面积 /cm²	理论重量 /(kg/m)	外表面积 /(m²/m)	参考数值													
								$x-x$			$y-y$			x_1-x_1		y_1-y_1		$u-u$			
	B	b	d	r				I_x /cm⁴	i_x /cm	W_x /cm³	I_y /cm⁴	i_y /cm	W_y /cm³	I_{x_1} /cm⁴	y_0 /cm	I_{y_1} /cm⁴	x_0 /cm	I_u /cm⁴	i_u /cm	W_u /cm³	$\tan\alpha$
2.5/1.6	25	16	3	3.5	1.162	0.912	0.080	0.70	0.78	0.43	0.22	0.44	0.19	1.56	0.86	0.43	0.42	0.14	0.34	0.16	0.392
			4		1.499	1.176	0.079	0.88	0.77	0.55	0.27	0.43	0.24	2.09	0.90	0.59	0.46	0.17	0.34	0.20	0.381
3.2/2	32	20	3	3.5	1.492	1.171	0.102	1.53	1.01	0.72	0.46	0.55	0.30	3.27	1.08	0.82	0.49	0.28	0.43	0.25	0.382
			4		1.939	1.522	0.101	1.93	1.00	0.93	0.57	0.54	0.39	4.37	1.12	1.12	0.53	0.35	0.42	0.32	0.374
4/2.5	40	25	3	4	1.890	1.484	0.127	3.08	1.28	1.15	0.93	0.70	0.49	5.39	1.32	1.59	0.59	0.56	0.54	0.40	0.385
			4		2.467	1.936	0.127	3.93	1.26	1.49	1.18	0.69	0.63	8.53	1.37	2.14	0.63	0.71	0.54	0.52	0.381

续表

型号	尺寸/mm B	b	d	r	截面面积 /cm²	理论重量 /(kg/m)	外表面积 /(m²/m)	参考数值 $x-x$ I_x /cm⁴	i_x /cm	W_x /cm³	$y-y$ I_y /cm⁴	i_y /cm	W_y /cm³	x_1-x_1 I_{x1} /cm⁴	y_0 /cm	y_1-y_1 I_{y1} /cm⁴	x_0 /cm	$u-u$ I_u /cm⁴	i_u /cm	W_u /cm³	$\tan\alpha$
4.5/2.8	45	28	3	5	2.149	1.687	0.143	4.45	1.44	1.47	1.34	0.79	0.62	9.10	1.47	2.23	0.64	0.80	0.61	0.51	0.383
			4		2.806	2.203	0.143	5.69	1.42	1.91	1.70	0.78	0.80	12.13	1.51	3.00	0.68	1.02	0.60	0.66	0.380
5/3.2	50	32	3	5.5	2.431	1.908	0.161	6.24	1.60	1.84	2.02	0.91	0.82	12.49	1.60	3.31	0.73	1.20	0.70	0.68	0.404
			4		3.177	2.494	0.160	8.02	1.59	2.39	2.58	0.90	1.06	16.65	1.65	4.45	0.77	1.53	0.69	0.87	0.402
5.6/3.6	56	36	3	6	2.743	2.153	0.181	8.88	1.80	2.32	2.92	1.03	1.05	17.54	1.78	4.70	0.80	1.73	0.79	0.87	0.408
			4		3.590	2.818	0.180	11.45	1.79	3.03	3.76	1.02	1.37	23.39	1.82	6.33	0.85	2.23	0.79	1.13	0.408
			5		4.415	3.466	0.180	13.86	1.77	3.71	4.49	1.01	1.65	29.25	1.87	7.94	0.88	2.67	0.78	1.36	0.404
6.3/4	63	40	4	7	4.058	3.185	0.202	16.49	2.02	3.87	5.23	1.14	1.70	33.30	2.04	8.63	0.92	3.12	0.88	1.40	0.398
			5		4.993	3.920	0.202	20.02	2.00	4.74	6.31	1.12	2.71	41.63	2.08	10.86	0.95	3.76	0.87	1.71	0.396
			6		5.908	4.638	0.201	23.36	1.96	5.59	7.29	1.11	2.43	49.98	2.12	13.12	0.99	4.34	0.86	1.99	0.393
			7		6.802	5.339	0.201	26.53	1.98	6.40	8.24	1.10	2.78	58.07	2.15	15.47	1.03	4.97	0.86	2.29	0.389
7/4.5	70	45	4	7.5	4.547	3.570	0.226	23.17	2.26	4.86	7.55	1.29	2.17	45.92	2.24	12.26	1.02	4.40	0.98	1.77	0.410
			5		5.609	4.403	0.225	27.95	2.23	5.92	9.13	1.28	2.65	57.10	2.28	15.39	1.06	5.40	0.98	2.19	0.407
			6		6.647	5.218	0.225	32.54	2.21	6.95	10.62	1.26	3.12	68.35	2.32	18.58	1.09	6.35	0.98	2.59	0.404
			7		7.657	6.011	0.225	37.22	2.20	8.03	12.01	1.25	3.57	79.99	2.36	21.84	1.13	7.16	0.97	2.94	0.402

续表

参考数值

型号	尺寸/mm B	尺寸/mm b	尺寸/mm d	尺寸/mm r	截面面积/cm²	理论重量/(kg/m)	外表面积/(m²/m)	x-x I_x/cm⁴	x-x i_x/cm	x-x W_x/cm³	y-y I_y/cm⁴	y-y i_y/cm	y-y W_y/cm³	x₁-x₁ I_{x_1}/cm⁴	x₁-x₁ y_0/cm	y₁-y₁ I_{y_1}/cm⁴	y₁-y₁ x_0/cm	u-u I_u/cm⁴	u-u i_u/cm	u-u W_u/cm³	tan α
7.5/5	75	50	5	8	6.125	4.808	0.245	34.86	2.39	6.83	12.61	1.44	3.30	70.00	2.40	21.04	1.17	7.41	1.10	2.74	0.435
			6		7.260	5.699	0.245	41.12	2.38	8.12	14.70	1.42	3.88	84.30	2.44	25.37	1.21	8.54	1.08	3.19	0.435
			8		9.467	7.431	0.244	52.39	2.35	10.52	18.53	1.40	4.99	112.50	2.52	34.23	1.29	10.87	1.07	4.10	0.429
			10		11.590	9.098	0.244	62.71	2.33	12.79	21.96	1.38	6.04	140.80	2.60	43.43	1.36	13.10	1.06	4.99	0.423
8/5	80	50	5	8	6.375	5.005	0.255	41.96	2.56	7.78	12.82	1.42	3.32	85.21	2.60	21.06	1.14	7.66	1.10	2.74	0.388
			6		7.560	5.935	0.255	49.49	2.56	9.25	14.95	1.41	3.91	102.53	2.65	25.41	1.18	8.85	1.08	3.20	0.387
			7		8.724	6.848	0.255	56.16	2.54	10.58	16.96	1.39	4.48	119.33	2.69	29.82	1.21	10.18	1.08	3.70	0.384
			8		9.867	7.745	0.254	62.83	2.52	11.92	18.85	1.38	5.03	136.41	2.73	34.32	1.25	11.38	1.07	4.16	0.381
9/5.6	90	56	5	9	7.212	5.661	0.287	60.45	2.90	9.92	18.32	1.59	4.21	121.32	2.91	29.53	1.25	10.98	1.23	3.49	0.385
			6		8.557	6.717	0.286	71.03	2.88	11.74	21.42	1.58	4.96	145.59	2.95	35.58	1.29	12.90	1.23	4.13	0.384
			7		9.880	7.756	0.286	81.01	2.86	13.49	24.36	1.57	5.70	169.60	3.00	41.71	1.33	14.67	1.22	4.72	0.382
			8		11.183	8.779	0.286	91.03	2.85	15.27	27.15	1.56	6.41	194.17	3.04	47.93	1.36	16.34	1.21	5.29	0.380
10/6.3	100	63	6	10	9.617	7.550	0.320	99.06	3.21	14.64	30.94	1.79	6.35	199.71	3.24	50.50	1.43	18.42	1.38	5.25	0.394
			7		11.111	8.722	0.320	113.45	3.20	16.88	35.26	1.78	7.29	233.00	3.28	59.14	1.47	21.00	1.38	6.20	0.394
			8		12.584	9.878	0.319	127.37	3.18	19.08	39.39	1.77	8.21	266.32	3.32	67.88	1.50	23.50	1.37	6.78	0.391
			10		15.467	12.142	0.319	153.81	3.15	23.32	47.12	1.74	9.98	333.06	3.40	85.73	1.58	28.33	1.35	8.24	0.387

续表

型号	尺寸/mm				截面面积/cm²	理论重量/(kg/m)	外表面积/(m²/m)	参考数值													
								x-x			y-y			x1-x1		y1-y1		u-u			
	B	b	d	r				I_x/cm⁴	i_x/cm	W_x/cm³	I_y/cm⁴	i_y/cm	W_y/cm³	I_{x1}/cm⁴	y_0/cm	I_{y1}/cm⁴	x_0/cm	I_u/cm⁴	i_u/cm	W_u/cm³	tan α
10/8	100	80	6	10	10.637	8.350	0.354	107.04	3.17	15.19	61.24	2.40	10.16	199.83	2.95	102.68	1.97	31.65	1.72	8.37	0.627
			7		12.301	9.656	0.354	122.73	3.16	17.52	70.08	2.39	11.71	233.20	3.00	119.98	2.01	36.17	1.72	9.60	0.626
			8		13.944	10.946	0.353	137.92	3.14	19.81	78.58	2.37	13.21	266.61	3.04	137.37	2.05	40.58	1.71	10.80	0.625
			10		17.167	13.476	0.353	166.87	3.12	24.24	94.65	2.35	16.12	333.63	3.12	172.48	2.13	49.10	1.69	13.12	0.622
11/7	110	70	6	10	10.637	8.350	0.354	133.37	3.54	17.85	42.92	2.01	7.90	265.78	3.53	69.08	1.57	25.36	1.54	6.53	0.403
			7		12.301	9.656	0.354	153.00	3.53	20.60	49.01	2.00	9.09	310.07	3.57	80.82	1.61	28.95	1.53	7.50	0.402
			8		13.944	10.946	0.353	172.04	3.51	23.30	54.87	1.98	10.25	354.39	3.62	92.70	1.65	32.45	1.53	8.45	0.401
			10		17.167	13.467	0.353	208.39	3.48	28.54	65.88	1.96	12.48	443.13	3.07	116.83	1.72	39.20	1.51	10.29	0.397
12.5/8	125	80	7	11	14.096	11.066	0.403	227.98	4.02	26.86	74.42	2.30	12.01	454.99	4.01	120.32	1.80	43.81	1.76	9.92	0.408
			8		15.989	12.551	0.403	256.77	4.01	30.41	83.49	2.28	13.56	519.99	4.06	137.85	1.84	49.15	1.75	11.18	0.407
			10		19.712	15.474	0.402	312.04	3.98	37.33	100.67	2.26	16.56	650.09	4.14	173.40	1.92	59.45	1.74	13.64	0.404
			12		23.351	18.330	0.402	364.41	3.95	44.01	116.67	2.24	19.43	780.39	4.22	209.67	2.00	69.35	1.72	16.01	0.400
14/9	140	90	8	12	18.038	14.160	0.453	365.64	4.50	38.48	120.69	2.59	17.34	730.53	4.50	195.79	2.04	70.83	1.98	14.31	0.411
			10		22.261	17.475	0.452	445.50	4.47	47.31	140.03	2.56	21.22	931.20	4.58	245.92	2.12	85.82	1.96	17.48	0.409
			12		26.400	20.724	0.451	521.59	4.44	55.87	169.79	2.54	24.95	1 096.09	4.66	296.89	2.19	100.21	1.95	20.54	0.406
			14		30.456	23.908	0.451	594.10	4.42	64.18	192.10	2.51	28.54	1 279.26	4.74	348.82	2.27	114.13	1.94	23.52	0.403

续表

型号	尺寸/mm B	b	d	r	截面面积/cm²	理论重量/(kg/m)	外表面积/(m²/m)	$x-x$ I_x/cm⁴	i_x/cm	W_x/cm³	$y-y$ I_y/cm⁴	i_y/cm	W_y/cm³	x_1-x_1 I_{x_1}/cm⁴	y_0/cm	y_1-y_1 I_{y_1}/cm⁴	x_0/cm	$u-u$ I_u/cm⁴	i_u/cm	W_u/cm³	$\tan\alpha$
15/9	150	90	8	12	18.839	14.788	0.473	442.05	4.84	43.86	122.80	2.55	17.47	898.35	4.92	195.96	1.97	74.14	1.98	14.48	0.364
			10		23.261	18.260	0.472	539.24	4.81	53.97	148.62	2.53	21.38	1 122.85	5.01	246.26	2.05	89.86	1.97	17.69	0.362
			12		27.600	21.666	0.471	632.08	4.79	63.79	172.85	2.50	25.14	1 347.50	5.09	297.46	2.12	104.95	1.95	20.80	0.359
			14		31.856	25.007	0.471	720.77	4.76	73.33	195.62	2.48	28.77	1 572.38	5.17	349.74	2.20	119.53	1.94	23.84	0.356
			15		33.952	26.652	0.471	763.62	4.74	77.99	206.50	2.47	30.53	1 684.93	5.21	376.33	2.24	126.67	1.93	25.33	0.354
			16		36.027	28.281	0.470	805.51	4.73	82.60	217.07	2.45	32.27	1 797.55	5.25	403.24	2.27	133.72	1.93	26.82	0.352
16/10	160	100	10	13	25.315	19.872	0.512	668.69	5.14	62.13	205.03	2.85	26.56	1 362.89	5.24	336.59	2.28	121.74	2.19	21.92	0.390
			12		30.054	23.592	0.511	784.91	5.11	73.49	239.06	2.82	31.28	1 635.56	5.32	405.94	2.36	142.33	2.17	25.79	0.388
			14		34.709	27.247	0.510	896.30	5.08	84.56	271.20	2.80	35.83	1 908.50	5.40	476.42	2.43	162.23	2.16	29.56	0.385
			16		39.231	30.835	0.510	1 003.04	5.05	95.33	301.60	2.77	40.24	2 181.79	5.48	548.22	2.51	182.57	2.16	33.44	0.382
18/11	180	110	10	14	28.373	22.273	0.571	956.25	5.80	78.96	278.11	3.13	32.49	1 940.40	5.89	447.22	2.44	166.50	2.42	26.88	0.376
			12		33.712	26.464	0.571	1 124.72	5.78	93.53	325.03	3.10	38.32	2 328.38	5.98	538.94	2.52	194.87	2.40	31.66	0.374
			14		38.967	30.589	0.570	1 286.91	5.75	107.76	369.55	3.08	43.97	2 716.60	6.06	631.95	2.59	222.30	2.39	36.32	0.372
			16		44.139	34.649	0.569	1 443.06	5.72	121.64	411.85	3.06	49.44	3 105.15	6.14	726.46	2.67	248.94	2.38	40.87	0.369
20/12.5	200	125	12	14	37.912	29.761	0.641	1 570.90	6.44	116.73	483.16	3.57	49.99	3 193.85	6.54	787.74	2.83	285.79	2.74	41.23	0.392
			14		43.867	34.436	0.640	1 800.97	6.41	134.65	550.83	3.54	57.44	3 726.17	6.62	922.47	2.91	326.58	2.72	47.34	0.390

续表

型号	尺寸/mm				截面面积/cm²	理论重量/(kg/m)	外表面积/(m²/m)	参考数值													
	B	b	d	r				x-x			y-y			x₁-x₁		y₁-y₁		u-u			
								I_x/cm⁴	i_x/cm	W_x/cm³	I_y/cm⁴	i_y/cm	W_y/cm³	I_{x_1}/cm⁴	y_0/cm	I_{y_1}/cm⁴	x_0/cm	I_u/cm⁴	i_u/cm	W_u/cm³	tan α
20/12.5	200	125	16	14	49.739	39.045	0.639	2 023.35	6.38	152.18	615.44	3.52	64.69	4 258.86	6.70	1 058.86	2.99	366.21	2.71	53.32	0.388
			18		55.526	43.588	0.639	2 238.30	6.35	169.33	677.19	3.49	71.74	4 792.00	6.78	1 197.13	3.06	404.83	2.70	59.18	0.385

注：1. 括号内型号不推荐使用。

2. 截面图中的 $r_1 = 1/3d$ 及表中 r 的数据用于孔型设计，不做交货条件。

附录 C　热轧槽钢(GB/T 706—2016)

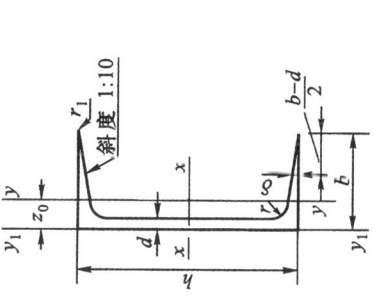

斜度 1:10

符号意义:

h——高度;
b——腿宽度;
d——腰厚度;
t——平均腿厚度;
r——内圆弧半径;
r_1——腿端圆弧半径;
I——惯性矩;
W——截面系数;
i——惯性半径;
z_0——y-y轴与y_1-y_1轴间距。

型号	尺寸/mm						截面面积 /cm²	理论重量 /(kg/m)	参考数值							
									x-x			y-y			y_1-y_1	z_0 /cm
	h	b	d	t	r	r_1			W_x /cm³	I_x /cm⁴	i_x /cm	W_y /cm³	I_y /cm⁴	i_y /cm	I_{y1} /cm⁴	
5	50	37	4.5	7	7.0	3.5	6.928	5.438	10.4	26.0	1.94	3.55	8.30	1.10	20.9	1.35
6.3	63	40	4.8	7.5	7.5	3.8	8.451	6.634	16.1	50.8	2.45	4.50	11.9	1.19	28.4	1.36
6.5	65	40	4.3	7.5	7.5	3.8	8.547	6.709	17.0	55.2	2.54	4.59	12.0	1.19	28.3	1.38
8	80	43	5.0	8	8.0	4.0	10.248	8.045	25.3	101	3.15	5.79	16.6	1.27	37.4	1.43
10	100	48	5.3	8.5	8.5	4.2	12.748	10.007	39.7	198	3.95	7.80	25.6	1.41	54.9	1.52
12	120	53	5.5	9.0	9.0	4.5	15.362	12.059	57.7	346	4.75	10.2	37.4	1.56	77.7	1.62

续表

型号	尺寸/mm						截面面积/cm²	理论重量/(kg/m)	参考数值							
									x-x			y-y			y₁-y₁	z₀
	h	b	d	t	r	r_1			W_x /cm³	I_x /cm⁴	i_x /cm	W_y /cm³	I_y /cm⁴	i_y /cm	I_{y1} /cm⁴	/cm
12.6	126	53	5.5	9	9.0	4.5	15.692	12.318	62.1	391	4.95	10.2	38.0	1.57	77.1	1.59
14a	140	58	6.0	9.5	9.5	4.8	18.516	14.535	80.5	564	5.52	13.0	53.2	1.70	107	1.71
14b	140	60	8.0	9.5	9.5	4.8	21.316	16.733	87.1	609	5.35	14.1	61.1	1.69	121	1.67
16a	160	63	6.5	10	10.0	5.0	21.962	17.240	108	866	6.28	16.3	73.3	1.83	144	1.80
16b	160	65	8.5	10	10.0	5.0	25.162	19.752	117	935	6.10	17.6	83.4	1.82	161	1.75
18a	180	68	7.0	10.5	10.5	5.2	25.699	20.174	141	1 270	7.04	20.0	98.6	1.96	190	1.88
18b	180	70	9.0	10.5	10.5	5.2	29.299	23.000	152	1 370	6.84	21.5	111	1.95	210	1.84
20a	200	73	7.0	11	11.0	5.5	28.837	22.637	178	1 780	7.86	24.2	128	2.11	244	2.01
20b	200	75	9.0	11	11.0	5.5	32.837	25.777	191	1 910	7.64	25.9	144	2.09	268	1.95
22a	220	77	7.0	11.5	11.5	5.8	31.846	24.999	218	2 390	8.67	28.2	158	2.23	298	2.10
22b	220	79	9.0	11.5	11.5	5.8	36.246	28.453	234	2 570	8.42	30.1	176	2.21	326	2.03
24a	240	78	7.0	12.0	12.0	6.0	34.217	26.860	254	3 050	9.45	30.5	174	2.25	325	2.10
24b	240	80	9.0	12.0	12.0	6.0	39.017	30.628	274	3 280	9.17	32.5	194	2.23	355	2.03
24c	240	82	11.0	12.0	12.0	6.0	43.817	34.396	293	3 510	8.96	34.4	213	2.21	388	2.00

续表

型号	尺寸/mm						截面面积/cm²	理论重量/(kg/m)	参考数值							
									x−x			y−y			y_1-y_1	z_0 /cm
	h	b	d	t	r	r_1			W_x /cm³	I_x /cm⁴	i_x /cm	W_y /cm³	I_y /cm⁴	i_y /cm	I_{y1} /cm⁴	
25a	250	78	7.0	12	12.0	6.0	34.917	27.410	270	3 370	9.82	30.6	176	2.24	322	2.07
25b	250	80	9.0	12	12.0	6.0	39.917	31.335	282	3 530	9.41	32.7	196	2.22	353	1.98
25c	250	82	11.0	12	12.0	6.0	44.917	35.260	295	3 690	9.07	35.9	218	2.21	384	1.92
27a	270	82	7.5	12.5	12.5	6.2	39.284	30.838	323	4 360	10.5	35.5	216	2.34	393	2.13
27b	270	84	9.5	12.5	12.5	6.2	44.684	35.077	347	4 690	10.3	37.7	239	2.31	428	2.06
27c	270	86	11.5	12.5	12.5	6.2	50.084	39.316	372	5 020	10.1	39.8	261	2.28	467	2.03
28a	280	82	7.5	12.5	12.5	6.2	40.034	31.427	340	4 760	10.9	35.7	218	2.33	388	2.10
28b	280	84	9.5	12.5	12.5	6.2	45.634	35.823	366	5 130	10.6	37.9	242	2.30	428	2.02
28c	280	86	11.5	12.5	12.5	6.2	51.234	40.219	393	5 500	10.4	40.3	268	2.29	463	1.95
30a	300	85	7.5	13.5	13.5	6.8	43.902	34.463	403	6 050	11.7	41.1	260	2.43	467	2.17
30b	300	87	9.5	13.5	13.5	6.8	49.902	39.173	433	6 500	11.4	44.0	289	2.41	515	2.13
30c	300	89	11.5	13.5	13.5	6.8	55.902	43.883	463	6 950	11.2	46.4	316	2.38	560	2.09
32a	320	88	8.0	14	14.0	7.0	48.513	38.083	475	7 600	12.5	46.5	305	2.50	552	2.24
32b	320	90	10.0	14	14.0	7.0	54.913	43.107	509	8 140	12.2	49.2	336	2.47	593	2.16
32c	320	92	12.0	14	14.0	7.0	61.313	48.131	543	8 690	11.9	52.6	374	2.47	643	2.09

续表

型号	尺寸/mm						截面面积/cm²	理论重量/(kg/m)	参考数值							
									x-x			y-y			y_1-y_1	z_0/cm
	h	b	d	t	r	r_1			W_x/cm³	I_x/cm⁴	i_x/cm	W_y/cm³	I_y/cm⁴	i_y/cm	I_{y1}/cm⁴	
36a	360	96	9.0	16	16.0	8.0	60.910	47.814	660	11 900	14.0	63.5	455	2.73	818	2.44
36b		98	11.0				68.110	53.466	703	12 700	13.6	66.9	497	2.70	880	2.37
36c		100	13.0				75.310	59.118	746	13 400	13.4	70.0	536	2.67	948	2.34
40a	400	100	10.5	18	18.0	9.0	75.068	58.928	879	17 600	15.3	78.8	592	2.81	1 070	2.49
40b		102	12.5				83.068	65.208	932	18 600	15.0	82.5	640	2.78	1 140	2.44
40c		104	14.5				91.068	71.488	986	19 700	14.7	86.2	688	2.75	1 220	2.42

注：截面图和表中标注的圆弧半径 r、r_1 的数据用于孔型设计，不做交货条件。

附录 D 梁在简单载荷作用下的变形

序号	梁 的 简 图	挠曲线方程	端截面转角	最 大 挠 度
1		$y = -\dfrac{mx^2}{2EI}$	$\theta_B = -\dfrac{ml}{EI}$	$y_B = -\dfrac{ml^2}{2EI}$
2		$y = -\dfrac{Fx^2}{6EI}(3l - x)$	$\theta_B = -\dfrac{Fl^2}{2EI}$	$y_B = -\dfrac{Fl^3}{3EI}$
3		$y = -\dfrac{Fx^2}{6EI}(3a - x),$ $0 \leqslant x \leqslant a;$ $y = -\dfrac{Fa^2}{6EI}(3x - a),$ $a \leqslant x \leqslant l$	$\theta_B = -\dfrac{Fa^2}{2EI}$	$y_B =$ $-\dfrac{Fa^2}{6EI}(3l - a)$
4		$y = -\dfrac{qx^2}{24EI}(x^2 - 4lx)$ $+ 6l^2$	$\theta_B = -\dfrac{ql^3}{6EI}$	$y_B = -\dfrac{ql^4}{8EI}$
5		$y_B = -\dfrac{mx}{6EIl}(l - x)(2l - x)$	$\theta_A = -\dfrac{ml}{3EI}$ $\theta_B = \dfrac{ml}{6EI}$	$x = \left(1 - \dfrac{1}{\sqrt{3}}\right)l$ 时, $y_{\max} = -\dfrac{ml^2}{9\sqrt{3}EI};$ $x = \dfrac{l}{2}$ 时, $y_{l/2} = -\dfrac{ml^2}{16EI}$
6		$y = -\dfrac{mx}{6EIl}(l^2 - x^2)$	$\theta_A = -\dfrac{ml}{6EI}$ $\theta_B = \dfrac{ml}{3EI}$	$x = \dfrac{l}{\sqrt{3}}$ 时, $y_{\max} = -\dfrac{ml^2}{9\sqrt{3}EI};$ $x = \dfrac{l}{2}$ 时, $y_{l/2} = -\dfrac{ml^2}{16EI}$

序号	梁 的 简 图	挠曲线方程	端截面转角	最 大 挠 度
7		$y = \dfrac{mx}{6EIl}(l^2 - 3b^2 - x^2), 0 \leqslant x \leqslant a$； $y = \dfrac{m}{6EIl}[-x^3 + 3l(x-a)^2 + (l^2 - 3b^2)x], a \leqslant x \leqslant l$	$\theta_A = \dfrac{ml}{6lEI}(l^2 - 3b^2)$ $\theta_B = \dfrac{m}{6lEI}(l^2 - 3a^2)$	—
8		$y = -\dfrac{Fbx}{6EIl}(l^2 - x^2 - b^2), 0 \leqslant x \leqslant a$； $y = -\dfrac{Fb}{6EIl}\left[\dfrac{l}{6}(l-a)^3 + (l^2 - b^2)x - x^2\right], a \leqslant x \leqslant l$	$\theta_A = -\dfrac{Fab(l+b)}{6EIl}$ $\theta_B = \dfrac{Fab(l+a)}{6EIl}$	设 $a > b$， $x = \sqrt{\dfrac{l^2 - b^2}{3}}$ 处， $y_{max} = -\dfrac{Fb\sqrt{(l^2 - b^2)^3}}{9\sqrt{3}EIl}$； 在 $x = \dfrac{l}{2}$ 处， $y_{l/2} = -\dfrac{Fb(3l^2 - 4b^2)}{48EI}$
9		$y = -\dfrac{qx^2}{24EI}(l^3 - 2lx^2 + x^3)$	$\theta_A = -\theta_B = -\dfrac{ql^3}{24EI}$	$y_{max} = -\dfrac{5ql^4}{384EI}$
10		$y = \dfrac{Fax}{6EIl}(l^2 - x^2), 0 \leqslant x \leqslant l$； $y = -\dfrac{F(x-l)}{6EI}[a(3x-l) - (x-l)^2], l \leqslant x \leqslant l+a$	$\theta_A = -\dfrac{1}{2}\theta_B = \dfrac{Fal}{6EI}$ $\theta_C = -\dfrac{Fa}{6EI}(2l + 3a)$	$y_C = -\dfrac{Fa^2}{3EI}(l+a)$
11		$y = \dfrac{mx}{6EIl}(l^2 - x^2), 0 \leqslant x \leqslant l$； $y = -\dfrac{m}{6EI}(3x^2 - 4xl + l^2), l \leqslant x \leqslant l+a$	$\theta_A = -\dfrac{1}{2}\theta_B = \dfrac{ml}{6EI}$ $\theta_C = -\dfrac{m}{3EI}(l + 3a)$	$y_C = -\dfrac{ma}{6EI}(2l + 3a)$

参 考 文 献

[1]　张祥东.理论力学[M].3 版.重庆:重庆大学出版社,2011.

[2]　王铎,程靳.理论力学解题指导及习题集[M].3 版.北京:高等教育出版社,2005.

[3]　高潮,原方.工程力学[M].北京:中国质检出版社,2015.

[4]　朱耀淮,何奎元,袁科慧.工程力学[M].2 版.成都:西南交通大学出版社,2013.

[5]　罗亚,张梦莎.工程力学[M].武汉:华中科技大学出版社,2019.

[6]　赵永刚,耿小芳.工程力学[M].北京:机械工业出版社,2019.

[7]　单辉祖,谢传锋.工程力学[M].北京:高等教育出版社,2004.

[8]　孟凡深.工程力学[M].北京:黄河水利出版社,2009.

[9]　唐静静,范钦珊.工程力学(静力学和材料力学)[M].3 版.北京:高等教育出版社,2017.

[10]　胡青龙.材料力学实验教程[M].北京:北京理工大学出版社,2013.

[11]　孙训方,方孝淑,关来泰.材料力学[M].5 版.北京:高等教育出版社,2009.

[12]　宋子康,蔡文安.材料力学[M].上海:同济大学出版社,1998.

[13]　江晓禹,龚辉.材料力学[M].成都:西南交通大学出版社,2017.

[14]　刘德华,黄超.工程力学[M].重庆:重庆大学出版社,2011.

[15]　吴玉亮.工程力学[M].2 版.北京:化学工业出版社,2020.

[16]　工程力学教材[EB/OL].https://wenku.baidu.com/view/065c98acbdd126fff705-cc1755270722182e5930.html.

[17]　中华人民共和国国家质量监督检验检疫总局,中国国家标准化管理委员会.金属材料 拉伸试验 第 1 部分:拉伸试验方法:GB/T 228.1—2010[S].北京:中国标准出版社,2011.

[18]　中华人民共和国国家质量监督检验检疫总局,中国国家标准化管理委员会.金属材料 室温压缩试验方法:GB/T 7314—2017[S].北京:中国标准出版社,2017.

[19]　中华人民共和国国家质量监督检验检疫总局,中国国家标准化管理委员会.金属材料 室温扭转试验方法:GB/T 10128—2007[S].北京:中国标准出版社,2008.

[20]　同济大学材料力学精品课程[EB/OL].http://jpkc.tongji.edu.cn/jpkc/cllx/subject/jiaoxuexiaoguo—5.html.

[21]　天津大学材料力学精品课程[EB/OL].http://course.tju.edu.cn/cllx/.

［22］ 北京工业大学材料力学精品课程［EB/OL］. http：//etc. bjut. edu. cn/web/jp/
05sb/cllx/index. htm.

［23］ 山东科技大学材料力学精品课程［EB/OL］. http：//jpkc. sdkd. net. cn/CLLX/
newsite/.